ARBEITEN AUS DEM IURISTISCHEN SEMINAR
DER UNIVERSITÄT FREIBURG SCHWEIZ

Begründet von Max Gutzwiller – Fortgesetzt von Felix Wubbe
Herausgegeben von Peter Gauch

132

FREIBURGER DISSERTATION
bei Prof. Dr. Peter Gauch

ARBEITEN AUS DEM IURISTISCHEN SEMINAR
DER UNIVERSITÄT FREIBURG SCHWEIZ

Herausgegeben von Peter Gauch

132

ERWIN SCHERRER

Nebenunternehmer
beim Bauen

UNIVERSITÄTSVERLAG FREIBURG SCHWEIZ
1994

Die Deutsche Bibliothek – CIP-Einheitsaufnahme

Scherrer, Erwin:

Nebenunternehmer beim Bauen / von Erwin Scherrer. – Freiburg,
Schweiz: Univ.-Verl., 1994
   (Arbeiten aus dem Iuristischen Seminar der Universität Freiburg Schweiz; 132)
   Zugl.: Fribourg (Schweiz), Univ., Diss., 1993
   ISBN 3-7278-0943-4
NE: Universität <Fribourg> / Iuristisches Seminar: Arbeiten aus dem...

Veröffentlicht mit Unterstützung des Hochschulrates
der Universität Freiburg Schweiz

Die Druckvorlagen der Textseiten
wurden vom Autor ab Datenträger
als reprofertige Vorlagen zur Verfügung gestellt

ISBN 3-7278-0943-4

VORWORT UND DANK

Die vorliegende Arbeit ist am 1. Dezember 1993 von der Rechtswissenschaftlichen Fakultät der Universität Freiburg als Dissertation angenommen worden. Prof. Dr. Peter Gauch (erster Referent) hat die Arbeit angeregt und umsichtig betreut. Ihm verdanke ich auch eine interessante Assistenzzeit am Seminar für Schweizerisches Baurecht. Prof. Dr. Jörg Schmid übernahm das zweite Referat und unterstützte mich mit verschiedenen fachkundigen Hinweisen.

Zum Gelingen dieser Arbeit haben viele beigetragen. Namentlich seien erwähnt: lic.iur. Andres Büsser, lic.iur. Roger Dornier, lic.iur. Felix Sager und Dr.iur. Urban Bieri. Sie unterstützten mich bei den Korrekturarbeiten und begleiteten mich als kritische Diskussionspartner.

Dieses Buch widme ich meinen Eltern, Erwin und Angela Scherrer-Holenstein, als Zeichen der Dankbarkeit für ihre elterliche Fürsorge.

Freiburg/Kirchberg, im Dezember 1993   es

INHALTSÜBERSICHT

INHALTSVERZEICHNIS

LITERATURVERZEICHNIS

Die aufgeführten Werke werden mit dem Namen des Verfassers und, sofern nötig, mit einem zusätzlichen Hinweis zitiert.

ABRAVANEL PHILIPPE, Les devoirs généraux de l'architecte, in: Gauch/Tercier (Herausgeber), Das Architektenrecht, Freiburg 1986, S. 91 ff.

AEPLI VIKTOR, Zürcher Kommentar zum Schweizerischen Zivilgesetzbuch, V. Bd., Teilband 1h, Obligationenrecht, Das Erlöschen der Obligation, Erste Lieferung, Art. 114-126 OR, 3. Aufl., Zürich 1991.

ARMBRÜSTER CHRISTIAN, Drittschäden und vertragliche Haftung, in: recht 1993, S. 84 ff.

BADEN EBERHARD, Hat der Bauherr im Verhältnis zum Unternehmer die Verspätung oder Mangelhaftigkeit der Arbeiten des Vorunternehmers zu vertreten?, in: BauR 1991, S. 30 ff.

BECKER HERRMANN, Berner Kommentar zum schweizerischen Zivilgesetzbuch, Bd. VI, 1. Abt., Obligationenrecht, Allgemeine Bestimmungen, Art. 1-183 OR, Bern 1941.

BECKER HERRMANN, Berner Kommentar zum schweizerischen Zivilgesetzbuch, Bd. VI, 2. Abt., Obligationenrecht, Die einzelnen Vertragsverhältnisse, Art. 184-551 OR, Bern 1934.

BENABENT ALAIN, Droit civil, Les obligations, 3. Aufl., Paris 1991.

BIERI URBAN, Die Deliktshaftung des Werkunternehmers gegenüber dem Besteller für mangelhafte Werke, Diss. Beromünster 1993.

BISCHOFF JAQUES, Vertragsrisiko und clausula rebus sic stantibus, Diss. Zürich 1983.

BOSSHARD ERICH, Neuere Tendenzen in der Lehre zum Begriff der Widerrechtlichkeit nach Art. 41 OR, Diss. Zürich 1988.

BRANDT DIETER, Der Ersatz des Drittschadens im Baurecht, in: BauR 1973, S. 13 ff.

BREHM ROLAND, Berner Kommentar zum schweizerischen Privatrecht, Bd. VI, 1. Abt., 3. Teilbd., 1. Unterteilbd., Die Entstehung durch unerlaubte Handlungen, Kommentar zu Art. 41-61 OR, Bern 1990.

BRÜGMANN WALTER, Die gesamtschuldnerische Haftung der Baubeteiligten gegenüber dem Bauherrn - und die Regelung im Innenverhältnis, in: BauR 1976, S. 383 ff.

BRUNNER HANS-ULRICH, Die Anwendung deliktsrechtlicher Regeln auf die Vertragshaftung, Diss. Freiburg 1991.

BUCHER EUGEN, Die verschiedenen Bedeutungsstufen des Vorvertrages, in: Bucher/Saladin (Herausgeber), Berner Festgabe zum Schweizerischen Juristentag, Bern und Stuttgart 1979, S. 169 ff. (zit.: Bucher, Vorvertrag).

BUCHER EUGEN, Schweizerisches Obligationenrecht, Allgemeiner Teil, 2. Aufl., Bern 1988 (zit.: Bucher, AT).

BUCHER EUGEN, Schweizerisches Obligationenrecht, Besonderer Teil, 3. Aufl., Bern 1988 (zit.: Bucher, BT).

BUNDESAMT FÜR JUSTIZ (Herausgeber), Bericht der Studienkommission für die Gesamtrevision des Haftpflichtrechts, Bern 1991 (zit.: Gesamtrevision Haftpflichtrecht).

BUNDESMINISTER DER JUSTIZ (Herausgeber), Abschlussbericht der Kommission zur Überarbeitung des Schuldrechts, Bundesanzeiger, Köln 1992 (zit.: Abschlussbericht zur Überarbeitung des Schuldrechts).

CERUTTI ROMEO, Der Untervertrag, Diss. Freiburg 1990.

CHRISTEN ANDRES, Produkthaftung nach der EG-Produktehaftungsrichtlinie im Vergleich zur Produkthaftung nach schweizerischem Recht, Diss. Zürich 1992.

CLEMM NILS, Die rechtliche Einordnung der Prüfungs- und Hinweispflicht des Auftragnehmers im Bauvertrag (§ 4 Nr. 3 VOB/B) und die Rechtsfolgen ihrer Verletzung, in: BauR 1987, S. 609 ff.

COTTIER JEAN-MARIE, Des risques liés à la construction: La destruction et la détérioration de l'ouvrage, in: Journées du droit de la construction 1983, Bd. I, Seminar für Schweizerisches Baurecht, Freiburg 1983, S. 45 ff.

DAUB WALTER/PIEL RUDOLF/SOERGEL KARL/STEFFANI WOLFGANG, Kommentar zur VOB, Band 2, Teil B der Verdingungsordnung für Bauleistungen, Allgemeine Vertragsbedingungen für die Ausführung von Bauleistungen, Wiesbaden und Berlin 1976 (zit.: Daub/Piel/Soergel/Steffani, N zu § VOB/B).

DERENDINGER PETER, Die Nicht- und die nichtrichtige Erfüllung des einfachen Auftrages, Diss. Freiburg 1988.

DESCHENAUX HENRI, Der Einleitungstitel, in: Schweizerisches Privatrecht, Einleitung und Personenrecht, II. Bd., Basel und Stuttgart 1967, S. 1 ff. (zit.: Deschenaux, SPR II).

DESCHENAUX HENRI/TERCIER PIERRE, La responsabilité civile, 2. Aufl., Bern 1982.

DESSEMONTET FRANÇOIS, Les contrats de service, in: ZSR 106 II, 1987, S. 93 ff.

DÜRR CARL, Werkvertrag und Auftrag, Kommentar der Art. 363 bis 379 und 394 bis 406 OR, Vira 1983.

EGLI ANTON, Der General- und der Totalunternehmer, in: Baurechtstagung 1991, Bd. II, Seminar für Schweizerisches Baurecht, Freiburg 1991, S. 65 ff. (zit.: Egli, Der General- und der Totalunternehmer).

EGLI ANTON, Probleme von und mit Baukonsortien, in: Baurechtstagung 1989, Bd. II, Seminar für Schweizerisches Baurecht, Freiburg 1989, S. 27 ff. (zit.: Egli, Baukonsortien).

ENGEL PIERRE, Contrats de droit suisse, Traité des contrats de la partie spéciale du Code des Obligations, Bern 1992 (zit.: Engel, PS).

ENGEL PIERRE, Traité des obligations en droit suisse, Dispositions générales du Code des Obligations, Neuenburg 1973 (zit.: Engel, PG).

ENGLERT KLAUS/GRAUVOGL JOSEF/MAURER MICHAEL, Handbuch des Baugrund- und Tiefbaurechts, Düsseldorf 1993.

ESSER JOSEF/SCHMIDT EIKE, Schuldrecht, Bd. I, Allgemeiner Teil, Teilband 1, Entstehung, Inhalt und Beendigung von Schuldverhältnissen, 7. Aufl., Heidelberg 1992 (zit.: Esser/Schmidt, Schuldrecht I/1).

ESSER JOSEF/WEYERS HANS-LEO, Schuldrecht, Bd. II, Besonderer Teil, 7. Aufl., Heidelberg 1991 (zit.: Esser/Weyers, Schuldrecht II).

FELLMANN WALTER, Berner Kommentar zum schweizerischen Privatrecht, Bd. VI, 2. Abt., 4. Teilbd., Die einzelnen Vertragsverhältnisse, Der einfache Auftrag, Kommentar zu Art. 394-406 OR, Bern 1992.

FELLMANN WALTER, Produzentenhaftung in der Schweiz, in: ZSR 106 I, 1988, S. 275 ff. (zit.: Fellmann, Produzentenhaftung).

FICK F./V.MORLOT A., Das Schweizerische Obligationenrecht, 4. Aufl., Zürich 1915.

FIKENTSCHER WOLFGANG, Schuldrecht, 8. Aufl., Berlin und New York 1992.

FURGLER KURT JOHANNES, Die Verkehrssicherungspflicht im Schweizerischen Haftpflichtrecht, Diss. Freiburg 1978.

GABRIEL BRUNO, Die Widerrechtlichkeit in Art. 41 Abs. 1 OR, unter Berücksichtigung des Ersatzes reiner Vermögensschäden, Diss. Freiburg 1987.

GANTEN HANS, Der Baumangelbegriff - Standortbestimmung und Ausblick auf europarechtliche Entwicklungen, in: Festschrift Soergel zum 70. Geburtstag, Stansried 1993, S. 35 ff. (zit.: Ganten, Baumangelbegriff).

GANTEN HANS, Pflichtverletzung und Schadensrisiko im privaten Baurecht, ein Beitrag zur Zurechnungslehre im Schuldrecht des BGB, Bielefeld 1974.

GAUCH PETER, Deliktshaftung der Baubeteiligten, in: Baurechtstagung 1989, Bd. I, Seminar für Schweizerisches Baurecht, Freiburg 1989, S. 2 ff. (zit.: Gauch, Deliktshaftung).

GAUCH PETER, Der Werkvertrag, 3. Aufl., Zürich 1985 (zit.: Gauch, Werkvertrag).

GAUCH PETER, Die praktische Gestaltung der Bauverträge, in: Baurechtstagung 1993, Bd. I, Seminar für Schweizerisches Baurecht, Freiburg 1993, S. 1 ff. (zit.: Gauch, praktische Gestaltung der Bauverträge).

GAUCH PETER, Die Submission im Bauwesen - Privatrechtliche Aspekte, in: L'homme dans son environnement/Mensch und Umwelt, Festgabe der Rechts-, Wirtschafts- und Sozialwissenschaftlichen Fakultät der Universität Freiburg zum Schweizerischen Juristentag, Freiburg 1980, S. 191 ff. (zit.: Gauch, Submission).

GAUCH PETER, Die Vergütung von Bauleistungen, in: Baurechtstagung 1987, Bd. I, Seminar für Schweizerisches Baurecht, Freiburg 1987, S. 2 ff. (zit.: Gauch, Vergütung von Bauleistungen).

GAUCH PETER, Ein Bauwerk - mehrere Unternehmer, in: ZBJV 118 (1982), S. 65 ff. (zit.: Gauch, ZBJV 1982).

GAUCH PETER, Grundstückkauf mit Bauleistungspflicht und zahlreiche Fragen zur Mängelhaftung, Urteil BGE 118 II 142 ff., in: BR 1993, S. 38 ff. (zit.: Gauch, BR 1993).

GAUCH PETER, Kommentar zur SIA-Norm 118, Art. 157-190, Zürich 1991. (zit.: Gauch, Anm. zu Art. SIA-Norm 118).

GAUCH PETER, Norm S.I.A. 118, Die Norm, ihr Inhalt und ihre Geltung, in: Baurechtstagung 1977, Unterlage 1, Seminar für Schweizerisches Baurecht, Freiburg 1977 (zit.: Gauch, Norm S.I.A. 118).

GAUCH PETER, Probleme von und mit Subunternehmern - Ein Beitrag zum privaten Baurecht, in: Festschrift Meier-Hayoz, Bern 1982, S. 151 ff. (zit.: Gauch, Probleme von und mit Subunternehmern).

GAUCH PETER, Sanierung, Reparatur und Umbau - Vertragsrechtliche Probleme, in: Baurechtstagung 1991, Bd. I, Seminar für Schweizerisches Baurecht, Freiburg 1991, S. 1 ff. (zit.: Gauch, Sanierung, Reparatur und Umbau).

GAUCH PETER, Vertrag und Parteiwille, in: Jubiläumsschrift Hundert Jahre Schweizerisches Obligationenrecht/Mélanges Le centenaire du Code des Obligations, Freiburg 1982, S. 343 ff. (zit.: Gauch, Vertrag und Parteiwille).

GAUCH PETER, Vom Architekturvertrag, seiner Qualifikation und der SIA-Ordnung 102, in: Gauch/Tercier (Herausgeber), Das Architektenrecht, Freiburg 1986, S. 1 ff. (zit: Gauch, Architekturvertrag).

GAUCH PETER, Von der revidierten SIA-Norm 118, in: Gedächtnisschrift Peter Jäggi, Freiburg 1977, S. 203 ff.

GAUCH PETER, Zwei Entscheide des Bundesgerichts zur SIA-Norm 118, Urteilsanmerkung Zivilrecht, BGE 109 II 452 ff. und 110 II 52 ff., in: recht 1985, S. 30 ff. (zit.: Gauch, recht 1985).

GAUCH PETER/PRADER DURI/EGLI ANTON/SCHUMACHER RAINER, Kommentar zur SIA-Norm 118, Art. 38-156, Zürich 1992 (zit.: Gauch/Bearbeiter, Anm. zu Art. SIA-Norm 118).

GAUCH PETER/SCHLUEP WALTER R., Schweizerisches Obligationenrecht, Allgemeiner Teil, Bd. I und Bd. II, 5. Aufl., Zürich 1991.

GAUCH PETER/SWEET JUSTIN (Herausgeber), Selected Problems of Construction Law: International Approach, Freiburg 1983.

GAUCH PETER/SWEET JUSTIN, Deliktshaftung für reinen Vermögensschaden, in: Festschrift Max Keller zum 65. Geburtstag, Zürich 1989, S. 117 ff. (zit.: Gauch/Sweet, Deliktshaftung für reinen Vermögensschaden).

GAUTSCHI GEORG, Berner Kommentar zum schweizerischen Privatrecht, Bd. VI, 2. Abt., 3. Teilbd., Der Werkvertrag, Kommentar zu Art. 363-379 OR, Bern 1967.

GEHRER LEO R., Vom Recht des Unternehmers, den Werkvertrag aufzulösen, in: Mélanges Assista, Genf 1989, S. 168 ff.

GEISSELER ROBERT, Fragen der zivilrechtlichen Haftung für Bauunfälle, in: BR 1986, S. 27 ff. und S. 52 ff.

GIOVANNONI PIERRE, Le dommage par ricochet en droit suisse, in: Guillod Olivier (Herausgeber), Développements récents du droit de la responsabilité civile/Neuere Entwicklungen im Haftpflichtrecht, Zürich 1991, S. 239 ff.

GIRSBERGER ANDREAS, Der Reisevertrag, in: ZSR 105 II, 1986, S. 37 ff.

GRIEGER WINFRIED, Verspätete oder mangelhafte Vorunternehmerleistung - Wer hat sie zu vertreten?, in: BauR 1990, S. 406 ff.

GROSS HEINRICH, Die verweigerte Abnahme, in: Festschrift Horst Locher, Düsseldorf 1990, S. 53 ff.

GUHL THEO/MERZ HANS/KUMMER MAX/KOLLER ALFRED/DRUEY JEAN NICOLAS, Das Schweizerische Obligationenrecht, mit Einschluss des Handels- und Wertpapierrechts, 8. Aufl., Zürich 1991 (zit.: Guhl/Bearbeiter).

GULDENER MAX, Schweizerisches Zivilprozessrecht, 3. Aufl., Zürich 1979.

HAWICKHORST HEINZ, Quasi-vertragliche Haftung aufgrund von Versprechensakten, Diss. Berlin 1988.

HEIERMANN WOLFGANG/RIEDL RICHARD/RUSAM MARTIN, Handkommentar zur VOB, Teile A und B, 6. Aufl., Wiesbaden und Berlin 1992 (zit.: Heiermann/Riedl/Rusam, N zu § VOB.).

HESS HANS-JOACHIM, Das neue Produktehaftpflichtgesetz (1), Gehaftet wird auch ohne Schuld, in: TR 36, S. 90 ff. (zit.: Hess, TR).

HESS URS, Der Architekten- und Ingenieurvertrag, Zürich 1986.

HESSE GERD/KORBION HERMANN/MANTSCHEFF JACK/VYGEN KLAUS, Honorarordnung für Architekten und Ingenieure (HOAI), Kommentar, 4. Aufl., München 1993.

HINDERLING HANS, Der Besitz, in: Schweizerisches Privatrecht, Sachenrecht, II. Bd., 1. Halbband, Basel und Stuttgart 1977, S. 403 ff. (zit.: Hinderling, SPR V/1).

HONSELL HEINRICH, Schweizerisches Obligationenrecht, Besonderer Teil, 2. Aufl., Bern 1992.

HONSELL HEINRICH/VOGT NEDIM PETER/WIEGAND WOLFGANG (Herausgeber), Kommentar zum Schweizerischen Privatrecht, Obligationenrecht I, Art. 1-529 OR, Basel und Frankfurt am Main 1992 (zit.: OR-Bearbeiter, N zu Art. OR).

HÜRLIMANN ROLAND, Bemerkungen zum Gerüstebauvertrag, in: BR 1989, S. 73 ff.

HÜRLIMANN ROLAND, Der Experte - Schlüsselfigur des Bauprozesses, in: Tercier/Hürlimann (Herausgeber), In Sachen Baurecht, zum 50. Geburtstag von Peter Gauch, Freiburg 1989, S. 129 ff. (zit.: Hürlimann, Experte).

INGENSTAU HEINZ/KORBION HERMANN, Verdingungsordnung für Bauleistungen VOB, Teile A und B, Kommentar, 12. Aufl., Düsseldorf 1993 (zit.: Ingenstau/Korbion, N zu § VOB).

JAGENBURG WALTER, Die Entwicklung des privaten Bauvertragsrechts seit 1990: BGB- und Verfahrensfragen, in: NJW 1991, S. 3006 ff. (zit.: Jagenburg, NJW 1991).

JAGENBURG WALTER, Die Entwicklung des privaten Bauvertragsrechts seit 1991: BGB- und Werkvertragsfragen, in: NJW 1993, S. 102 ff. (zit.: Jagenburg, NJW 1993).

JÄGGI PETER, Zum Begriff der vertraglichen Schadenersatzforderung, in: Festgabe für Wilhelm Schönenberger, Freiburg 1968, S. 181 ff. und in: Privatrecht und Staat, Gesammelte Aufsätze, Zürich 1976, S. 164 ff. (zit.: Jäggi, S. 181 ff.).

JÄGGI PETER/GAUCH PETER, Zürcher Kommentar zum Schweizerischen Zivilgesetzbuch, V. Bd., Teilband 1b, Obligationenrecht, Kommentar zu Art. 18 OR, 3. Aufl., Zürich 1980.

JAUERNIG OTHMAR (Herausgeber), BGB, Bürgerliches Gesetzbuch, mit Gesetz zur Regelung des Rechts der Allgemeinen Geschäftsbedingungen, 4. Aufl., München 1987 (zit.: Jauernig/Bearbeiter, N zu § BGB/AGB-Gesetz).

KAISER GISBERT, Aktuelle Rechtsfragen im privaten Baurecht, Teil 1, in: ZfBR 1985, S. 1 ff., Teil 2, in: ZfBR 1985, S. 55 ff.

KAISER GISBERT, Das Mängelhaftungsrecht in Baupraxis und Bauprozess, 7. Aufl., Heidelberg 1992.

KAPELLMANN KLAUS D., § 645 BGB und die Behinderungshaftung für Vorunternehmer, Ein anderer Lösungsansatz, in: BauR 1992, S. 433 ff.

KÄSTLI ROLF, Produkthaftung - eine Herausforderung für den schweizerischen Gesetzgeber? Rechtsvergleichende Aspekte zur Entwicklung des Produkthaftungsrechts unter Berücksichtigung der aktuellen Entwicklung im Recht der Europäischen Gemeinschaften (EG), in: recht 1990, S. 85 ff.

KELLER MAX/GABI SONJA, Das Schweizerische Schuldrecht, Bd. II, Haftpflichtrecht, 2. Aufl., Basel und Frankfurt a.M. 1988.

KELLER MAX/SCHÖBI CHRISTIAN, Das Schweizerische Schuldrecht, Bd. I, Allgemeine Lehren des Vertragsrechts, 3. Aufl., Basel und Frankfurt a.M. 1988.

KLEIN BERNHARD, Produktehaftung bei Baustoffen und Bauteilen, unter Einbeziehung der Rechtsverhältnisse des Baustoffhandels, in: Korbion/Locher (Herausgeber), Baurechtliche Schriften, Bd. 18, 2. Aufl., Düsseldorf 1990.

KNIFFKA ROLF, Änderungen des Bauvertragsrechts im Abschlussbericht der Kommission zur Überarbeitung des Schuldrechts, in: ZfBR 1993, S. 97 ff. (Kniffka, ZfBR 1993).

KNIFFKA ROLF, Die deliktische Haftung für durch Baumängel verursachte Schäden, in: ZfBR 1991, S. 1 ff. (zit.: Kniffka, ZfBR 1991).

KOHLER JÜRGEN, Werkmangel und Bestellerverantwortung, in: NJW 1993, S. 417 ff.

KOLLER ALFRED, Die Haftung für den Erfüllungsgehilfen nach Art. 101 OR, Diss. Freiburg und Zürich 1980.

KOLLER ALFRED, Grundzüge der Haftung für positive Vertragsverletzungen, in AJP 1992, S. 1483 ff. (zit.: Koller, AJP 1992).

KOLLER JO, Der "Untergang des Werkes" nach Art. 376 OR, Diss. Freiburg und Winterthur 1983 (zit.: Koller Jo).

KOLLHOSSER HELMUT, Besitz und Besitzschutz, in: JuS 1992, S. 567 ff.

KÖNDGEN JOHANNES, Selbstbindung ohne Vertrag, Zur Haftung aus geschäftsbezogenem Handeln, Tübingen 1981.

KOST PIUS, Die Gefälligkeit im Privatrecht, Mit besonderer Behandlung der Gefälligkeitsfahrt, Diss. Freiburg und Zürich 1973.

KRAMER ERNST A., «Reine Vermögensschäden» als Folge von Stromkabelbeschädigungen, Urteilsanmerkung Zivilrecht, BGE 106 II 75, in: recht 1984, S. 128 ff. (zit.: Kramer, recht 1984).

KRAMER ERNST A., Berner Kommentar zum schweizerischen Privatrecht, Bd. IV, 1. Abt., 2. Teilbd., Unterteilbd. 1a, Das Obligationenrecht, Allgemeine Bestimmungen, Inhalt des Vertrages, Kommentar zu Art. 19-22 OR, Bern 1991.

KRAMER ERNST A./SCHMIDLIN BRUNO, Berner Kommentar zum schweizerischen Privatrecht, Bd. VI, 1. Abt., 1. Teilbd., Allgemeine Einleitung in das schweizerische Obligationenrecht und Kommentar zu Art. 1-18 OR, Bern 1986.

KRAUS STEFFEN, Ansprüche des Auftragnehmers bei einem durch Vorunternehmer verursachten Baustillstand, in: BauR 1986, S. 17 ff.

KULLMANN HANS-JOACHIM, Aktuelle Rechtsfragen zur Produktehaftung bei Baustoffen, in: BauR 1993, S. 153 ff.

KUMMER MAX, Berner Kommentar zum schweizerischen Privatrecht, Bd. 1, Einleitung, Kommentar zu Art. 8 ZGB, 3. Aufl., Bern 1966.

LANGE HERRMANN, Handbuch des Schuldrechts, Schadenersatz, 2. Aufl., Tübingen 1990.

LARENZ KARL, Allgemeiner Teil des deutschen Bürgerlichen Rechts, ein Lehrbuch, 7. Aufl., München 1989 (zit.: Larenz, AT).

LARENZ KARL, Lehrbuch des Schuldrechts, Band I, Allgemeiner Teil, 14. Aufl., München 1987 (zit.: Larenz, Schuldrecht I).

LARENZ KARL, Lehrbuch des Schuldrechts, Band II, Besonderer Teil, 12. Aufl., München 1981 (zit.: Larenz, Schuldrecht II).

LARENZ KARL, Lehrbuch des Schuldrechts, Band II, Halbband 1, Besonderer Teil, 13. Aufl., München 1986 (zit.: Larenz, Schuldrecht II/1).

LARGER DOMINIQUE, La coordination de chantier, in: Revue Droit immobilier 1981, S. 165 ff.

LEUENBERGER CHRISTOPH, Dienstleistungsverträge, in: ZSR 106 II, 1987, S. 1 ff.

LIET-VEAUX GEORGES/THUILLIER ANDREE, Droit de la construction, 10. Aufl., Paris 1991.

LOCHER HORST, Das private Baurecht, 5. Aufl., München 1993.

LOCHER HORST, Der Gerüstvertrag, in: Festschrift Konrad Gelzer, zum 75. Geburtstag, Düsseldorf 1991, S. 347 ff. (zit.: Locher, Gerüstvertrag).

LOCHER HORST, Subunternehmerverträge zur Bauausführung, in: von Craushaar/Ruge (Herausgeber), Aktuelle Baumodelle, Freiburg i.Br. 1992, S. 117 ff. (zit.: Locher, Subunternehmerverträge).

LORANDI FRANCO, Haftung für reinen Vermögensschaden, in: recht 1990, S. 19 ff.

MARTINEK MICHAEL, Moderne Vertragstypen, Bd. II, Franchising, Know-how-Verträge, Management- und Consultingverträge, JuS-Schriftenreihe 110, München 1992.

MEDICUS DIETER, Die culpa in contrahendo zwischen Vertrag und Delikt, in: Festschrift Max Keller zum 65. Geburtstag, Zürich 1989, S. 205 ff.

MEDICUS DIETER, Probleme um das Schuldverhältnis, in: Schriftenreihe der Juristischen Gesellschaft zu Berlin, Heft 108, Berlin 1987 (zit.: Medicus, Probleme um das Schuldverhältnis).

MEIER-HAYOZ ARTHUR/FORSTMOSER PETER, Grundriss des schweizerischen Gesellschaftsrechts, 6. Aufl., Bern 1989.

MERZ HANS, Obligationenrecht, Allgemeiner Teil, in: Schweizerisches Privatrecht, Obligationenrecht, VI. Bd., 1. Halbband, Basel und Frankfurt a.M. 1984 (zit.: Merz, SPR VI/1).

MERZ HANS, Vertrag und Vertragsschluss, 2. Aufl., Freiburg 1992 (zit.: Merz, Vertrag).

XXX

MEYER-MARSILIUS HANS-JOACHIM/SCHLUEP WALTER R./STAUFFACHER WERNER (Herausgeber), Beziehungen Schweiz-EG, Abkommen, Gesetze und Richtlinien, Kommentare, Loseblattsammlung, Zürich 1989/1993.

MOTZKE GERD, Prüfungs-, Aufklärungs- und Überwachungspflichten des Unternehmers, Der Unternehmer auf dem Weg zum Sonderfachmann, in: ZfBR 1988, S. 244 ff.

MÜLLER HANNES, Die Arbeitsgemeinschaft, rechtliche Struktur der ARGE des Baugewerbes, Diss. Zürich 1981.

MÜNCHENER KOMMENTAR zum Bürgerlichen Gesetzbuch, Band 2, Schuldrecht, Allgemeiner Teil (§§ 241-432), 2. Aufl., München 1985 (zit.: MünchK/Bearbeiter, N zu § BGB).

NEUENSCHWANDER MARKUS, Die Schlechterfüllung im schweizerischen Vertragsrecht, Diss. Bern 1971.

NICKLISCH FRITZ/WEICK GÜNTER, VOB, Verdingungsordnung für Bauleistungen, Teil B, 2. Aufl., München 1991 (zit: Nicklisch/Weick, N zu § VOB).

OFTINGER KARL, Schweizerisches Haftpflichtrecht, Allgemeiner Teil, Band I, 4. Aufl., Zürich 1975.

OFTINGER KARL/STARK EMIL W., Schweizerisches Haftpflichtrecht, Besonderer Teil, Band II/1, Zürich 1987.

OSWALD CHRISTIAN, Analyse der Sorgfaltspflichtverletzung im vertraglichen und ausservertraglichen Bereich, Diss. Zürich 1988.

OTT WALTER, Der Architekt als Hilfsperson des Bauherrn, Gedanken zum Problem der sachkundigen Hilfsperson, in: SJZ 74, 1978, S. 285 ff. (zit.: Ott, SJZ 1978).

PALANDT OTTO, Bürgerliches Gesetzbuch, Kommentar, 52. Aufl., München 1993 (zit.: Palandt/Bearbeiter, N zu § BGB).

PAPANIKOLAOU PANAJOTIS Al., Schlechterfüllung beim Vertrag zugunsten Dritter, Diss. Berlin 1977.

PEDRAZZINI FRANCO, La dissimulation des défauts dans les contrats de vente et d'entreprise, Diss. Freiburg 1992.

PEDRAZZINI MARIO M., Der Werkvertrag, in: Schweizerisches Privatrecht, Obligationenrecht, VII. Bd., 1. Halbband., Basel und Stuttgart 1977, S. 497 ff. (zit.: Pedrazzini, SPR VII/1).

PEDRAZZINI MARIO M., Unlauterer Wettbewerb, UWG, Bern 1992 (zit.: Pedrazzini, UWG).

PFISTER-INEICHEN HEIDI, Das Vorrecht nach Art. 841 ZGB und die Haftung der Bank als Vorgangsgläubigerin, Diss. Freiburg 1991.

PICKER EDUARD, Positive Forderungsverletzung und culpa in contrahendo - Zur Problematik der Haftung «zwischen» Vertrag und Delikt, in: AcP 1983, S. 369 ff.

PICKER EDUARD, Vertragliche und deliktische Schadenshaftung, Überlegungen zu einer Neustrukturierung der Haftungssysteme, in: JZ 1987, S. 1041 ff. (zit.: Picker, Schadenshaftung).

PIOTET PAUL, Dienstbarkeiten und Grundlasten, in: Schweizerisches Privatrecht, Sachenrecht, II. Bd., 1. Halbband., Basel und Stuttgart 1977, S. 519 ff. (zit.: Piotet, SPR V/1).

RASCHEIN HEINZ, Die Widerrechtlichkeit im System des schweizerischen Haftpflichtrechts, Diss. Bern 1986.

RASCHEIN HEINZ, Thesen zum System des schweizerischen Haftpflichtrechts, in: recht 1988, S. 83 ff. (zit.: Raschein, recht 1988).

REBER HANS J., Haftung mehrerer für Baumängel, in: BR 1981, S. 43 ff. (zit.: Reber, BR 1981).

REBER HANS J., Rechtshandbuch für Bauunternehmer, Bauherr, Architekt und Bauingenieur, 4. Aufl., Zürich 1983.

REY HEINZ, Die Grundlagen des Sachenrechts und das Eigentum, Grundriss des schweizerischen Sachenrechts, Band I, Bern 1991.

REY HEINZ, Rechtliche Sonderverbindungen und Rechtsfortbildung, in: Festschrift Max Keller zum 65. Geburtstag, Zürich 1989, S. 231 ff. (zit.: Rey, Sonderverbindungen).

RIGAUX PAUL, Le droit de l'architecte, l'évolution des 20 dernières années, Bruxelles 1993.

RUMMEL PETER (Herausgeber), Kommentar zum Allgemeinen bürgerlichen Gesetzbuch, 1. Bd. §§ 1-1089 ABGB, 2. Bd. §§ 1090-1502 ABGB, 2. Aufl., Wien 1990 (zit.: Rummel/Bearbeiter, N zu § ABGB).

RUMMEL PETER, Das «Baugrundrisiko», ein neuer Rechtsbegriff?, in: Festschrift Rudolf Strasser, zum 70. Geburtstag, Wien 1993, S. 309 ff.

SAJONZ CHRISTOPH, Der Schutz des Subunternehmers bei Insolvenz des Hauptunternehmers nach französischem, schweizerischem und deutschem Recht, Diss. Bayreuth 1991, in: Abhandlungen zum Recht der Internationalen Wirtschaft, Bd. 27, Heidelberg 1993.

SCHÄRER HEINZ, Vertragsverhandlungsvereinbarungen, in: Tercier/Hürlimann (Herausgeber), In Sachen Baurecht, zum 50. Geburtstag von Peter Gauch, Freiburg 1989, S. 19 ff.

SCHAUB RUDOLF P., Der Engineeringvertrag, Rechtsnatur und Haftung, Diss. Bern 1979.

SCHLECHTRIEM PETER, Haftung des Nachunternehmers gegenüber dem Bauherrn, in: ZfBR 1983, S. 101 ff.

SCHLECHTRIEM PETER, Schuldrecht, Besonderer Teil, 2. Aufl., Tübingen 1991 (zit.: Schlechtriem, BT).

SCHLUEP WALTER R., Innominatverträge, in: Schweizerisches Privatrecht, Obligationenrecht, Besondere Vertragsverhältnisse, VII. Bd., 1. Halbband, Basel und Stuttgart 1979, S. 761 ff. (zit.: Schluep, SPR VII/1).

SCHMALZL MAX, Die Auswirkung des § 278 BGB im Verhältnis des Bauherrn zu den anderen Baubeteiligten, in: Festschrift Horst Locher, Düsseldorf 1990, S. 225 ff.

SCHMID JÖRG, Die Geschäftsführung ohne Auftrag, Habil., Freiburg 1992.

SCHMID JÖRG, Die Haftung für schädigende Bauprodukte, in: Baurechtstagung 1993, Bd. II, Seminar für Schweizerisches Baurecht, Freiburg 1993, S. 1 ff. (zit.: Schmid, Bauprodukte).

SCHMIEDLIN STEFAN, Frustration of Contract und clausula rebus sic stantibus, Eine rechtsvergleichende Analyse, Diss. Basel 1985.

SCHÖNENBERGER WILHELM/JÄGGI PETER, Kommentar zum Schweizerischen Zivilgesetzbuch, V. Bd., Teilband 1a, Obligationenrecht, Allgemeine Einleitung, Vorbemerkungen vor Art. 1 OR, Kommentar zu den Art. 1-17 OR, Zürich 1973.

SCHUMACHER RAINER, Das Bauhandwerkerpfandrecht, 2. Aufl., Zürich 1982.

SCHUMACHER RAINER, Das Risiko beim Bauen, ausgewählte Risiken, 1. Teil: Untergang und Beschädigung des Werkes, in: Baurechtstagung 1983, Bd. 1, Seminar für Schweizerisches Baurecht, Freiburg 1983, S. 47 ff. (zit: Schumacher, Untergang und Beschädigung des Werkes).

SCHUMACHER RAINER, Der Bauherr und sein Unternehmer, die Vertragshaftung des Bauherrn, in: Baurechtstagung 1981, Unterlage 2, Seminar für Schweizerisches Baurecht, Freiburg 1981 (zit: Schumacher, Vertragshaftung).

SCHUMACHER RAINER, Die Haftung des Architekten aus Vertrag, in: Gauch/Tercier (Herausgeber), Das Architektenrecht, Freiburg 1986, S. 105 ff. (zit: Schumacher, Die Haftung des Architekten).

SCHWANDER WERNER, Versicherung des Bauherrn / Versicherung des Unternehmers, in: Baurechtstagung 1981, Unterlage 3, Seminar für Schweizerisches Baurecht, Freiburg 1981.

SCHWENZER INGEBORG, Sachgüterschutz im Spannungsfeld deliktischer Verkehrspflichten und vertraglicher Leistungspflichten, in: JZ 1988, S. 525 ff.

SCYBOZ GEORGES, Garantievertrag und Bürgschaft, in: Schweizerisches Privatrecht, Obligationenrecht, Besondere Vertragsverhältnisse, VII. Bd., 2. Halbband., Basel und Stuttgart 1979, S. 315 ff. (zit.: Scyboz, SPR VII/2).

SIEGBURG PETER, Gewährleistung beim Bauvertrag, 2. Aufl., Köln 1989.

SIEGWART ALFRED, Zürcher Kommentar zum Schweizerischen Zivilgesetzbuch, V. Bd., Obligationenrecht, 4. Teil: Personengesellschaften, Art. 530-619, Zürich 1938.

SINNIGER RICHARD, Der Baugrund, Möglichkeiten und Grenzen der Erkundung und Beschreibung, in: Baurechtstagung 1993, Vortagung für Juristen, Separata, Seminar für Schweizerisches Baurecht, Freiburg 1993.

SOERGEL CARL, Bauvertragliche Gewährleistung und Produkthaftung, in: Festschrift Locher, Düsseldorf 1990, S. 235 ff.

SOERGEL HANS THEODOR, Kohlhammer-Kommentar, Bürgerliches Gesetzbuch, Bd. 2, Schuldrecht I, §§ 241-432 BGB, 12. Aufl., Stuttgart, Berlin und Köln 1990 (zit.: Soergel/Bearbeiter, N zu § BGB).

SPIRO KARL, Die Haftung für Erfüllungsgehilfen, Bern 1984.

STARK EMIL W., Ausservertragliches Haftpflichtrecht, Skriptum, 2. Aufl., Zürich 1988.

STARK EMIL W., Berner Kommentar zum schweizerischen Privatrecht, Bd. IV, 3. Abt., 1. Teilbd., Das Sachenrecht, Besitz und Grundbuch, der Besitz, Kommentar zu Art. 919-941 ZGB, 2. Aufl., Bern 1984.

STIERLI BRUNO, Die Architektenvollmacht, Diss. Freiburg 1988.

STRAUBE MANFRED, Zum Inhalt der Warnpflicht des Bauunternehmers nach österreichischem Recht, in: Festschrift Horst Locher, Düsseldorf 1990, S. 245 ff.

STRAUCH DIETER, Rechtsgrundlagen der Haftung für Rat, Auskunft und Gutachten, in: JuS 1992, S. 897 ff.

SWEET JUSTIN, Defect: A summary and analysis of American Law, in: Gauch/Sweet (Herausgeber), Selected Problems of Construction Law: International Approach, Freiburg 1983, S. 79 ff.

Syz Carole, Faktisches Vertragsverhältnis, Diss. Zürich 1991.

Taschner Hans Claudius, Die Produktehaftung, in: Guillod Olivier (Herausgeber), Développements récents du droit de la responsabilité civile/Neuere Entwicklungen im Haftpflichtrecht, Zürich 1991, S. 307 ff.

Taschner Hans Claudius/Frietsch Edwin, Produktehaftungsgesetz und EG-Produktehaftungsrichtlinie, Kommentar, 2. Aufl., München 1990.

Tausky Robert, Die Rechtsnatur der Verträge über die Planung von Bauwerken, Diss. Zürich 1991.

Tercier Pierre, La partie spéciale du Code des obligations, Zürich 1988.

Tercier Pierre, La réparation du préjudice réfléchi en droit suisse de la responsabilité civile, in: Gedächtnisschrift Peter Jäggi, Freiburg 1977, S. 239 ff. (zit.: Tercier, préjudice réfléchi).

Tercier Pierre, La responsabilité civile des parties à la construction, in: Journées du droit de la construction 1989, Bd. I, Seminar für Schweizerisches Baurecht, Freiburg 1989, S. 2 ff. (zit.: Tercier, responsabilité civile).

Tercier Pierre, Les contrats de constructions dans la pratique, in: Journées du droit de la construction 1993, Bd. I, Seminar für Schweizerisches Baurecht, Freiburg 1993, S. 1 ff. (zit.: Tercier, contrats de construction).

The Netherlands Ministry of Justice, (Herausgeber), The Netherlands Civil Code, Book 6, The Law of Obligations, Draft Text and Commentary, Sijthoff/Leyden 1977.

Trümpy Hans, Architektenvertragstypen, Eine Untersuchung der Projektierungs-, Bauleitungs- und Gesamtverträge zwischen dem Architekten und dem Bauherrn, unter Mitberücksichtigung der Ausgabe 1984 SIA-Ordnung 102, Diss. Zürich 1989.

Tuor Peter/Schnyder Bernhard, Das Schweizerische Zivilgesetzbuch, 10. Aufl., Zürich 1986, Nachdruck 1989.

Ulmer Peter/Brandner Hans Erich/Hensen Horst-Diether, AGB-Gesetz, Kommentar zum Gesetz zur Regelung des Rechts der Allgemeinen Geschäftsbedingungen, 5. Aufl., Köln 1987.

Vens-Capell Martin/Wolf Armin, Zur haftungs- und versicherungsrechtlichen Problematik des § 10 Nr. 2 Abs. 2 VOB/B, in: BauR 1993, S. 275 ff.

Vogel Oscar, Streit und Streiterledigung - von der Beweissicherung bis zum Bauprozess, in: Baurechtstagung 1985, Bd. I, Seminar für Schweizerisches Baurecht, Freiburg 1985, S. 69 ff. (zit.: Vogel, Streit und Streiterledigung).

Vogel Oscar, Zivilprozessrecht, 3 Aufl., 1992.

VON BÜREN BRUNO, Schweizerisches Obligationenrecht, Allgemeiner Teil, Zürich 1964.

VON CAEMMERER ERNST, Das Problem des Drittschadenersatzes, in: ZBJV 1964, S. 341 ff.

VON STEIGER WERNER, Gesellschaftsrecht, in: Schweizerisches Privatrecht, Handelsrecht, VIII. Bd., 1. Halbband, Basel und Stuttgart 1976 (zit.: Von Steiger, SPR VIII/1).

VON TUHR ANDREAS/ESCHER ARNOLD, Allgemeiner Teil des Schweizerischen Obligationenrechts, 2. Bd., 3. Aufl., Zürich 1974.

VON TUHR ANDREAS/PETER HANS, Allgemeiner Teil des Schweizerischen Obligationenrechts, 1. Bd., 3. Aufl., Zürich 1974.

VYGEN KLAUS, Bauvertragsrecht nach VOB und BGB, Handbuch des privaten Baurechts, 2. Aufl., Wiesbaden und Berlin 1991.

VYGEN KLAUS, Behinderung des Autragnehmers durch verspätete oder mangelhafte Vorunternehmerleistung, in: BauR 1989, S. 387 ff. (zit.: Vygen, Vorunternehmer).

WAHRENBERGER ANDRE, Vorvertragliche Aufklärungspflichten im Schuldrecht (unter besonderer Berücksichtigung des Kaufrechts), Zugleich ein Beitrag zur Lehre von der culpa in contrahendo, Diss. Zürich 1992.

WALTER HANS PETER, Der Richter und der Bauprozess, in: Baurechtstagung 1993, Bd. I, Seminar für Schweizerisches Baurecht, Freiburg 1993, S. 28 ff.

WEBER FRANZ, Die Besitzesschutzklagen, insbesondere ihre Abgrenzung von den petitorischen Klagen, Diss. Freiburg 1975 (zit.: Weber Franz).

WEBER ROLF H., Drittschadensliquidation - eine Zwischenbilanz, in: Mélanges Paul Piotet, Bern 1990, S. 215 ff.

WEBER-HÄUSERMANN ELISABETH, Haftung für Hilfspersonen, eine rechtsvergleichende Untersuchung zu neuen Verantwortungsformen im deutschen und schweizerischen Recht, Diss. Zürich 1984.

WEISE STEFAN, Regress zwischen Bauunternehmern und Regressbehinderung durch den Auftraggeber, in: BauR 1992, S. 685 ff.

WERNER ULRICH/PASTOR WALTER, Der Bauprozess, 6. Aufl., Düsseldorf 1990.

WERRO FRANZ, La capacité de discernement et la faute dans le droit suisse de la responsabilité, 2. Aufl., Diss. Fribourg 1986.

WERRO FRANZ, La responsabilité du fait des produits et la construction immobilière, in: Journées du droit de la construction 1993, Bd. II, Seminar für Schweizerisches Baurecht, Freiburg 1993, S. 1 ff. (zit.: Werro, responsabilité).

WERRO FRANZ, Les contrats d'entreprise générale, in: Journées du droit de la construction 1991, Bd. II, Seminar für Schweizerisches Baurecht, Freiburg 1991, S. 54 ff. (zit.: Werro, entreprise générale).

WIDMER PIERRE, Produktehaftung, Urteilsanmerkung Zivilrecht, BGE 110 II 456, in: recht 1986, S. 50 ff. (zit.: Widmer, recht 1986).

WIEGAND WOLFGANG, Zur Haftung für Dienstleistungen, Urteilsanmerkung Zivilrecht, BGE 115 II 62 ff., in: recht 1990, S. 134 ff. (zit.: Wiegand, recht 1990).

WÜRSCH DANIEL/DALLAFIOR ROBERTO, Können Fakten Verträge begründen? - Zum sog. faktischen Vertragsverhältnis; Bemerkungen zu einem Urteil des Obergerichts des Kantons Solothurn, in: SJZ 85, 1989, S. 273 ff.

ZEHNDER HANNES, Die Haftung des Architekten für die Überschreitung seines Kostenvoranschlages, Diss. Freiburg 1993.

ZELLER ERNST, Auslegung von Gesetz und Vertrag, Zürich 1988.

ZELTNER URS, Die Mitwirkung des Bauherrn bei der Erstellung des Bauwerkes, Diss. Freiburg 1993.

ABKÜRZUNGSVERZEICHNIS

a.a.O	am angegebenen Ort
a.M.	anderer Meinung
ABGB	Allgemeines Bürgerliches Gesetzbuch für Österreich vom 1. Juni 1811
Abs.	Absatz
Abt.	Abteilung
AcP	Archiv für civilistische Praxis, Tübingen
AGB-Gesetz	(Deutsches) Gesetz zur Regelung des Rechts der Allgemeinen Geschäftsbedingungen vom 9. Dezember 1976
AGVE	Aargauische Gerichts- und Verwaltungsentscheide
AJP	Aktuelle Juristische Praxis, St. Gallen
alt	alte Fassung (eines Gesetzes)
Anh.	Anhang
Anm.	Anmerkung
aOR	Bundesgesetz über das Obligationenrecht vom 14. Juni 1881
ARGE	Arbeitsgemeinschaft
Art.	Artikel
AT	Allgemeiner Teil
Aufl.	Auflage
BauR	Baurecht, Zeitschrift für das gesamte öffentliche und zivile Baurecht, Düsseldorf
BB	Der Betriebsberater, Heidelberg
BBl.	Bundesblatt der Schweizerischen Eidgenossenschaft
Bd.	Band
BGB	(Deutsches) Bürgerliches Gesetzbuch vom 18. August 1896
BGBl.	(Deutsches) Bundesgesetzblatt
BGE	Entscheidungen des Schweizerischen Bundesgerichts (Amtliche Sammlung)

BGH	(Deutscher) Bundesgerichtshof
BGHZ	Entscheidungen des (deutschen) Bundesgerichtshofes in Zivilsachen, Detmold
BGr.	Bundesgericht
BJM	Basler Juristische Mitteilungen
BJM	Basler Juristische Mitteilungen
BR	Baurecht, Mitteilungen zum privaten und öffentlichen Baurecht, herausgegeben vom Seminar für Schweizerisches Baurecht, Freiburg
BT	Besonderer Teil
bzw.	beziehungsweise
Diss.	Dissertation
E.	Erwägung(en)
EGV-SZ	Entscheide der Gerichts- und Verwaltungsbehörden des Kantons Schwyz
EuR	Europarecht, München
EWG	Europäische Wirtschaftsgemeinschaft
Extraits	Entscheide des Kantonsgerichts Freiburg, «Extraits des principaux arrêts rendus par les diverses sections du tribunal cantonal de l'Etat de Fribourg»
f./ff.	folgend(e)
FG	Festgabe
FN	Fussnote
franz.	französisch
FS	Festschrift
GSchG	Bundesgesetz über den Schutz der Gewässer gegen Verunreinigung vom 8. Oktober 1971 (SR 814.20)
GVP	St. Gallische Gerichts- und Verwaltungspraxis
Hrsg.	Herausgeber
Habil.	Habilitation
IBR	Immobilien- & Baurecht, Mannheim
ital.	italienisch
JA	Juristische Arbeitsblätter, Berlin

JdT	Journal des tribunaux, Lausanne
JuS	Juristische Schulung, Zeitschrift für Studium und praktische Ausbildung, München, Berlin und Frankfurt am Main
JZ	(Deutsche) Juristenzeitung, Tübingen
LGVE	Luzerner Gerichts- und Verwaltungsentscheide
lit.	litera
m.E.	meines Erachtens
MünchK	Münchener Kommentar zum Bürgerlichen Gesetzbuch
N	Note
NJW	Neue Juristische Wochenschrift, München und Frankfurt am Main
Nr.	Nummer, Randziffer; *kursiv*: Randnummer der vorliegenden Arbeit
OLG	(Deutsches) Oberlandesgericht
OR	Bundesgesetz über das Obligationenrecht vom 30. März 1911/18. Dezember 1936 (SR 220)
PG	Partie générale
PKG	Die Praxis des Kantonsgerichts von Graubünden
Pra	Die Praxis des Schweizerischen Bundesgerichts (Private Sammlung), Basel
PrHG	(Entwurf) Bundesgesetz über die Produktehaftpflicht vom 24. Februar 1993 (93.125).
PS	Partie spéciale
recht	recht, Zeitschrift für Ausbildung und Praxis, Bern
resp.	respektive
RL	Richtlinie
S.	Seite
SAG	Schweizerische Aktiengesellschaft
SchR	Schuldrecht
Semjud	La semaine judiciaire
sGS	Gesetzessammlung des Kantons St. Gallen, systematisches Register

SIA (S.I.A.)	Schweizerischer Ingenieur- und Architekten-Verein
SIA-Norm 118	Allgemeine Bedingungen für Bauarbeiten, Ausgabe 1977/1991
SIA-Norm 222	Gerüste - Leistung und Lieferung, Ausgabe 1990
SIA-Ordnung 102	Ordnung für Leistungen und Honorare der Architekten, Ausgabe 1984
SJZ	Schweizerische Juristen-Zeitung
SPR	Schweizerisches Privatrecht, Basel und Stuttgart
SR	Systematische Sammlung des Bundesrechts
StGB	Schweizerisches Strafgesetzbuch vom 21. Dezember 1937 (SR 311.0)
SZW	Schweizerische Zeitschrift für Wirtschaftsrecht
TR	Technische Rundschau, Bern
UWG	Bundesgesetz gegen den unlauteren Wettbewerb vom 20. März 1986 (SR 241)
vgl.	vergleiche
VOB	(Deutsche) Verdingungsordnung für Bauleistungen
Vorbem.	Vorbemerkung(en)
VVG	Bundesgesetz über den Versicherungsvertrag vom 2. April 1908 (SR 221.229.1)
ZBJV	Zeitschrift des Bernischen Juristenvereins
ZfBR	Zeitschrift für deutsches und internationales Baurecht, Wiesbaden
ZGB	Schweizerisches Zivilgesetzbuch vom 10. Dezember 1907
Ziff.	Ziffer
zit.	zitiert
ZR	Blätter für zürcherische Rechtsprechung
ZSR	Zeitschrift für Schweizerisches Recht
ZWR	Zeitschrift für Walliser Rechtsprechung

1. TEIL: GRUNDLAGEN

I. Begriffe

A. Die Baubeteiligten und das Bauwerk

1. Einleitung

1   1. Kaum ein Bauwerk entsteht, ohne dass sich viele verschiedene Personen bei dessen Errichtung beteiligen. Aus dem Zusammenspiel dieser Baubeteiligten ergeben sich vielfältige Rechtsbeziehungen, die sich teilweise als sehr komplex erweisen. In der traditionellen Form des Bauens vergibt der Bauherr die Arbeiten für eine geplante Baute an mehrere Unternehmer und schliesst dabei mit jedem einzelnen von ihnen einen je eigenen Bauwerkvertrag ab. Jeder dieser Unternehmer ist Nebenunternehmer des anderen.[1]

2   Diese Einsatzform bildet den Anlass für die vorliegende Untersuchung. Denn gerade dann, wenn mehrere Bauunternehmer als Nebenunternehmer auf einer Baustelle im Einsatz stehen, stellen sich wichtige Fragen und Probleme. Wer muss für eine sinnvolle Zusammenarbeit sorgen? Wie sind die Leistungen der einzelnen Nebenunternehmer aufeinander abzustimmen? Wer haftet für Schäden, wenn mehrere Unternehmer auf der gleichen Baustelle tätig sind? Wie beurteilt sich das Rechtsverhältnis zwischen den bauenden Unternehmern? Welches sind die Auswirkungen auf Mängelhaftung und Gefahrentragung?

3   2. Bis ein Bauherr seine gewünschte Baute gebrauchsfertig übernehmen kann, muss er viele Entscheidungen treffen, die sich unmittelbar auf das Umfeld von Unternehmer und Nebenunternehmer auswirken können. Es stellen sich - abgesehen von der Gestaltung des gewünschten Bauwerks - Probleme der Organisation des Bauablaufs. Der Bauherr muss auswählen, mit wem er bauen möchte[2], und sich für die geeignet-

---

[1]   GAUCH, Werkvertrag, Nr. 181 f.
[2]   Zur Bauverpflichtung siehe: GAUCH, Werkvertrag, Nr. 306 ff.

ste Organisationsform entscheiden.[3]. Eine häufig gewählte Organisationsform stellt das Bauen mit Nebenunternehmern dar. Dabei erteilt der Besteller verschiedene Bauaufträge für ein Bauwerk an mehrere selbständige Unternehmer unterschiedlicher Bausparten.

4   3. Vor einer eingehenden Auseinandersetzung mit dem Dreiecksverhältnis Bauherr, Unternehmer und Nebenunternehmer zeigt eine kurze Übersicht deren Umfeld. Zuerst handle ich von einigen Baubeteiligten (2.), dann folgt eine kurze Umschreibung des Bauwerks als Ergebnis der Bautätigkeit (3.).

2. Die Baubeteiligten

a) Überblick

5   1. Die Baubeteiligten[4] stehen zueinander in verschiedenartigen Rechtsverhältnissen.[5] Als **Ausgangspunkt** der vorliegenden Darstellung dient das vertragliche Verhältnis zwischen dem Bauherrn und seinem Unternehmer. In der schweizerischen Baupraxis wird dieses Schuldverhältnis als «Bauvertrag»[6] bezeichnet. Das kann zu Missverständnissen führen, weil oftmals auch andere Verträge im Bauwesen gemeint sein können.[7] Deshalb verwende ich für das Vertragsverhältnis zwischen Bauherr und Unternehmer den Ausdruck «Bauwerkvertrag»[8] oder einfach Werkvertrag.

6   2. Normalerweise stellt der Bauherr ein Grundstück zur Verfügung[9], das von einem oder mehreren Bauunternehmern bebaut werden soll. Gegebenenfalls liefert ein Dritter den Stoff (Beton, Ziegelsteine, Metall, Isolationsmaterial etc.), der verbaut werden soll. Dieser Dritte

---

3   GAUCH, Probleme von und mit Subunternehmern, S. 153 f.

4   Alle die sich mit Vorbereitung, Planung und Ausführung eines Bauwerkes befassen, gehören zu den Baubeteiligten.

5   Dabei kann es sich um vertragliche resp. vertragsähnliche Verhältnisse oder um rein deliktische Haftungsverhältnisse handeln (vgl. *Nr. 217 ff.*).

6   Vgl. REBER, S. 17; GAUCH, Norm S.I.A. 118, S. 4; TERCIER, contrats de construction, S. 5.

7   GAUCH, Werkvertrag, Nr. 173. Z.B. Ingenieur- und Architektenvertrag, reine Materiallieferungen (Kaufvertrag) etc.

8   Vgl. LOCHER, Nr. 23; *Nr. 26.*

9   «Ein Werkvertrag kann auch für die Erstellung eines Gebäudes auf fremdem Boden abgeschlossen werden» (BGE 117 II 264).

wird als Stoff-, Material- oder Baulieferant[10] bezeichnet. Zur Projektierung, Planung und zur Leitung der Bautätigkeiten zieht der Bauherr in der Regel einen Bauingenieur oder Architekten bei.[11,12] Im folgenden werden **einzelne Baubeteiligte** kurz vorgestellt:

b) Bauherr und (Bau-)Unternehmer

7   Bei der Ausführung von Bauarbeiten sind auf der einen Seite ein Bauherr (Besteller)[13], auf der anderen Seite ein oder mehrere Bauunternehmer beteiligt.[14] Der Bauherr lässt sich in einem zweiseitigen Vertrag[15] vom einzelnen Bauunternehmer die Ausführung von Bauarbeiten und damit die Erstellung und Ablieferung eines Bauwerks versprechen. Als Gegenleistung schuldet der Bauherr eine Vergütung.[16]

8   «Herr des eigentlichen Baugeschehens»[17] ist der Bauherr. Auf sein Geheiss erbringt der Unternehmer die typischen Bauleistungen; nämlich die handwerklichen oder industriellen Bauarbeiten.

c) Architekt und Bauingenieur

9   1. Der Bauherr, ob Baufachmann oder nicht, zieht für sein Bauvorhaben oft einen Architekten und/oder einen Bauingenieur zur Unterstützung bei. Er zählt dabei auf deren fachmännische Beratung und erwartet kompetente Vorschläge und Entscheidungsgrundlagen für seine Vorgehensweise.[18] Obwohl Bauingenieur und Architekt **in unterschiedlichen Bereichen tätig** sind, haben die folgenden Aussagen Gültigkeit für beide:

---

10   Der Baulieferant verpflichtet sich in einem Kaufvertrag (Zulieferant) oder Werklieferungsvertrag (Werklieferant) zur Lieferung von Baumaterial (vgl. GAUCH, Werkvertrag, Nr. 112); entweder ist der Bauherr oder der Unternehmer sein Vertragspartner. Was der Lieferant in concreto schuldet, ergibt sich aus der Auslegung der Vereinbarung (vgl. dazu unten *Nr. 109 ff.*).

11   GAUCH, Probleme von und mit Subunternehmern, S. 153.

12   In einigen Kantonen (FR; VD; GE; NE) ist für die Einreichung eines Baugesuches der Beizug eines Architekten erforderlich (SCHÜRMANN, Bau- und Planungsrecht, 2. Aufl., Bern 1984, S. 68).

13   Unter Umständen bilden mehrere Bauherren die Bauherrschaft.

14   *Schema A, S. 184.*

15   *Nr. 26 ff.*

16   Art. 363 OR.

17   VYGEN, Nr. 9.

18   Vgl. HESS, S. 16.

4

10   2. Bauingenieur und Architekt können vielfältige **Aufgaben** wahrnehmen. Sie befassen sich erstens vor und während der Ausführung der Bauarbeiten mit der Projektierung und Planung des gewünschten Bauwerks. Sie sind damit bauvorbereitend tätig. Zweitens können während der eigentlichen Bautätigkeit bauleitende Aufgaben[19] wie die Überwachung der Bauausführung hinzukommen.[20] Der Architekt, der mehr «ästhetisch-gestalterisch»[21] arbeitet, sowie der im «technisch-funktionalen Bereich»[22] beschäftigte Bauingenieur üben eine vorwiegend definierende und präzisierende Tätigkeit aus.[23] Beide leisten Dienste zum Zwecke der Erstellung eines Bauwerkes.[24]

11   3. Die **Qualifikation** von Bauingenieur- und Architektenvertrag[25] ist in Lehre[26] und Rechtsprechung[27] umstritten. Der Streit geht dahin, wie weit werkvertragliche oder auftragsrechtliche Regeln anzuwenden sind.[28] Praktischen Konsequenzen ergeben sich z.B. aus der Anwendung der Art. 404 und Art. 377 OR.[29] Ingenieur- und Architektenvertrag zeigen sich in verschiedenen Erscheinungsformen.[30] Zu beachten bleibt, dass eine Qualifikation nicht allgemein und abstrakt vorgenommen werden kann, da es immer darauf ankommt, was die Parteien vereinbart haben[31] und welche Leistungen Bauingenieur bzw. Architekt

---

19   GAUCH, Werkvertrag, Nr. 52; vgl. Art. 33 und Art. 34 SIA-Norm 118; Art. 4.4.4 SIA-Ordnung 102.

20   BGE 118 II 315. - Für diesen Aufgabenbereich wird im Baualltag häufig der Ausdruck «Bauführung» verwendet. - Vgl. *Schemata B, C, E F, S. 184.*

21   HESS, S. 17.

22   HESS, S. 17.

23   Vgl. STIERLI, Nr. 252.

24   Art. 371 Abs. 2 OR.

25   «Die Strukturen des Architekten und Ingenieurverhältnisses sind sowohl tatsächlich als auch rechtlich weitgehend identisch» (HESS, S. 23).

26   Auf die Qualifikation des Architekten- oder Ingenieurvertrages wird hier nicht näher eingetreten. Vgl. dazu GAUCH, Architekturvertrag, Nr. 1 ff.: Stellt der Architekt Pläne her, handelt er als Unternehmer (Art. 363 OR) (Nr. 29), vergibt er Arbeiten und/oder besorgt er die Bauleitung, liegt ein Auftrag (Art. 394 OR) vor (Nr. 34). Der Gesamtvertrag des Architekten (alle Architektenleistungen) ist «ungeteilt dem Auftragsrecht zu unterstellen» (Nr. 37). Vgl. zur Qualifikation mit teilweise anderen Ansichten: ABRAVANEL, Nr. 301 ff.; DESSEMONTET, S. 124 f.; LEUENBERGER, S. 54 f.; SCHUMACHER, Die Haftung des Architekten, Nr. 370; TRÜMPY, S. 155 ff.; ZEHNDER, Nr. 17 ff.

27   Vgl. dazu BR 1989, S. 16 f. (Nr. 3-6).

28   Werkvertrag, (einfacher) Auftrag, gemischter Vertrag, Innominatkontrakt.

29   Hinzuweisen ist neben der Problematik der Vertragsbeendigung (Art. 377 OR/Art. 404 OR), auf die zu leistende Entschädigung und die Mängelhaftung (Art. 367 ff. OR/Art. 398 OR).

30   Gesamtvertrag, reiner Planungsvertrag oder Bauleitungsvertrag (vgl. GAUCH, Werkvertrag, Nr. 44 ff.; MERZ, S. 166 f.).

31   Vgl. GAUCH, Architekturvertrag, S. 10.

somit in concreto schulden. Entscheidend ist der Vertragsinhalt und nicht die von den Parteien gewählte Vertragsbezeichnung.[32] So kann eine Vereinbarung zwischen Bauherr und Architekt/Bauingenieur einerseits ein Werkvertrag sein.[33] Andererseits kann sich sowohl der Architekt wie der Bauingenieur in einem reinen Auftragsverhältnis (Art. 394 OR) verpflichten.[34] Das Bundesgericht geht für den Gesamtvertrag zur Zeit von einem gemischten Vertragsverhältnis aus.[35]

d) Sonderfachleute

12   1. Der aus Deutschland stammende **Ausdruck** Sonderfachmann beschreibt einen spezialisierten Baubeteiligten. In der Schweiz finden sich für sie verschiedene Bezeichnungen wie etwa «Spezialplaner», «Berater» oder «Spezialist».[36] Sonderfachleute können oder müssen in den verschiedenen Etappen des Baugeschehens beigezogen werden.[37] Unerlässlich sind sie beispielsweise dann, wenn das Umweltschutzgesetz (USG) für ein konkretes Bauprojekt eine obligatorische Umweltverträglichkeitsprüfung (UVP) verlangt.[38] Entweder verpflichtet der Bauherr den Sonderfachmann direkt, oder sein Engagement erfolgt durch den Architekten[39] oder einen Bauunternehmer.

13   2. Die **Aufgaben** des Sonderfachmanns sind vielfältig, weil er in verschiedenen Bereichen tätig ist: Statik, Bodenuntersuchungen, Vermessung, Heizungs- und Klimatechnik, Lärmschutzmassnahmen etc.[40] Entweder arbeitet er als eigentlicher Fachingenieur[41] oder verfügt sonst

---

32   JÄGGI/GAUCH, N 225 ff. zu Art. 18 OR.

33   GAUCH, recht 1983, S. 132 ff.

34   In Deutschland qualifizieren Rechtsprechung und Lehre den Gesamtvertrag überwiegend als Werkvertrag (statt vieler: HESSE/KORBION/MANTSCHEFF/VYGEN, S. 224).

35   BGE 114 II 55 f. - Anderer Meinung statt vieler: TERCIER, BR 1993, S. 44, Anm. 1 zu Nr. 98.

36   Vgl. Art. 3.4 und 7.16 SIA-Ordnung 102; STIERLI, Nr. 540 ff.

37   Ein Architekt engagiert z.B. einen Akustiker, um auf Wunsch des Bauherrn einen Proberaum für Musiker in ein Mehrfamilienhaus zu integrieren.

38   Vgl. Art. 9 des BG über den Umweltschutz (USG) vom 7. Oktober 1983 (SR 814.01).

39   Z.B. Art. 3.4 SIA-Ordnung 102: Über die «Zusammenarbeit (des Architekten) mit anderen an der Planung beteiligten Fachleuten».

40   Vgl. §§ 51-100 der (deutschen) «Verordnung über die Honorare für Leistungen der Architekten und der Ingenieure» (HOAI) vom 17. September 1976.

41   Art. 2.4 SIA-Norm 108: «Ingenieur als Spezialist (Fachingenieur); Als Spezialist (...) bearbeitet der Ingenieur einzelne Fachgebiete eines Bauwerkes ...».

6

über spezielle Kenntnisse in einer bestimmten Bausparte.[42] Der Einsatz des Sonderfachmanns kann in der Planungs- und Projektierungsphase oder während der Ausführung der eigentlichen Bauarbeiten erfolgen.[43] Er arbeitet verschiedentlich auch als Gutachter[44], als Experte bei Baustreitigkeiten[45] oder unterstützt den Bauherrn bei der Abnahme des Bauwerkes.[46] Oftmals zieht der Bauherr einen solchen Spezialisten oder Experten zu einer Baugrundüberprüfung bei, wenn eine Spezialunternehmung einen eigenen Vorschlag realisieren möchte.[47] Im Gegensatz zum Bauingenieur betätigt sich der Sonderfachmann nur punktuell auf der Baustelle.

14   3. Für die **Qualifikation** des Vertrages mit dem Sonderfachmann gilt das für den Architektenvertrag in Nr. 11 Gesagte, und zwar unabhängig davon, wer Vertragspartner des Sonderfachmanns wird.[48] Entscheidend ist also nicht die Bezeichnung einer Partei als Sonderfachmann, sondern wiederum die konkrete Vereinbarung der Vertragspartner über die zu erbringenden Leistungen.

e) Baubetreuer

15   1. Im Unterschied zum Bauunternehmer vergibt der Baubetreuer im Namen und/oder auf Rechnung des Bauherrn die erforderlichen Bauarbeiten, ohne dem Bauherrn selbst ein Bauwerk zu versprechen. Er tritt gegenüber den Bauunternehmern als **Stellvertreter**[49] **des Bauherrn** auf, um in dessen Namen Verträge über Bauleistungen abzuschliessen. Die Betreuung erfolgt gegen Entgelt. Für die Stellvertretung sind zwei Formen zu unterscheiden:

---

42   Z.B. ein erfahrener Bauunternehmer, der für eine bestimmte Detailfrage als Berater zugezogen wird (Tunnelbau in den Alpen).

43   SCHAUB, S. 20 ff.

44   COTTIER, L'architecte comme expert, en cas de défaut de l'ouvrage, in: Gauch/Tercier (Hrsg.), Das Architektenrecht, 2. Aufl., Freiburg 1989, S. 366 ff.; BauR 1992, S. 804 f.: Bodengutachter als Sonderfachmann.

45   HÜRLIMANN, Experte, S. 129 ff.

46   Vgl. zum «Consulting Engineering» MARTINEK, S. 319 f.; SCHAUB, S. 24.

47   Vgl. SINNIGER, S. 11.

48   In Deutschland werden der Architektenvertrag als auch der Vertrag mit dem Sonderfachmann generell dem *Werkvertragsrecht* unterstellt (statt vieler: JEBE/VYGEN, Der Bauingenieur, S. 18). Für die Schweiz siehe *Nr. 11 mit Anm. 26* und SCHAUB, S. 76 f., S. 80.

49   Art. 32 ff. OR.

16   a) Handelt der Baubetreuer als *direkter (echter)* Stellvertreter des Bauherrn, vergibt er die Bauarbeiten im Namen und auf Rechnung seines Vertragspartners (Art. 32 Abs. 1 OR). Der Unternehmer steht in direkter vertraglicher Beziehung mit dem Bauherrn.[50]

17   b) Als *indirekter (unechter)* Stellvertreter oder Fiduziar vergibt der Baubetreuer die Arbeiten im eigenen Namen, aber auf Rechnung des Bauherrn (Art. 32 Abs. 3 OR).[51]

18   2. Der Baubetreuer betreut die Bauarbeiten «in technischer und wirtschaftlicher Hinsicht»[52]. Seine **Aufgaben** bestehen vor allem in der Beratung und Unterstützung des Bauherrn, worauf die französische Vertragsbezeichnung besser passt: «Contrat de conseil en construction»[53]. Die Bauunternehmer können aus dem Einsatz eines Baubetreuers, der z.B. den Nebenunternehmereinsatz koordiniert, grundsätzlich keine weitergehenden Rechte ableiten, als sie ihnen bereits aus dem Werkvertrag mit dem Bauherrn zustehen.[54]

19   3. Schweizerische Rechtsprechung und Lehre qualifizieren den Baubetreuungsvertrag als Auftrag[55], während er in Deutschland grundsätzlich den Bestimmungen über den Werkvertrag[56] unterliegt.

20   Im Einzelfall kann streitig sein, ob sich ein Baubeteiligter tatsächlich als Baubetreuer oder als Generalunternehmer (Nr. 53) verpflichtet hat. Diesbezüglich kommt es - wie bei jeder **Abrede** - nicht auf die von

---

[50]   INGENSTAU/KORBION, Kommentar zur VOB, Anh. 185.

[51]   Zur echten/unechten Stellvertretung: GAUCH/SCHLUEP, Nr. 1424 ff.; GUHL/MERZ/KOLLER, S. 145 ff.

[52]   GAUCH, Werkvertrag, Nr. 191; INGENSTAU/KORBION, Kommentar zur VOB, Anh. 173 und 179.

[53]   BGE 115 II 57. Italienisch: Contratto di consulenza nella costruzione.

[54]   Dem Unternehmer steht aber in zwei Fällen ein Anspruch auf Überwachung seiner Arbeiten zu: erstens wenn der Unternehmer dies mit dem Bauherrn im Werkvertrag vereinbart; zweitens sofern Baubetreuer und Bauherr eine dahingehende Abrede zugunsten des Unternehmers treffen (Art. 112 OR). - Vgl. *Nr. 136 ff.* und *Nr. 243.*

[55]   BGE 115 II 61. - GAUCH, Praktische Gestaltung der Bauverträge, S. 7; ders., Werkvertrag, Nr. 191; TERCIER, contrats de construction, S. 8; WERRO, entreprise générale, S. 61.

[56]   LOCHER, Nr. 397 (mit weiteren Nachweisen); INGENSTAU/KORBION, Kommentar zur VOB, Anh. 186; SOERGEL, MünchKomm, N 46 zu § 631 BGB. Der Baubetreuer haftet für ein mängelfreies Werk. Vgl. aber IBR 1991, S. 169: der Baubetreuer muss nach einem Entscheid des OLG Düsseldorf nicht für die Baumängel einstehen, die aufgrund eines Planungsfehlers des Generalunternehmers entstanden sind (Schimmelbildung an Aussenwänden).

den Parteien gewählte Bezeichnung, sondern auf den Inhalt des Vertrages an, der durch Auslegung zu ermitteln ist.[57]

3. Das Bauwerk

21   1. **Ziel der Bautätigkeit** ist die Schaffung eines Bauwerkes (l'ouvrage de construction). Dabei wird ein mit dem Erdboden verbundenes Objekt körperlich neu geschaffen oder ein bereits bestehendes verändert.[58] Die SIA-Norm 118 (Nr. 45) bezeichnet in Art. 1 jede Ausführung von Bauarbeiten als Erstellung eines Bau-Werkes. Die Norm meint damit sowohl Hoch- und Tiefbauten als auch die Erstellung von Teilen eines Bauwerkes; «z.B. Maurer- oder Gipserarbeit, sanitäre Installationen»[59]. «Das Ergebnis einer Ausbesserungs-, Umbau- oder Abbrucharbeit»[60] stellt gleichermaßen ein Bauwerk dar.[61]

22   2. Das Bauwerk ist immer ein **körperliches** (d.h. stoffliches) **Werk**[62]; es entsteht aufgrund einer vorwiegend körperlichen Tätigkeit an einer Sache. Es stellt eine in sich geschlossene Einheit dar, ist jedoch mit einer «immobiliarsachenrechtlichen Eigentumseinheit»[63] nicht identisch. Ob ein unbewegliches Bauwerk oder eine Fahrnisbaute[64] entsteht, spielt für die Bezeichnung keine Rolle.[65]

---

[57]   Vgl. TERCIER, BR 1990, S. 45, Nr. 44, Anm. 4 am Schluss: «Rien n'empêche» (les parties) «... de prévoir que l'agent garantira le résultat du service qu'il promet» (Baubetreuer verspricht mängelfreies Werk).

[58]   GAUCH, Werkvertrag, Nr. 169; ders., Sanierung, Reparatur und Umbau, S. 5.

[59]   Art. 1 Abs. 1 SIA-Norm 118.

[60]   Art. 1 Abs. 2 SIA-Norm 118.

[61]   Im Gegensatz dazu vgl. Art. 1 lit. c der EG-Baukoordinierungsrichtlinie vom 18. Juli 1989 (89/440/EWG): «... ein 'Bauwerk' (ist) das Ergebnis einer Gesamtheit von Tief- oder Hochbauarbeiten, das seinem Wesen nach eine wirtschaftliche oder technische Funktion erfüllen soll».

[62]   Vgl. BGE 59 II 263. - Die Diskussion darüber, ob eine wissenschaftliche, geistige, administrative und künstlerische Tätigkeit zur Entstehung eines immateriellen Werkes führen kann, braucht hier nicht weiter geführt zu werden. Auch wenn immaterielle Leistungen mit der körperlichen Tätigkeit verbunden sind, bleibt das Ergebnis, das Bauwerk, ein materielles Werk. Vgl. GAUCH, Werkvertrag, Nr. 31 ff. Die geistige (immaterielle) Leistung tritt hinter das vorherrschende körperliche Element der Tätigkeit zurück (BGE 109 II 115 f.).

[63]   GAUTSCHI, N 11 zu Art. 371 OR.

[64]   «Hütten, Buden Baracken u. dgl.» (Art. 677 Abs. 1 ZGB). Vgl. TUOR/SCHNYDER, S. 639.

[65]   Wichtig ist diese Unterscheidung für die Gewährleistungsrechte und deren Verjährung nach Art. 371 Abs. 1 und Abs. 2 OR; vgl. dazu eingehend: GAUCH, Werkvertrag, Nr. 1698 ff. Die SIA-Norm 118 verzichtet in dieser Frage ganz auf eine Unterscheidung und unterstellt alle Bauwerke der Verjährungsordnung nach Art. 180 der Norm.

23 3. Vergibt der Bauherr die Arbeiten für eine ganze Baute an verschiedene Unternehmer, so schuldet ihm jeder dieser Unternehmer die Ausführung der versprochenen Bauleistungen. Diese Unternehmerleistungen zielen auf die Schaffung eines Bauwerkes. Das Gesamt-Bauwerk setzt sich demnach aus **mehreren Teilwerken** zusammen.[66] Jedes dieser Teilwerke stellt, insofern als es das Ergebnis von Bauarbeiten bildet, selbst ein Bauwerk dar.

24 Kein selbständiges Bauwerk verkörpert hingegen der schlichte Werkteil, der in der Abnahmeordnung der SIA-Norm 118 eigens erwähnt wird.[67] Ein schlichter Werkteil ist nur der Abschluss eines Teils einer versprochenen Leistung, welche insgesamt darauf abzielt, ein Bauwerk zu schaffen. Der Werkteil ist somit das Produkt einer Teilleistung.

25 4. Der **Begriff** «Bauwerk» schliesst sowohl ein Gesamt-Bauwerk als auch ein Teilbauwerk ein. Der Begriff umfasst erstens ein Gesamt-Bauwerk (z.B. ein Einfamilienhaus) und zweitens jeden in sich geschlossenen Anteil, den ein Unternehmer zum Gesamt-Bauwerk beisteuert (z.B. die Fassadenisolation). In welchem Sinn der Begriff in der vorliegenden Arbeit verwendet wird, ergibt sich aus dem Zusammenhang.

B. Der Bauwerkvertrag

1. Der Inhalt

26 1. Der Bauwerkvertrag (le contrat de construction) ist eine **besondere Erscheinungsform des Werkvertrages** (Art. 363 ff. OR).[68] Der Ausdruck wird in Rechtsprechung und Literatur, nicht aber im Gesetz verwendet.[69] Wie in jedem Werkvertrag verpflichtet sich der Unternehmer zur Herstellung und Ablieferung[70] eines Werkes und der Besteller zur

---

66 Z.B. Bau eines Einfamilienhauses: Vom Aushub bis zu den Dachdeckerarbeiten werden immer Bauwerke (Teilbauwerke) geschuldet, die schliesslich ein gesamtes Bauwerk ergeben.

67 Art. 157 SIA-Norm 118.

68 In Deutschland wird er auch als «Bauvertrag» bezeichnet, der einen Unterfall des Werkvertrages darstelle (NICKLISCH/WEICK, N 40 zu Einleitung VOB/B).

69 GAUCH, Werkvertrag, Nr. 172.

70 Die Ablieferungspflicht ist in Art. 363 OR nicht eigens erwähnt. Sie ergibt sich aber unbestrittenermassen aus den Art. 367 Abs. 1, Art. 370 Abs. 1, Art. 372

Leistung einer Vergütung.[71] In diesen Leistungspflichten besteht der Hauptinhalt dieses Vertrages. Dazu kommen Sorgfalts-, Schutz- und weitere Nebenpflichten, die zum Teil auf Gesetz oder je nach Umständen auf Vertrag beruhen.[72]

27 2. Die **Besonderheit des Bauwerkvertrages** äussert sich darin, dass die Herstellung eines Bauwerkes die vertragstypische Leistung darstellt. Zu den zwei Hauptpflichten des Bauunternehmers ist folgendes anzufügen:

28 a) Der Bauunternehmer schuldet eine hauptsächlich körperliche Arbeitsleistung[73] zur *Herstellung eines Bauwerks*. Die Leistung besteht in einer maschinellen oder manuellen Werkarbeit[74], wodurch ein Bauwerk erhalten, verändert oder neu geschaffen wird.[75]

29 b) Die *Ablieferung* (livraison) erfolgt in der Form einer Mitteilung[76] an den Bauherrn. Darin gibt der Unternehmer bekannt, dass das Bauwerk vollendet sei.[77] Mit der Mitteilung hat der Unternehmer zwar die Ablieferungspflicht noch nicht erfüllt, er ist aber seiner Obliegenheit[78] nachgekommen, die Vollendung anzuzeigen. Erst wenn der Besteller das Bauwerk ebenfalls als fertig betrachtet (d.h. abnimmt[79]), ist die Ablieferungspflicht erfüllt.[80] Dagegen spielt es keine Rolle, ob das Werk mängelfrei ist.[81]

---

71 Abs. 1 OR. Gemeint ist damit «die Übergabe des vollendeten Werkes»; dazu GAUCH, Werkvertrag, Nr. 81 ff.; OSER/SCHÖNENBERGER, N 2 zu Art. 367 OR.

72 Zu den Begriffsbestimmungen des Art. 363 OR siehe: ENGEL, PS, S. 402; GAUCH, Werkvertrag, Nr. 6 ff.

73 «... notamment celles de donner (...) des instructions, de fournir la matière ou un terrain exempt de défauts, ...» (TERCIER, Nr. 2639).

74 Vgl. PEDRAZZINI, SPR VII/1, S. 515. Wie weit die Arbeitsleistung persönlich erfolgen muss, ergibt sich aus dem jeweiligen Werkvertrag (Art. 364 Abs. 2 OR).

75 GAUTSCHI, N 13e zu Art. 363 OR.

76 Rechtsprechung des deutschen Bundesgerichtshofes, in: SIEGBURG, Nr. 9.

77 Die Mitteilung geschieht ausdrücklich (mündlich oder schriftlich) oder auch stillschweigend (BGE 115 II 459; BGE 113 II 267; GAUCH, Werkvertrag, Nr. 86).

78 Voraussetzung ist also, dass der Unternehmer «alle vereinbarten Arbeiten ausgeführt hat» (BGE 115 II 458). - Vgl. aber *Nr. 413*.

79 D.h. der Besteller hat kein klagbares Recht auf die Mitteilung. Der Unternehmer schuldet ihm nur die Ablieferung. Vgl. GAUCH/SCHLUEP, Nr. 102.

80 Abnahme (réception) und Ablieferung (livraison) sind «korrelative Begriffe», sie bezeichnen «ein und denselben Vorgang, von zwei Seiten» (vom Besteller, resp. vom Unternehmer) «aus betrachtet» (GAUCH, Werkvertrag, Nr. 90).

81 BGE 113 II 267 und 115 II 458 f.

BGE 115 II 458; *Nr. 364*. - Anders in Deutschland, wo der Bauherr bei wesentlichen Mängeln (§ 12 VOB/B) bzw. bei Mängeln mit «gewisser Relevanz» (§ 242 BGB) die Abnahme verweigern kann (GROSS, S. 54 f.).

30   3. Die Leistung des Bauunternehmers ist in der Regel[82] entgeltlich. Der Besteller schuldet somit eine **Vergütung** (rémunération) für das versprochene Bauwerk.[83] Die Vergütungsforderung wird, soweit nicht anders vereinbart, mit der Ablieferung/Abnahme des Bauwerkes fällig.[84] Der Unternehmer hat Anspruch auf den sogenannten «Werklohn»[85].

31   4. Die entgeltliche Herstellung eines Bauwerkes ist ein **vollkommen zweiseitiger (synallagmatischer) Schuldvertrag**[86], wenn das Entgelt der Bauleistung entspricht. Der Unternehmer ist nach Art. 372 Abs. 1 OR vorleistungspflichtig, d. h., er muss das Bauwerk herstellen und abliefern, bevor er den Besteller zur Zahlung der Vergütung anhalten kann (Art. 82 und Art. 372 OR). Die Vorleistungspflicht trifft den Unternehmer immerhin nur dann, wenn die Parteien nichts anderes verabredet haben.[87]

2. Die Vertragsparteien

a) Der Besteller

32   1. Im Werkvertragsrecht ist der Besteller (le maître/il commitente) die Vertragspartei, die bei einem Unternehmer ein Werk bestellt. Vielfach wird er im **täglichen Sprachgebrauch** (juristisch ungenau) als «Auftraggeber» oder «Kunde» bezeichnet.[88] Im Bauwesen handelt es sich beim Besteller des konkreten Bauwerkes entweder um den Bauherrn

---

82   Die Vereinbarung einer Vergütung kann auch stillschweigend geschehen. Grundsätzlich liegt im Streitfalle die Beweislast dafür, dass eine Vergütungsabrede besteht, beim Unternehmer. Betreibt der Unternehmer jedoch seine Tätigkeit *gewerbsmässig* oder «war die Herstellung nach den Umständen nur gegen eine Vergütung zu erwarten», so ist davon auszugehen, dass eine tatsächliche *Vermutung* für das Vorhandensein einer (mindestens stillschweigenden) Vergütungsabrede spricht (GAUCH, Werkvertrag, Nr. 102 f.).

83   Vgl. GAUCH, Vergütung von Bauleistungen, S. 5 f.

84   Art. 372 Abs. 1 OR; zur Vergütung siehe GAUCH, Werkvertrag, Nr. 100.

85   Zur Höhe der Vergütung und zur Preisberechnung vgl. REBER, S. 61 f.

86   GAUCH/SCHLUEP, Nr. 257.

87   Andere Abmachungen finden sich z.B. in der SIA-Norm 118: Für Regiearbeiten reicht der Unternehmer monatlich eine Rechnung ein. Damit wird seine Forderung fällig (Art. 55 Abs. 1 der Norm). Nach Art. 144 Abs. 1 der Norm «hat der Unternehmer Anspruch auf monatliche Abschlagszahlungen (Akontozahlungen)», wenn die Parteien nicht etwas anderes bestimmen.

88   GAUCH, Werkvertrag, Nr. 10; das deutsche BGB bezeichnet die Parteien des Werkvertrages als «Auftraggeber» und «Auftragnehmer» (§ 631 BGB; vgl. SCHLECHTRIEM, BT, Nr. 358).

selbst oder um einen anderen Bauunternehmer, der seinerseits Arbeiten (an einen Subunternehmer)[89] weitervergibt.

33 2. Der Begriff **Bauherr** (maître de l'ouvrage[90]) wird in den gesetzlichen Bestimmungen des privaten Baurechts nicht verwendet. Der Bauherr ist allerdings Adressat verschiedener Normen des öffentlichen Baurechts.[91] Er wird dort u.a. als Verantwortlicher für ein Bauvorhaben bezeichnet und trägt das sog. «Bauherrenrisiko»[92]. Es ist seine Pflicht, für die Einhaltung der staatlichen Auflagen und Vorschriften zu sorgen.[93] Das fertige Bauwerk ist für ihn allein bestimmt; er legt fest, was damit weiter zu geschehen hat.

34 Daraus ist abzuleiten, dass der Bauherr *im technischen Sinne* derjenige ist, von dem die Initiative ausgeht, ein Bauwerk zu erstellen oder erstellen zu lassen. Es kommt nicht darauf an, wie weit er seine Verantwortung und seine Kompetenzen später delegiert. Er ist und bleibt der Herr des Baugeschehens.[94]

35 3. Die **SIA-Norm 118** (Nr. 45) bezeichnet den Besteller eines Bauwerkes allgemein als Bauherrn.[95] Eigentlich ist diese Definition zu eng, da nicht nur ein Bauherr im technischen Sinne Vertragspartner in einem Bauwerkvertrag sein kann. Denn:

36 - Werden versprochene Leistungen von einem Bauunternehmer seinerseits weitervergeben, so handelt es sich bei diesem neuen Verhältnis meistens[96] um einen Bauwerkvertrag.[97] Der Unternehmer, der Bauarbeiten an einen Dritten weitervergibt, fungiert als *Zweitbesteller*. Der neue Vertrag wird als Subunternehmervertrag[98] bezeichnet. Dieser Untervertrag[99] ändert nichts an der Position des

---

89 Vgl. *Nr. 60 ff.*

90 Im Italienischen werden die Ausdrücke Bauherr/Besteller nicht unterschieden und für beide die Form «committente» verwendet.

91 Z.B. Art. 90 Gesetz über die Raumplanung und das öffentliche Baurecht (Baugesetz) des Kantons St. Gallen vom 6. Juni 1972 (sGS 731.1). Vgl. RÜESCH ADRIAN, Tafeln zum st.gallischen kantonalen Recht, Bd. I, St. Gallen 1986, Tafel 30 ff.

92 Vgl. dazu VYGEN, Nr. 9.

93 Grenzabstände, Ausnützungsziffer etc.

94 Vgl. GAUCH, Werkvertrag, Nr. 171.

95 Art. 2 Abs. 1 SIA-Norm 118.

96 Es kann auch ein Werklieferungsvertrag (Lieferung von Frischbeton; ZR 1980, S. 25) oder eine blosse Materiallieferung (Kaufvertrag) vereinbart werden.

97 Z.B. Vertrag des Generalunternehmers mit seinem Subunternehmer.

98 Vertrag zwischen (Erst-)Unternehmer (d.h. Zweitbesteller) und Subunternehmer; dazu GAUCH, Probleme von und mit Subunternehmern, S. 155.

99 CERUTTI, passim.

Bauherrn, der nach wie vor Ausgangspunkt und Initiator des Bauvorhabens bleibt.

37 - Kommt es zur in Nr. 36 beschriebenen Weitervergabe von Bauarbeiten, wird der Bauherr auch als *Erstbesteller* bezeichnet.[100] Gläubiger der vereinbarten Subunternehmerleistung bleibt - sofern nichts anderes verabredet oder üblich ist[101] - einzig und allein der Bauunternehmer des Hauptvertrages[102]. Der Bauherr ist gegenüber dem Subunternehmer nicht forderungsberechtigt.

38 4. Im folgenden verwende ich den Ausdruck «Bauherr» für alle Besteller eines Bauwerkes, da allgemeine Aussagen über den Bauherrn grundsätzlich für Besteller aller Stufen zutreffen. Wo Präzisierungen nötig sind, werden diese bei den entsprechenden Fragestellungen vorgenommen.

b) Der Unternehmer

39 1. Wer in einem Werkvertrag eine **Arbeitsleistung** zur Herstellung eines Werkes verspricht, ist Unternehmer (l'entrepreneur; l'appaltatore/l'imprenditore) und schuldet einen Erfolg. Seine durch den Erfolg qualifizierte Tätigkeit zielt auf ein Arbeitsergebnis, das beim Bauwerkvertrag in einem Bauwerk besteht (z.B. Brücke, Stall, Schwimmbad). Über die Bauleistung hinaus trifft den Unternehmer die Pflicht, das Werk abzuliefern.[103] Der Unternehmer seinerseits hat Anspruch auf eine angemessene Vergütung. Sie bestimmt sich, falls nichts vereinbart wurde, «nach Massgabe des Wertes der Arbeit und der Aufwendungen des Unternehmers» (Art. 374 OR)[104].

40 2. Für Unternehmer, die sich in Werkverträgen zu einer Bauleistung verpflichten, finden sich in der schweizerischen Rechtssprache **die zwei Bezeichnungen** Bauunternehmer und Bau-Handwerker.

41 a) Die erste Bezeichnung *«Bauunternehmer»* ist die allgemeine und passt auf jeden Unternehmer, der die Ausführung von Bauarbeiten verspricht. Für die Bezeichnung «Bauunternehmer» kommt es dem-

---

100 GAUCH, Werkvertrag, Nr. 121.
101 Art. 112 Abs. 2 OR.
102 So die Bezeichnung für den Vertrag zwischen Bauherr und Bauunternehmer.
103 Zur «Ablieferungspflicht» *Nr. 29.*
104 Vgl. dazu GAUTSCHI, N 1 ff. zu Art. 374 OR.

14

nach nicht darauf an, ob sich der Unternehmer als eigentliche Bau-
unternehmung im technischen, gewerblichen Sinne organisiert.[105]
Jeder, der ein Bauwerk verspricht, wird als Bauunternehmer bezeichnet.[106] So können Architekt oder Bauingenieur durchaus ein
Bauwerk versprechen und als Bauunternehmer auftreten.[107,108]

42 b) Die zweite Bezeichnung «*Bau-Handwerker*» hat in der Umgangs-
sprache einen engeren Sinn. Ein Bauunternehmer, der vorwiegend
manuelle[109] Bauarbeiten verrichtet, betätigt sich als Handwerker.
Ob diese Bezeichnung für einen Unternehmer zutrifft, beurteilt sich
nach seiner versprochenen Gesamtleistung.[110] Zum Ausdruck
Handwerker sind namentliche zwei Punkte zu bemerken:

43 – Verspricht ein Bauunternehmer eine eigentliche Handwerksarbeit[111], so ändert sich nichts hinsichtlich seiner Leistungspflichten aus dem Bauwerkvertrag.

44 – Leistet ein Unternehmer eigentliche Handwerksarbeit, so zeitigt
dies nachstehende Rechtsfolge: Forderungen des Handwerkers
aus seiner Arbeit unterliegen der verkürzten Verjährungsfrist
des Art. 128 Ziff. 3 OR.[112]

---

[105] D.h.: Er muss keine Tiefbauunternehmung führen, um als Bauunternehmer
Tiefbauten versprechen zu können.

[106] GAUCH, Werkvertrag, Nr. 170.

[107] Z.B. als General- oder Totalunternehmer (*Nr. 51 ff.*).

[108] Dem Bauunternehmer steht für seine Forderungen aus einem Bauwerkvertrag in
der Regel ein gesetzliches Grundpfandrecht zu (Art. 837 Abs. 1 Ziff. 3 und
Art. 839 ZGB); schuldet der Unternehmer eine *Fahrnisbaute*, besteht kein
Pfandrecht: TUOR/SCHNYDER, S. 750, Anm. 17. Hier kann zur Sicherung der
Werklohnforderung ein *Eigentumsvorbehalt* bestellt werden (Art. 715 Abs. 1
ZGB). Dieses «Bauhandwerkerpfandrecht» (die Bezeichnung ist eigentlich zu
eng, erschöpft sich doch der Kreis der Pfandberechtigten nicht in den an einem
Bauwerk beteiligten Bauunternehmern. Vgl. SCHUMACHER, Nr. 127 ff.) können
Bauunternehmer aller Vergabestufen eintragen lassen (Art. 837 Abs. 1 Ziff. 3
ZGB in fine). Das Pfandrecht besteht am Grundstück, auf dem Bauarbeiten ge-
tätigt worden sind und richtet sich dementsprechend gegen den Grundeigentü-
mer (vgl. PFISTER-INEICHEN, S. 24).

[109] Maschinelle, organisatorische oder administrative Leistungen stehen im Hintergrund (BGE 109 II 115 E. 2c.; PRA 80, Nr. 117, S. 569).

[110] GAUCH, Werkvertrag, Nr. 872.

[111] Zur Abgrenzung und Kasuistik vgl. GAUCH, Werkvertrag, Nr. 872 f.; BECKER,
N 9 zu Art. 128 OR.

[112] Verjährung nach fünf Jahren; Forderungen «anderer» Bauunternehmer verjäh-
ren erst nach zehn Jahren (Art. 127 OR); vgl. GAUCH, Vergütung von Bauleistungen, S. 21.

3. Allgemeine Vertragsbedingungen; die SIA-Norm 118

45   1. Die schweizerische Vertragswirklichkeit im Baubereich ist stark geprägt von Allgemeinen Geschäftsbedingungen. Besondere Bedeutung haben die Normen des Schweizerischen Ingenieur- und Architekten-Vereins (SIA) erlangt. Einschlägig für den Bauwerkvertrag sind die «Allgemeinen Bedingungen für Bauarbeiten». Dabei handelt es sich um **Allgemeine Vertragsbedingungen**[113], die vom SIA (einem privaten Verein) für den Abschluss und die Abwicklung von Bauwerkverträgen vorformuliert wurden. Demzufolge haben die SIA-Normen keinen Gesetzescharakter.

46   2. Erst mit der **Übernahme**[114] der SIA-Norm 118 durch die Vertragspartner erhält sie Geltung für einen bestimmten Bauwerkvertrag. Als übernommener Bestandeil des konkreten Vertrages der Parteien sind die Normbestimmungen im Streitfall individuell auszulegen.[115] Die SIA-Norm 118 existiert in einer deutschen, einer französischen und einer italienischen Fassung.[116] Massgebend ist die Sprache der jeweils übernommenen Fassung.

47   3. **Inhaltlich** umschreibt die SIA-Norm 118 detailliert, was zwischen den Parteien eines Bauwerkvertrages gilt. Zudem finden sich verschiedene klärende Regeln, wenn Streitigkeiten zwischen den Parteien auftreten sollten.[117] Wohl befasst sich die SIA-Norm 118 mit allen möglichen Bauwerkverträgen; dennoch ist sie eher auf Bauwerkverträge bei grösseren Vorhaben zugeschnitten.[118] Zudem geht sie stark vom Vertrag mit einem Einzelunternehmer aus.[119]

48   Einen ähnlichen Charakter weisen die deutschen Verdingungsordnungen für Bauleistungen (VOB) auf.[120] Im Unterschied zur schweize-

---

113   GAUCH/SCHLUEP, Nr. 1120.

114   BGE 118 II 296. - Ausdrückliche, stillschweigende oder globale Übernahme (*Nr. 473 ff.*).

115   Auslegung «anhand der Umstände des Einzelfalles» (GAUCH, Werkvertrag, Nr. 246 ff.). Vgl. *Nr. 476.*

116   Franz.: Conditions générales pour l'exécution des travaux de construction (1977/1991); ital.: Condizioni generali per l'esecuzione dei lavori di costruzione (1977/1991).

117   Vertragspflichten und Obliegenheiten der Parteien (z.B. Art. 95); Widerspruchsregeln (Art. 21); Gerichtsstand (Art. 37); vgl. eingehend GAUCH, Kommentar zur SIA-Norm 118, Art. 157-190, S. 24 ff.

118   GAUCH, Von der revidierten SIA-Norm 118, S. 208.

119   GAUCH, Von der revidierten SIA-Norm 118, S. 209.

120   SIEGBURG, Nr. 31 ff.; GAUCH, Subcontracting under Swiss Law, in: Gauch/Sweet (Hrsg.), Selected Problems of Construction Law, S. 235.

rischen Norm wird die VOB wie ein Gesetz ausgelegt.[121] Die in
Frankreich häufig verwendeten Normen der «Association française de
normalisation (AFNOR)» sind zwar behördlich homologisiert, bedürfen
aber als Allgemeine Geschäftsbedingungen ebenfalls der Übernahme
durch die Parteien.[122]

II. Unternehmereinsatzformen

49 Ein Bauherr kann für die Errichtung eines Bauwerkes einen oder mehrere Bauunternehmer beiziehen. Ausgehend vom Entscheid des Bauherrn, wie er seine Bauarbeiten «organisieren» möchte, handelt der folgende Abschnitt von den möglichen Unternehmereinsatzformen. Diese
Einsatzformen haben keine gesetzliche Grundlage, sie entspringen
vielmehr den «Tatsachen der Rechtswirklichkeit»[123].

A. Nebenunternehmer

50 Als häufigste Unternehmereinsatzform in der Schweiz gehört das Bauen
mit Nebenunternehmern zum festen Bestand der schweizerischen Baupraxis.[124] Dabei vergibt der Bauherr die Arbeiten für eine geplante
Baute an mehrere Unternehmer und schliesst mit jedem einzelnen von
ihnen je einen separaten Bauwerkvertrag ab. Ausserdem finden sich
Nebenunternehmer auf tieferer Stufe, sofern ein Hauptunternehmer seinerseits übernommene Arbeiten an verschiedene Subunternehmer weitervergibt (Nr. 86). Jeder dieser Unternehmer (resp. Subunternehmer)
ist Nebenunternehmer des anderen. Die für die vorliegende Arbeit zentrale Einsatzform des Unternehmers mit weiteren Nebenunternehmern
ist unter III. eingehend dargestellt.

---

121   Vgl. NICKLISCH/WEICK, Einleitung VOB/B, N 57, S. 35 f.
122   Vgl. LIET-VEAUX/THUILLIER, S. 234 und S. 319.
123   GAUCH, Werkvertrag, Nr. 178.
124   Vgl. *Schema B, S. 184.*

B. General- und Totalunternehmer

51   1. Der Bauherr kann sich die Errichtung eines Bauwerkes, das aus mehreren Teilen besteht[125], von einem einzigen Bauunternehmer («Alleinunternehmer»[126]) versprechen lassen. Er schliesst dann nur einen Bauwerkvertrag für alle Bauarbeiten ab und kann sich u.a. der Koordinierungspflicht[127] entledigen. Der Bauherr kann dabei zwischen **zwei Einsatzformen** wählen:

52   a) Wenn der Bauunternehmer ein gesamtes, mehrteiliges Bauwerk verspricht, handelt er als *Generalunternehmer* (entrepreneur général/appaltatore generale).[128] Er schuldet sämtliche Bauarbeiten (z.B. vom Aushub über alle sanitären Installationen bis hin zum Decken des Daches eines Einfamilienhauses) und verwirklicht ein Projekt, das ihm der Bauherr zur Ausführung übergibt oder übergeben lässt.

53   - Ein Generalunternehmer muss nicht unbedingt alle Bauarbeiten persönlich ausführen und wird dies in der Regel auch nicht tun; er zieht dazu meistens weitere Bauunternehmer bei, die ihm, dem sog. Hauptunternehmer, gewisse Teilwerke versprechen.[129] Aus der Sicht des Bauherrn verpflichten sich diese weiteren Bauunternehmer in *Unterverträgen* und werden daher als Subunternehmer (sous-traitants/subappaltatori)[130] bezeichnet. Der Generalunternehmer zeichnet in dieser Form alleine verantwortlich für die Vergabe der Bauarbeiten und für deren zeitliche und sachliche Koordination in der Ausführung.[131] Weiter obliegen ihm die Überwachung und die Abnahme der Subunternehmerleistungen.[132] Zwischen Bauherr und Subunter-

---

125   Gemeint ist ein Gesamt-Bauwerk, das aus mehreren Teilbauwerken (*Nr. 23*) besteht. Auch ein Teilwerk, stellt ein Bauwerk im Sinne eines Bauwerkvertrages dar.

126   Vgl. INGENSTAU/KORBION, Kommentar zur VOB, Anh. 2 f.

127   GAUCH, ZBJV 1982, S. 70 f.; zur Koordinierungspflicht *Nr. 132.*

128   *Schema C, S. 184.*

129   EGLI, Der General- und der Totalunternehmer, S. 70.

130   GAUTSCHI (N 15a ff. zu Art. 363 OR) bezeichnet sie als «Unterakkordanten», was aber zu Verwechslungen mit Bauunternehmern, die Akkordarbeit leisten, führen könnte. In Deutschland wird auch der Ausdruck «Nachunternehmer» verwendet (VYGEN, Nr. 14).

131   Vgl. zu den Folgen ungenügender Koordinierung der Subunternehmerarbeiten BGH, Urteil vom 12.3.1992 = NJW 1992, S. 1754 ff.

132   EGLI, Der General- und der Totalunternehmer, S. 70 unten.

nehmer bestehen in der Regel[133] keine vertraglichen Ansprüche, da sich der Subunternehmer nur seinem Hauptunternehmer in einem Bauwerkvertrag verpflichtet.[134]

54 - Lässt ein Generalunternehmer das ganze Bauwerk durch Subunternehmer erstellen, so wird er als *Generalübernehmer*[135] bezeichnet, was jedoch nichts an seiner primären vertraglichen Leistungspflicht gegenüber dem Bauherrn ändert.[136] Er bleibt weiterhin zur Herstellung und Ablieferung eines Bauwerkes verpflichtet.

55 b) Ein Generalunternehmer, der zusätzlich die ganze Projektierung und Planung verspricht, heisst *Totalunternehmer* (entrepreneur total/appaltatore totale).[137] Wenn er alle Bauarbeiten weitervergibt, handelt es sich um einen Totalübernehmer[138]. Verpflichtet der Bauherr einen Totalunternehmer, entfallen für ihn neben der Koordinierung noch weitere bauvorbereitende Massnahmen und Mitwirkungsaufgaben.[139] Die Bestellerverantwortung verschiebt sich noch stärker auf die nächste Vergabestufe.

56 2. General- und Totalunternehmervertrag sind ihrer Rechtsnatur nach als **Bauwerkvertrag** zu qualifizieren.[140] Denn im Vordergrund solcher vertraglicher Abreden zwischen dem Bauherrn und den «Alleinunternehmern» stehen Bauarbeiten, die darauf zielen, ein Bauwerk zu schaffen und dieses abzuliefern. Die übrigen Leistungen treten in den Hintergrund.

---

133 GAUCH (Probleme von und mit Subunternehmern, S. 169 f.) erwähnt zwei Sonderfälle, in denen vertragliche Rechte auch für den Bauherrn entstehen: **1.** Subunternehmer verspricht auch dem Bauherrn ein mängelfreies Werk. **2.** Der Untervertrag gewährt dem Bauherrn ein selbständiges Forderungsrecht (echter Vertrag zugunsten Dritter nach Art. 112 Abs. 2 OR).

134 Im Unterschied zum (echten) Baubetreuungsvertrag, wo der Bauunternehmer nur mit dem Bauherrn in eine vertragliche Beziehung tritt (*Nr. 16*).

135 *Schema F, S. 184.* - Zu weiteren Sonderformen des Generalunternehmers vgl. GAUCH, Werkvertrag, Nr. 186 ff.

136 GAUCH, Werkvertrag, Nr. 191; TERCIER, Nr. 2435. A.M. GAUTSCHI (N 15e zu Art. 363), der den Generalunternehmer nur dann als Bauunternehmer bezeichnet, wenn dieser «wenigstens einen Teil ... des Werkes selbst» ausführt.

137 *Schema D, S. 184.*

138 *Schema F, S. 184.* - GAUCH, Werkvertrag, Nr. 194.

139 Projektierung, Planung etc.

140 *Schema F, S. 184.* - Vgl. BGE 117 II 274; BGE 114 II 45; EGLI, Der General- und der Totalunternehmer, S. 90 f.; GAUCH, BR 1989, S. 39 ff.; SCHLUEP, SPR VII/2, S. 905; OR-ZINDEL/PULVER, N 13 zu Art. 363 OR. - Teilweise anders MERZ, ZBJV 1990, S. 272; PEDRAZZINI, SPR VII/1, S. 508 f.; WERRO, entreprise générale, S. 59 und S. 60.

C. Teilunternehmer

57   1. Verteilt der Bauherr (oder ein anderer Besteller) die auszuführenden Bauarbeiten eines Gesamt-Bauwerkes auf **mehrere Bauunternehmer** - indem er mit jedem von ihnen einen separaten Bauwerkvertrag abschliesst - schuldet ihm jeder dieser Teilunternehmer ein Teilwerk.[141]

58   2. Teilunternehmer können auf **verschiedenen Ebenen** auftreten, indem die einen den Bauherrn selbst, andere als Subunternehmer nur einen weiteren Bauunternehmer (den Hauptunternehmer) zum Vertragspartner haben.[142] Jeder Bauunternehmer agiert bei solchen Formen des Unternehmereinsatzes als Teilunternehmer. Dabei spielt es keine Rolle, wie gross sein Anteil am Gesamt-Bauwerk ausfällt, oder ob er gar mehrere Fachlose zur Ausführung erhält.

59   Der jeweilige Besteller muss den Einsatz «seiner» Teilunternehmer koordinieren[143], was bereits in der Ausgestaltung der Verträge zu berücksichtigen ist.[144]

D. Subunternehmer

60   1. Der Subunternehmer (sous-traitant/subappaltatore)[145] verspricht seine Leistung nicht dem Bauherrn, sondern einem Zweitbesteller, der sich seinerseits vorgängig in einem Bauwerkvertrag dem Bauherrn (Erstbesteller) verpflichtet hat.[146] Er ist als **Drittkontrahent**[147] nur Partei des Untervertrages und dem Bauherrn in der Regel[148] nicht direkt verpflichtet.[149] Der Subunternehmer fungiert als Hilfsperson (Art.

---

141   *Schema F, S. 184; Nr. 23.*
142   Vgl. SCHUMACHER, Nr. 293.
143   GAUCH, ZBJV 1982, S. 68; INGENSTAU/KORBION, Kommentar zur VOB, N 2 zu § 4 VOB/B.
144   Terminplanung etc.; vgl. Art. 92 ff. SIA-Norm 118.
145   In Deutschland wird er als Nachunternehmer bezeichnet (vgl. INGENSTAU/KORBION, Kommentar zur VOB, Anh. 116; VYGEN, Nr. 14). Zur anderen Bedeutung des Ausdrucks Nachunternehmer in der Schweiz vgl. *Nr. 98.*
146   Vgl. Art. 29 SIA-Norm 118.
147   CERUTTI, S. 6.
148   Die Parteien des Untervertrages können durchaus etwas anderes vereinbaren (Art. 112 Abs. 2 OR); dazu eingehend CERUTTI, S. 23 f.
149   Ein Teil der deutschen Lehre hingegen bejaht eine unmittelbare Haftung des Subunternehmers aufgrund der Drittschutzwirkung, so z.B. SCHLECHTRIEM, ZfBR 1983, S. 101. - Zur französischen «action directe» des Subunternehmers vgl. SAJONZ, S. 112 ff.

101 OR) seines Bestellers, soweit er dessen vertraglichen Verpflichtungen gegenüber dem Bauherrn (Erst-Besteller) nachkommt.[150]

61   2. Der (Haupt-)Unternehmer kann sowohl **nur einen** als auch **mehrere Subunternehmer** beiziehen.[151] Die Weitervergabe von Bauarbeiten in (Unter-)Unterverträgen an Subsubunternehmer[152] ist ebenfalls möglich, wobei das für die Subunternehmer in Nr. 60 Gesagte analog Anwendung findet. Auch ein Unternehmerkonsortium (Nr. 63 ff.) kann in der Position eines Subunternehmers Bauarbeiten ausführen.

62   3. (Haupt-)Unternehmer und Subunternehmer arbeiten auf derselben Baustelle, haben aber nicht denselben Besteller zum Vertragspartner, weshalb sie **nicht** als **Nebenunternehmer** bezeichnet werden können.[153] Daran ändert sich selbst dann nichts, wenn der Subunternehmer dem Bauherrn die Mängelfreiheit seines Werkes zusichert. Haupt- und Subunternehmer sind - im Unterschied zu Nebenunternehmern[154] - ihrerseits untereinander in einem Werkvertrag verbunden, der den Parteien auch vertragliche Schutzpflichten in der Abwicklung ihres Verhältnisses auferlegt.

E. Unternehmerkonsortium (Arbeitsgemeinschaft)

63   1. Werden grössere Bauwerke errichtet (Kernkraftwerke, Bahn- und Strassentunnels, Spitäler etc.), so schliessen sich vielfach **mehrere Bauunternehmer** (oder auch andere Baubeteiligte) zu einem Bau- oder Unternehmerkonsortium (consortium/communauté de travail; consorzio/comunità di lavoro) zusammen, um gemeinsam für die Ausführung zu sorgen.[155] Der Zusammenschluss erfolgt jeweils nur für die Zeitdauer, in der sie an der Errichtung eines bestimmten Bauwerkes tätig

---

150   Vgl. TERCIER, Nr. 2440; GAUCH, Probleme von und mit Subunternehmern, S. 175, der an dieser Stelle darauf hinweist, dass der Baulieferant (der sich in einem Kaufvertrag verpflichtet) kein Subunternehmer und somit keine Hilfsperson des Unternehmers ist.
151   *Schema F, S. 184.*
152   *Schema F, S. 184.*
153   *Vgl. Nr. 82 ff.*
154   *Nr. 217 ff.*
155   *Schema E, S. 184.*

sind.[156] Die Fachsprache bezeichnet ein Unternehmerkonsortium technisch als Arbeitsgemeinschaft (ARGE).[157]

64 Die Unternehmer eines Konsortiums verpflichten sich in einem Bauwerkvertrag gemeinsam.[158] Dabei sind zwei Gesichtspunkte zu beachten:

65 2. Zum einen: Das Verhältnis zwischen Bauherr (Besteller) und Unternehmer, das sogenannte **Aussenverhältnis**, wird in einem Bauwerkvertrag geregelt, für den das bisher Gesagte mit einigen Nuancen Anwendung findet:

66 a) Der Bauherr vergibt die Bauarbeiten in einem Bauwerkvertrag, in dem sich mehrere Bauunternehmer ihm gegenüber *solidarisch* zur Schaffung eines Bauwerkes verpflichten. Die Bauunternehmer haften dem Bauherrn somit solidarisch[159] für die Leistung aller versprochenen Bauarbeiten. Wenn ein Unternehmer den Werkvertrag verletzt, so haben die übrigen dafür einzustehen, da bei der Erfüllung des Vertrages jeder Unternehmer gegenüber dem Bauherrn als Erfüllungsgehilfe (Art. 101 OR) des andern handelt.[160]

67 b) Aus der Sicht des Bauherrn handelt die Arbeitsgemeinschaft dann als Alleinunternehmer (Nr. 51), wenn der Besteller nur mit einer ARGE kontrahiert. Es ist aber durchaus möglich, dass sich mehrere Konsortien die Bauarbeiten für ein Gesamt-Bauwerk teilen und damit als Teilunternehmer (Nr. 57) im Einsatz stehen. Die Unternehmer der einzelnen ARGE sind hinsichtlich ihrer Werklohnforderung *Gesamtgläubiger* des Bauherrn und haben gesamthänderisch Anspruch auf die Vergütung der Werkleistungen.[161]

68 3. Zum andern: Für das Verhältnis unter den Bauunternehmern des Konsortiums im **Innenverhältnis** ist deren vertragliche Abrede massge-

---

156 Vgl. S. 25, Ziff. 31.1 Arbeitsgemeinschaftsvertrag für Bauunternehmungen des schweizerischen Baumeisterverbandes.

157 Art. 28 SIA-Norm 118; vgl. auch den Formularvertrag «Arbeitsgemeinschaftsvertrag für Bauunternehmungen» des Schweizerischen Baumeisterverbandes, Zürich 1983.

158 Die gemeinsame Verpflichtung zu Bauarbeiten bildet das Merkmal eines Unternehmerkonsortiums (vgl. MÜLLER, S. 2).

159 Falls sie über die Verpflichtung gegenüber dem Bauherrn keine andere Abrede treffen (Art. 544 Abs. 3 OR).

160 GAUCH, Werkvertrag, Nr. 209. - Im Einzelfall führt dies unter Umständen dann zu einem unbefriedigenden Ergebnis, wenn ein nicht spezialisierter Konsortiale für den Fehler des Spezialisten einstehen muss, weil der letztere z.B. zahlungsunfähig ist.

161 GAUCH, Werkvertrag, Nr. 210.

bend. Meistens handelt es sich um eine einfache Gesellschaft nach Art. 530 ff. OR.[162,163] Die vertragliche Abrede unter den Baubeteiligten regelt unter anderem, wer welche Leistungen zu erbringen hat. Damit liegt die Koordination der Arbeiten voll und ganz in den Händen der ARGE; ebenso der Einbezug von allfälligen Subunternehmern, sofern Abreden oder Natur des Geschäfts nicht dagegen sprechen.[164]

69   4. Für die Arbeitsleistungen sind **zwei Modelle** eines Konsortialvertrages gebräuchlich.

70   a) *Erstes Modell*: Die einzelnen Unternehmer beschliessen, alle Arbeiten gemeinsam auszuführen. Jeder stellt dazu Arbeitskräfte, Maschinen, Baumaterialien oder sein Know how zur Verfügung. Damit entsteht quasi eine neue Adhoc-Bauunternehmung[165], welche über den Einsatz ihrer «Mitarbeiter» entscheidet. Alle Bauleistungen werden unter einheitlicher Führung gemeinsam erbracht, weshalb eine eigentliche Koordinationsaufgabe entfällt. Der einzelne Unternehmer verliert seine Selbständigkeit hinsichtlich seiner tatsächlich versprochenen Bauleistung.

71   b) *Zweites Modell*: Alle dem Bauherrn versprochenen Leistungen werden unter die Gesellschafter aufgeteilt.[166] Jeder Unternehmer ist mit seinen eigenen Mitteln und Kapazitäten tätig und verspricht im Konsortialvertrag (Innenverhältnis), einen Teil des Gesamt-Bauwerkes zu errichten. Somit ist er für ein Teilbauwerk verantwortlich und erhält seinen Gewinnanteil, vorausgesetzt, er erbringt die im Konsortialvertrag vereinbarte Leistung.

72   Der Unternehmer bewahrt seine Selbständigkeit und bleibt innerhalb des Konsortiums für seine gesamte Werkleistung verantwortlich. Dieses Modell ist vergleichbar mit dem Einsatz von Nebenunternehmern (Nr. 74). Im Unterschied zu letzterem aber bestehen zwischen den Konsortialen vertragliche Beziehungen, was folgendes bedeutet:

73   Schädigt ein Unternehmer seine Gesellschafter in der Abwicklung seiner vertraglichen Verpflichtungen, so verletzt er den Kon-

---

162   GUHL/MERZ/DRUEY, S. 584 ff. MÜLLER (S. 80) hält sogar fest, «dass das Gesellschaftsverhältnis die zwingende Folge des gemeinsamen Bauvertragsverhältnisses mit dem Besteller» sei.

163   Die einfache Gesellschaft unterliegt keinem Formerfordernis; die gesetzlichen Regeln für das Innenverhältnis sind dispositiver Natur (EGLI, Baukonsortien, S. 31 unten).

164   Art. 364 Abs. 2 OR.

165   EGLI, Baukonsortien, S. 45.

166   EGLI, S. 45; MÜLLER, S. 175.

sortialvertrag. Der geschädigte Gesellschafter kann bei gegebenen Haftungsvoraussetzungen einen vertraglichen Schadenersatzanspruch aufgrund der Vertragsverletzung verlangen[167], weil ihm der Unternehmer «für den durch sein Verschulden entstandenen Schaden» haftet (Art. 538 Abs. 2 OR).[168] Die allgemeinen Regeln über den vertraglichen Schadenersatzanspruch finden entsprechende Anwendung (Art. 97 OR/Art. 101 OR).[169]

III. Der Nebenunternehmer im besonderen

74 Die Einsatzform des Nebenunternehmers wird in drei Abschnitten beschrieben: (A.) behandelt den Begriff und (B). die verschiedenen Erscheinungsformen. (C). handelt vom Nebenunternehmer als Hilfsperson des Bauherrn.

A. Der Begriff

1. Keine Legaldefinition

75 1. Weder im schweizerischen noch im deutschen Privatrecht findet sich für den Begriff «Nebenunternehmer» (co-entrepreneur; coimprenditore)[170] eine Legaldefinition oder eine Verwendung im Gesetz. Das Bauen mit Nebenunternehmern hat aber eine grosse Bedeutung in der **Baupraxis**.

76 2. Einmal handelt es sich beim Bauen mit Nebenunternehmern um eine besondere **Art des Unternehmereinsatzes**. Ausgangspunkt bilden verschiedene Unternehmer, die als Teilunternehmer zeitverschoben oder gleichzeitig auf der gleichen Baustelle arbeiten. Diese Unternehmereinsatzform gehört zum festen Bestand der schweizerischen Baupraxis.[171]

---

167 Vgl. MEIER-HAYOZ/FORSTMOSER, S. 13 f., Nr. 45.
168 Vgl. GUHL/KUMMER/DRUEY, S. 584.
169 SIEGWART, N 1 zu Art. 538 OR; DESCHENAUX, SPR/II, S. 65 f. Vgl. weiter zur Anwendung der Bestimmungen des Allgemeinen Teils des OR auf die einfache Gesellschaft MÜLLER, S. 59 f.
170 Vgl. Art. 30 Norme SIA 118 (Conditions générales pour l'exécution des travaux de construction).
171 GAUCH, Werkvertrag, Nr. 180.

77 3. Dann dient der Begriff zur **Unterscheidung** für verschiedene Unternehmer, die auf derselben Baustelle arbeiten. Verschiedene Teilunternehmer (Nr. 57), die sich in jeweils separaten Bauwerkverträgen dem gleichen Bauherrn verpflichten, arbeiten als Nebenunternehmer. Jeder Unternehmer, der aufgrund eines eigenen Werkvertrages mit dem Bauherrn ein Teilwerk für das Gesamt-Bauwerk beisteuert, kann als Nebenunternehmer bezeichnet werden.[172]

2. Tatsache der Rechtswirklichkeit

78 1. Der Nebenunternehmer ist eine Tatsache der Rechtswirklichkeit.[173] Die SIA-Norm 118 beschreibt mit diesem Ausdruck den Drittunternehmer, dem - aus der Sichtweise des Unternehmers - derselbe Bauherr Bauarbeiten vergibt. Aufgrund der Bedeutung dieses Normenwerkes im schweizerischen Baualltag[174] hat der Ausdruck Eingang in Rechtsprechung und Lehre gefunden.

79 2. Das **Bundesgericht** erwähnt den Nebenunternehmer in BGE 115 II 485 ff. als einen Unternehmer, der dem Bauherrn verspricht, bestimmte Teile eines Gesamtwerkes zu bauen. Das Gericht definiert ihn als Unternehmer, mit dem der Bauherr einen gesonderten Vertrag abgeschlossen hat. Im angeführten Entscheid geht es um den Zeitpunkt der Abnahme/Ablieferung von Teilunternehmerleistungen[175] und um den Beginn der Verjährungsfrist.

80 3. Verschiedene einschlägige **Kommentare** zum schweizerischen Werkvertragsrecht handeln vom Nebenunternehmer, ohne ihn entsprechend zu bezeichnen. GAUTSCHI unterscheidet zwischen Subunternehmer[176] und «Mitunternehmer»[177], FICK/MORLOT[178] handeln vom «Unternehmer der einzelnen Arbeiten» und meinen damit Dachdecker, Schlosser und Maurer, die sich dem Bauherrn eigenständig verpflichten. Beide Autoren problematisieren diese Einsatzform allerdings nicht weiter.

---

172 Art. 30 Abs. 1 SIA-Norm 118.
173 Vgl. GAUCH, Werkvertrag, Nr. 178.
174 GAUCH, recht 1985, S. 30.
175 Das Bauwerk, das ein Teilunternehmer schuldet. Vgl. *Nr. 362* ff.
176 Unterakkordant (N 15c zu Art. 363 OR).
177 Mitunternehmer steht mit Bauherr in Vertragsverhältnis (N 15c zu Art. 363 OR).
178 N 22 zu Art. 371 OR.

81   Ausgehend von der Ausdrucksweise der SIA-Norm 118 (Art. 30) verwendet GAUCH den Begriff als Synonym für den Teilunternehmer.[179],[180] Er erinnert an die schweizerische Baupraxis, wo in der «traditionellen Form des Bauens»[181] der Bauherr Arbeiten an einem Gesamt-Bauwerk an mehrere Unternehmer verteilt und dabei mit jedem einzelnen von ihnen einen eigenen Bauwerkvertrag abschliesst. Jeder dieser Unternehmer ist Nebenunternehmer des anderen.[182] Ihre Bauwerkverträge mit dem Bauherrn sind rechtlich selbständig. Zu beachten sind aber die Rechtswirkungen gültig vereinbarter Nebenunternehmerklauseln.[183]

3. Die begriffsbestimmenden Elemente

82   1. Der Begriff Nebenunternehmer definiert sich anhand **dreier Elemente**, die kumulativ erfüllt sein müssen:

83   a) Der Bauherr (oder ein anderer Besteller) vergibt die gewünschten Bauarbeiten an *mehrere Bauunternehmer*, die sich ihm einzeln je in einem Bauwerkvertrag verpflichten. Diese Unternehmer arbeiten alle an der Schaffung eines Gesamt-Bauwerkes, wobei jeder von ihnen ein Teilwerk schuldet. Massgebend für die zu erbringende Bauleistung ist der separate Werkvertrag mit dem Bauherrn.

84   b) Von einem Unternehmer aus betrachtet arbeiten seine Nebenunternehmer gleichzeitig oder zeitverschoben[184] *auf derselben Baustelle*[185] und haben sich direkt an die Weisungen[186] des Bauherrn zu halten, dem die zweckmässige, sachliche und zeitliche Koordination des Unternehmereinsatzes obliegt.[187] Der Bauherr hat sowohl bei der inhaltlichen Ausgestaltung der einzelnen Bauwerkverträge

---

179   GAUCH, ZBJV 1982, S. 67 ff.; ders., Werkvertrag, Nr. 180. Vgl. auch KOLLER JO, S. 99 f.
180   GAUCH, Subcontracting under Swiss Law, S. 235: «separate contractor».
181   GAUCH, ZBJV 1982, S. 67.
182   GAUCH, Werkvertrag, Nr. 181 f.
183   Vgl. *Nr. 462 ff.*
184   Vgl. SCHUMACHER, Die Haftung des Architekten, Nr. 572.
185   Oder für dieselbe Baustelle (Herstellung von Frischbeton; Zuschneiden von Armierungseisen etc.).
186   Art. 30 Abs. 3 SIA-Norm 118.
187   Art. 30 Abs. 2 SIA-Norm 118.

als auch beim Einsatz seiner Unternehmer in der Ausführung für die Koordination zu sorgen.[188]

85 c) Der Einsatz erfolgt für alle Unternehmer auf der gleichen Vergabestufe. Sie stehen in der Regel[189] als *gleichgestellte Vertragspartner* des Bauherrn «nebeneinander»[190] auf der Baustelle.[191]

86 2. Ergänzend ist festzuhalten, dass neben dem eigentlichen Bauherrn auch weitere Besteller von Bauwerken auftreten können. Deshalb sind - bei einer Weitervergabe von Bauarbeiten in Unterverträgen - auch die **verschiedenen Subunternehmer** gegenseitig Nebenunternehmer, wenn sie sich dem gleichen Hauptunternehmer verpflichten. Dasselbe gilt selbstverständlich gleichermaßen für Sub-Subunternehmer in den Unter-Unterverträgen.

87 3. Aufgrund der angeführten Merkmale ergibt sich folgende **Definition des Nebenunternehmers**: Zwei oder mehrere Bauunternehmer, die je in einem separaten Bauwerkvertrag direkt vom gleichen Besteller für Arbeiten an demselben Gesamt-Bauwerk verpflichtet werden, sind Nebenunternehmer.[192] Dahingehend sind zwei Präzisierungen anzubringen:

88 a) Im Unterschied zu Haupt- und Subunternehmer, die sich verschiedenen Bestellern verpflichten[193], schulden Unternehmer und Nebenunternehmer ihre Bauwerke erstens dem gleichen Bauherrn, und zweitens bestehen zwischen ihnen in der Regel[194] keine vertraglichen Beziehungen. Beide sind in dem Sinne Teilunternehmer, als sie einen Teil eines Gesamt-Bauwerkes herstellen.

89 b) Wann Unternehmer und Nebenunternehmer ihren Einsatz auf der Baustelle leisten, spielt für die Bezeichnung keine Rolle. Entschei-

---

[188] Art. 30 Abs. 2/Art. 34 Abs. 3 SIA-Norm 118. In Art. 34 ist zwar die «Bauleitung» erwähnt, diese handelt aber nur als Stellvertreter/Erfüllungsgehilfe des Bauherrn (GAUCH, Kommentar zur SIA-Norm 118, Art. 157-190, S. 23 f.; ders., Die Bauleitung - Ihr Verhältnis zum Bauherrn und Unternehmer, in: Baurechtstagung 1985, Bd. I, Freiburg 1985, S. 6 f.).

[189] Ausnahme: leitende Nebenunternehmer *Nr. 104 ff.*

[190] Immer räumlich, nicht aber unbedingt zeitlich.

[191] Zum Verhältnis zwischen den am Submissionsverfahren beteiligten Unternehmern: GAUCH, Submission, S. 205.

[192] Für mehrere Mieter im gleichen Haus mit demselben Vermieter verwendet SPIRO (Die Haftung für Erfüllungsgehilfen, S. 152) den Begriff «Nebenmieter».

[193] Vgl. *Nr. 60 ff.*

[194] Vgl. aber *Nr. 220 ff.*

dend ist nur, dass sie ihren Einsatz auf derselben oder für dieselbe Baustelle leisten.

90 4. Der in der Schweiz gebrauchte Begriff stimmt **nicht** mit der **Verwendung in Deutschland** überein. Die deutsche Lehre beschreibt mit dem Ausdruck «Nebenunternehmer» Baubeteiligte, die sich in zwei unterschiedlichen Unternehmereinsatzformen engagieren können. Beide Formen finden sich weder im Gesetz noch in den Verdingungsordnungen für Bauleistungen (VOB/A und B).[195] Ihre Bedeutung ist indes stark zurückgegangen[196], weshalb ich nachstehend nur kurz auf ihre Charakteristika und Unterscheidungen eingehe.[197]

91 a) Die *erste Form*: Ein Bauunternehmer[198] tritt gegenüber einem weiteren Unternehmer (dem «Nebenunternehmer»), der nur eine verhältnismässig kleine Leistung (hinsichtlich des Gesamt-Bauwerks) verspricht, als Bevollmächtigter und Beauftragter[199] des Bauherrn auf und schliesst in dessen Namen einen Bauwerkvertrag über eine sog. Nebenleistung[200] ab. Dieser Nebenunternehmer verpflichtet sich direkt dem Bauherrn[201]; der Bauunternehmer nimmt eine Doppelstellung ein, indem er zusätzlich zu seiner Bauleistung für die Überwachung der Nebenunternehmerleistung verantwortlich zeichnet.[202]

92 b) Die *zweite Form*: Der Bauherr engagiert den Nebenunternehmer ebenfalls für eine Nebenleistung[203], ohne aber den Hauptunternehmer als Stellvertreter für den Vertragsabschluss einzuschalten. Der Nebenunternehmer steht wie in Nr. 91 nur mit dem Bauherrn in einem Vertragsverhältnis.[204] Der Hauptunternehmer verpflichtet sich

---

195   DAUB/PIEL/SOERGEL/STEFANI, N 259 zu § 4 VOB/B.
196   Weil es mit der Einführung der Mehrwertsteuer nicht mehr nötig ist, eine früher steuerpflichtige Umsatzphase wegzulassen, wird heute ein Subunternehmer eingeschaltet. (Vgl. DAUB/PIEL/SOERGEL/STEFANI, N 259 zu § 4 VOB/B; NICKLISCH/WEICK, Einleitung VOB/B, N 68).
197   Vgl. LOCHER, Subunternehmerverträge, S. 118. - Die beiden Formen sind mit dem Einsatz eines leitenden Unternehmers (*Nr. 104 ff.*) in der Schweiz vergleichbar.
198   Der sog. Hauptunternehmer, der die Hauptleistung verspricht.
199   D.h. als rechtsgeschäftlich ernannter Stellvertreter (Art. 396 Abs. 2 und Art. 32 ff. OR).
200   Z.B. Drainagearbeiten (DÖDERLEIN/VYGEN, Taschenlexikon bau- und architektenrechtlicher Entscheidungen, 3. Aufl. (Loseblatt), Bielefeld 1989, Nr. 1427).
201   Im Gegensatz zum Subunternehmer (*Nr. 60*).
202   INGENSTAU/KORBION, Kommentar zur VOB, Anh. 161.
203   Z.B. einfache Maurerarbeiten im Akkord.
204   INGENSTAU/KORBION, Kommentar zur VOB, Anh. 171.

- nebst seiner Hauptleistungspflicht aus seinem Bauwerkvertrag - zur umfassenden Überwachung der Nebenunternehmerarbeiten oder sogar zur Überprüfung der vom Nebenunternehmer gestellten Vergütungsforderungen.[205]

93   c) Im *Unterschied* zum *Baubetreuungsvertrag*[206] verpflichtet sich der in einer Doppelrolle stehende Hauptunternehmer im Sinne von Nr. 91 und Nr. 92 zur Leistung von Bauarbeiten und zur Schaffung eines Bauwerkes, während der Baubetreuer lediglich als Stellvertreter des Bauherrn agiert und selbst keine Bauleistungen verspricht.[207]

94   5. In der **vorliegenden Arbeit** versteht sich «Nebenunternehmer» im Sinne der schweizerischen Auffassung. Dies ist selbstverständlich, aber deshalb zu betonen, weil einzelne Schweizer Autoren teilweise die deutsche Verwendung für ihre Ausführungen heranziehen.[208]

B. Erscheinungsformen

95   Die praktische Bedeutung des Bauens mit Nebenunternehmern zeigt sich auch in den verschiedenen Erscheinungsformen, die nachfolgend behandelt werden. Während sich die Grundformen (1.) nach der Tätigkeitsfolge auf der Baustelle bestimmen, bildet unter (2.) eine zusätzliche Leistungsabrede eine Sonderform. Zum Schluss folgen einige Abgrenzungen (3.).

1. Grundformen

96   1. Der Unternehmer, an dessen Bauleistung weitere Nebenunternehmer anschliessen, heisst **Vorunternehmer** (entrepreneur précédent; appaltatore precedente).[209] Im Unterschied zur deutschen Terminologie (Nr. 100) muss der Nebenunternehmer mit seiner Tätigkeit *nicht* begriffsnotwendig *unmittelbar* der Arbeit des Vorunternehmers nachfol-

---

205   INGENSTAU/KORBION, Kommentar zur VOB, Anh. 162.
206   Nach schweizerischer Rechtsauffassung ein Auftrag (*Nr. 19*).
207   Statt vieler: LOCHER, Subunternehmerverträge, S. 118.
208   Während sich REBER (S. 28 f.) zeitweilig an den schweizerischen Begriff hält, bezeichnet er auf S. 83 unten die von einem Generalunternehmer beauftragten Subunternehmer bedeutungsgleich als Nebenunternehmer.
209   GAUCH, Werkvertrag, Nr. 1459.

gen. Beispiel: Errichtet ein Unternehmer beim Hausbau ein Mauerwerk, so agiert er auch gegenüber dem Dachdecker als Vorunternehmer, wenngleich der Zimmermann zwischenzeitlich unmittelbar an die
Maurerarbeiten anschliesst, um den Dachstuhl zu fertigen.

97 2. Unternehmer und ein oder mehrere Nebenunternehmer, die gleichzeitig auf derselben Baustelle ihrer vertraglichen Pflicht nachkommen,
arbeiten als **Parallelunternehmer**[210], was bezüglich ihrer gegenseitigen
Rücksichtnahme besondere Fragen aufwirft.[211] Das kontinuierliche,
parallele Mitwirken verschiedener Nebenunternehmer bringt teilweise
eine eigentliche Vernetzung ihrer Tätigkeiten; zudem beschlägt es auch
die Mitwirkungspflichten (Nr. 132 ff.) des Bauherrn.[212]

98 3. Wer als Unternehmer zu irgendeinem Zeitpunkt an die Leistung eines Vorunternehmers anschliesst, wird in der Schweiz als **Nachunternehmer** bezeichnet.[213] Dabei kommt es nicht darauf an, ob er unmittelbar nach der Vorarbeit eines anderen Nebenunternehmers mit seiner
Bautätigkeit beginnt.[214]

99 4. Nebenunternehmer die unmittelbar vor bzw. nacheinander ihre Bauwerke schaffen, arbeiten als **direkte Vor- oder Nachunternehmer**.
Folgen die Nebenunternehmerleistungen nicht unmittelbar aufeinander,
d.h. leistet zwischenzeitlich ein weiterer Nebenunternehmer seine geschuldete Arbeit, so handeln die ersteren als *indirekte Vor- oder Nachunternehmer*.

100 5. Die **deutsche Rechtsprechung und Lehre** umschreiben die vorhin
aufgezeigten Grundformen teilweise mit anderen Ausdrücken, die sich
aber ebenfalls nach dem Zeitpunkt des Einsatzes dieser Unternehmer
auf der Baustelle bestimmen. In diesem Sinne wird zwischen dem Vorunternehmer und dem Nachfolgeunternehmer unterschieden.[215] Beide

---

210 Vgl. KOLLER JO, S. 101 f.
211 Vgl. *Nr. 276 f.* Z.B. Elektriker und Sanitärinstallateur.
212 GAUCH/SCHUMACHER, Anm. 1, lit.f zu Art. 93 SIA-Norm 118. Insbesondere
     auch zum «Taktverfahren».
213 GAUCH (Werkvertrag, Nr. 1459) bezeichnet ihn auch als «Folge-Unternehmer»;
     siehe auch SOG 1991, Nr. 8, S. 21. - Dies im Unterschied zum deutschen
     Recht, wo die Bezeichnung «Nachunternehmer» in der Regel für den Subunter-
     nehmer Verwendung findet.
214 Vgl. *Nr. 96.*
215 BRÜGMANN (S. 387 f.) spricht von Vor- und Nachmann resp. vom «Vor- und
     Nachmannschaden».

Bezeichnungen beschreiben die beiden Unternehmer, die direkt aufeinanderfolgend ihre vertraglichen Leistungspflichten erfüllen.[216]

101 a) Ausgehend von der Fragestellung, wer eine Unternehmerleistung zu prüfen hat, bevor ein weiterer Bauunternehmer mit seinen Arbeiten anschliesst, hat sich für den ersteren der Begriff *Vorunternehmer* eingebürgert.[217]

102 Der Vorunternehmer ist ein Bauunternehmer, der aufgrund eines separaten Bauwerkvertrages mit dem Bauherrn eine selbständige Bauleistung erbringt, die ein weiterer Unternehmer als Grundlage nimmt, um sein Bauwerk darauf zu errichten.[218]

103 b) Der *Nachfolgeunternehmer* verspricht seine Bauleistung ebenfalls in einem separaten Bauwerkvertrag direkt dem Bauherrn.[219] Er errichtet sein Bauwerk anschliessend an die abgeschlossene Vorunternehmerleistung. Die Frage, wie weit die Prüfungspflichten des Nachfolgeunternehmers für die Bauarbeiten seines Vorgängers gehen, an dessen Leistung er mit seinem Bauwerk unmittelbar anknüpft, ist in Deutschland umstritten.[220]

2. Sonderform

104 1. Eine Sonderform des Bauens mit Nebenunternehmern stellt das Engagement eines **leitenden Unternehmers** dar. Dieser Unternehmer verpflichtet sich über seine Bauleistung hinaus zu weiteren Leistungen. So ist der leitende Nebenunternehmer[221] je nach Inhalt seines Vertrages für die Koordination und (oder) die Anleitung[222] und (oder) die Beaufsichtigung anderer Nebenunternehmer zuständig. Wie weit er sich über die Herstellung und Ablieferung seines Bauwerkes hinaus dem Bau-

---

216 Vgl. INGENSTAU/KORBION, N 240 zu § 4 VOB/B; VYGEN, Nr. 695 und Nr. 705.

217 NICKLISCH/WEICK, N 62 zu § 4 VOB/B.

218 Ein Vorunternehmer führt einen Zementestrich aus, auf dem ein Bodenverleger einen Fussboden einpasst (SIEGBURG, Nr. 241).

219 Im Unterschied zum Nachunternehmer, einer deutschen Bezeichnung für den Subunternehmer (*Nr. 60*).

220 SIEGBURG, Nr. 271; GRIEGER, BauR 1990, S. 406 ff; VYGEN, Nr. 696. BGH vom 27.6.1985 in: ZfBR 1985, S. 282 ff. mit Anm. - Vgl. für die Schweiz *Nr. 214*.

221 So die Bezeichnung aus der Sicht des subordinierten Unternehmers.

222 Im Sinne der Bauleitung.

herrn verpflichtet, kann oftmals erst mittels Vertragsauslegung bestimmt werden.[223]

105   Ohne anderslautende ausdrückliche Abrede schuldet der leitende Nebenunternehmer seine leitenden Tätigkeiten nur dem Bauherrn.[224] Grundsätzlich ist er mit den ihm subordinierten Nebenunternehmern vertraglich nicht verbunden.[225] Deshalb können die Nebenunternehmer allein aus dem Einsatz eines leitenden Unternehmers keine Rechte ableiten, die über die werkvertraglichen Mitwirkungspflichten des Bauherrn hinausgehen, was namentlich auch für die Koordinierung gilt:

106   2. Beim Bauen mit Nebenunternehmern trifft den Bauherrn die **Koordinationspflicht**[226], sofern nichts anderes verabredet wurde.[227] Er hat als «Herr des Baugeschehens» zu bestimmen, wann und wie der Einsatz der Unternehmer erfolgen soll. Die Koordinierungsaufgabe kann der Bauherr entweder selbst wahrnehmen oder aber einem Dritten[228] (z.B einen leitenden Unternehmer) übertragen.[229]

107   Ein leitender Nebenunternehmer besorgt die Koordination meistens in der Ausführungsphase. Sehr selten übernimmt er die Koordination bereits bei der Ausgestaltung der einzelnen Bauwerkverträge. Wie weit seine Aufgaben reichen, ist nach der konkreten vertraglichen Abrede zu beurteilen.[230] Grundsätzlich vertritt er den Bauherrn gegenüber den anderen Unternehmern im Rahmen seines Auftrages.[231] Die subordinierten Nebenunternehmer müssen sich nach Massgabe ihrer separaten Werkverträge mit dem Bauherrn an die Weisungen des leitenden Unternehmers halten. Diese Sonderform hat in der Schweiz nur «geringste Verbreitung gefunden».[232]

---

223   GAUCH (ZBJV 1982, S. 71) qualifiziert das Rechtsverhältnis zwischen Bauherr und dem leitenden Unternehmers als gemischtes Vertragsverhältnis, «worin die werkvertraglichen Elemente überwiegen».

224   Vgl. GAUCH, Probleme von und mit Subunternehmern, S. 156.

225   GAUCH, Probleme von und mit Subunternehmern, S. 156. - Vgl. aber *Nr. 220 ff.*

226   GAUCH, ZBJV 1982, S. 68.

227   *Nr. 132.*

228   Baubetreuer; Bauleiter (Architekt). Für Frankreich: l'architecte; le bureaux d'études techniques; l'entreprise (LARGER, S. 171 f.).

229   Art. 394 ff. OR.

230   Weder SIA-Norm 118 noch VOB erwähnen den leitenden Nebenunternehmer. - Vgl. *Nr. 420.*

231   Vgl. Art. 33 Abs. 2 SIA-Norm 118.

232   GAUCH, ZBJV 1982, S. 72. - Gering ist die Verbreitung des «entrepreneur de pilotage» auch in Frankreich (vgl. LARGER, S. 171; LIET-VEAUX/THUILLIER, S. 317; SAJONZ, S. 111).

3. Abgrenzungen

108 1. Unternehmer und Nebenunternehmer stehen in einem separaten Bauwerkvertrag zum Bauherrn und unterscheiden sich dadurch von anderen Baubeteiligten, wie z.B vom Architekten oder Ingenieur. Oftmals kann die Qualifizierung des Vertrages eines Baubeteiligten unklar sein, namentlich dann, wenn ein Lieferant dem Bauherrn eine Sachleistung erbringt. Zudem können auf derselben Baustelle Unternehmer verschiedener Vergabestufen auftreten. Deshalb untersuche ich nachstehend einige **Grenzfälle**, um Baubeteiligte auszuscheiden, auf die Aussagen über das Dreiecksverhältnis zwischen dem Bauherrn und seinen Unternehmern gerade nicht zutreffen. Dabei brächte eine Unterscheidung in echte und unechte Nebenunternehmer lediglich neue Begriffe, ohne dass für die weitere Auseinandersetzung etwas gewonnen wäre.

109 2. Eine erste Unterscheidung ist bei den Lieferanten von Baumaterial vorzunehmen. Solche **Materiallieferanten**, die Material für ein Bauwerk schulden, erbringen ihre Leistungen entweder als reine Zulieferanten[233] oder in der Eigenschaft eines Werklieferanten.

110 a) Hat sich ein Baubeteiligter vertraglich verpflichtet, ein Bauwerk aus «selbst beschafftem Stoffe herzustellen»[234] und abzuliefern, so handelt er im Rahmen eines Werklieferungsvertrages[235]. Dieser Vertrag ist nach schweizerischer Rechtsauffassung ein Werkvertrag.[236] Die vertragstypischen Leistungen bestehen hauptsächlich in der Materiallieferung und der Arbeitsleistung. Verpflichtet sich der *Werklieferant*[237] dem Bauherrn, so ist er folglich Nebenunternehmer all jener Unternehmer, die in einem «schlichten» Bauwerkvertrag[238] ausschliesslich Bauarbeiten versprechen. Denn ein Nebenunternehmer muss seine Bauleistung nicht direkt auf der Baustelle erbringen.[239]

---

233 Der reine Zulieferant ist Verkäufer und leistet keine Bauarbeiten.
234 GAUCH, Werkvertrag, Nr. 110.
235 Eigentlich ein «(Bau-)Werklieferungsvertrag».
236 GAUCH, Werkvertrag, Nr. 112 und Nr. 1002 ff. - Wird Art. 365 Abs. 1 richtig verstanden, haftet der Werklieferant auch nach den Regeln der werkvertraglichen Mängelhaftung (BGE 117 II 428 ff.; HONSELL, S. 213 - a.M.: BECKER, N 2 zu Art. 365 OR; GAUTSCHI, N 8d zu Art. 365 OR; OSER/SCHÖNENBERGER, N 2 zu Art. 365 OR; PEDRAZZINI, SPR VII/1, S. 522).
237 Er stellt aus selbst beschafftem Stoff ein Werk her, wobei die Arbeitsleistung im Vordergrund steht.
238 GAUCH, Werkvertrag, Nr. 110.
239 Vgl. SCHUMACHER, Nr. 132: Zur Mischung von Frischbeton im Betonwerk fernab der Baustelle.

111 b) Der *reine Zulieferant* hingegen schuldet seine Leistung aus einem Kaufvertrag (Art. 184 ff. OR). Als Verkäufer trägt er nicht direkt mit eigener Werkarbeit zur Schaffung eines Bauwerkes bei, weshalb er im System der Nebenunternehmer nicht zu berücksichtigen ist.[240]

112 c) Trifft den Verkäufer eine der Sachleistung untergeordnete *Montagepflicht*[241], übt er eine Bautätigkeit auf der Baustelle aus. Obgleich die Montage nur eine untergeordnete Nebenleistung darstellt (gesamthaft also ein Kaufvertrag vorliegt[242]), könnte er einen Unternehmer auf der Baustelle tangieren. Ungeachtet der Qualifikation seines Vertrages mit dem Bauherrn hat der Verkäufer mit den Unternehmern wie mit seinen Nebenunternehmern umzugehen. Dies gilt umgekehrt auch für die Unternehmer.

113 3. Eine weitere Abgrenzungsfrage stellt sich beim Sachverhalt, da sich **Unternehmer verschiedener Vergabestufen** auf derselben Baustelle befinden:

114 a) Teilen sich zwei Unternehmer die Arbeiten für ein Gesamt-Bauwerk, ist jeder von ihnen Nebenunternehmer des anderen. Zieht der eine Unternehmer für die Errichtung seines Teilwerkes einen Subunternehmer bei, stellt sich die Frage nach dem Verhältnis zwischen dem *Subunternehmer und* dem *anderen Unternehmer*.

115 Beide sind Teilunternehmer, allerdings keine Nebenunternehmer, da eine begriffsnotwendige Voraussetzung fehlt: der Subunternehmer steht nicht in einem Vertragsverhältnis zum Bauherrn, weshalb der Subunternehmer und der andere Unternehmer nicht dem gleichen Besteller vertraglich verpflichtet sind. Als Drittkontrahent ist der Subunternehmer nur in einem Untervertrag (Nr. 36) seinem Hauptunternehmer verpflichtet. Dieser Subunternehmer ist demnach kein Nebenunternehmer.

116 b) Anders sieht die Lage bei folgendem Sachverhalt aus: Ein Bauunternehmer erhält nach einer Submission vier Fachlose zur Ausführung von Bauarbeiten zugeschlagen. Als *Hauptunternehmer* vergibt er die Fachlose weiter an drei *Subunternehmer*. Alle vier Teilunternehmer schulden ein Bauwerk, hingegen wiederum nicht dem gleichen Besteller, weshalb eine Voraussetzung für ihre gegenseitige

---

240 Er ist auch vom Bauhandwerkerpfandrecht ausgeschlossen (SCHUMACHER, Nr. 161).

241 Zum «Kauf mit Montagepflicht» siehe GAUCH, Werkvertrag, Nr. 118.

242 SCHLUEP, SPR VII/2, S. 773 f.

Nebenunternehmerstellung fehlt. Andererseits sind die drei Subunternehmer je Nebenunternehmer zueinander, nicht jedoch zu ihrem
gemeinsamen Besteller, dem Hauptunternehmer. Der Hauptunternehmer ist zumindest im Verhältnis zu den Subunternehmern kein
Nebenunternehmer, da er gegenüber den Subunternehmern als Besteller auftritt.

C. Die Fragen der Hilfspersonenhaftung[243]

117   Ausgehend vom Grundsatz (1.) behandle ich zwei Ausnahmen (2.) und
schliesse mit einer Sonderfrage (3.):

1. Grundsatz: Keine Haftung des Bauherrn für den Nebenun-
ternehmer

118   1. Die Beantwortung der Frage, ob der Nebenunternehmer im Verhältnis zum Dritten (z.B. zum Unternehmer) Hilfsperson des Bauherrn sei,
lässt sich nicht aus dem Begriff «Nebenunternehmer» ableiten.[244] Während ein vom Bauherrn für Koordinierungsanweisungen und planerische
Tätigkeiten eingesetzter Bauingenieur oder Architekt in der Regel als
Hilfsperson des Bestellers handelt[245], muss der Bauherr fehlerhaftes
Handeln der Nebenunternehmer nicht auf sich nehmen, sofern diese nur

---

243   Vgl. SCHUMACHER, Konventionell oder mit einem Generalunternehmer? Überlegungen eines Juristen, in: Bauen - konventionell oder mit Generalunternehmer?, SIA Dokumentation 71, Zürich 1983, S. 37 f.

244   Dies im Unterschied zur Bezeichnung «Subunternehmer» im Verhältnis Unternehmer - Bauherr: Der Subunternehmer leistet Arbeit (oder Arbeit und Material), die der Bauunternehmer dem Bauherrn schuldet, damit zieht der Bauunternehmer eine Hilfsperson zur Erfüllung seiner Schuldpflicht bei (Art. 101 OR)
und haftet dem Bauherrn für diesen Subunternehmer. Der Baulieferant hingegen
erfüllt keine Leistung, die der Hauptunternehmer dem Bauherrn versprochen
hat. Er liefert Material (ob aus Kauf- oder Werklieferungsvertrag ist unerheb-
lich), das der Hauptunternehmer aufgrund seines Vertrages nur «beizustellen»
hat (GAUCH, Werkvertrag, Nr. 124; ders., Probleme von und mit Subunternehmern, S. 156 unten). Der Baulieferant ist kein Erfüllungsgehilfe des Bauunternehmers (a.M. SPIRO, Die Haftung für Erfüllungsgehilfen, S. 190), da er sich
nicht in einem auf den Hauptvertrag ausgerichteten Untervertrag verpflichtet
(vgl. CERUTTI, S. 4, Nr. 9). Damit kann ein Werklieferant je nach konkreter
Parteiabrede Subunternehmer oder nur Baulieferant sein.

245   SCHUMACHER, Die Haftung des Architekten, Nr. 721; STIERLI, Nr. 248 und Nr.
252; NICKLISCH/WEICK, N 14 zu § 10 VOB/B; SOERGEL/WOLF, S. 960, N 54
zu § 278 BGB. - Der Architekt ist beispielsweise Hilfsperson des Bauherrn gegenüber dem Unternehmer für die Erfüllung der Pflicht, brauchbare Pläne zu
liefern (OTT, SJZ 1978, S. 286).

ihrer werkvertraglichen Pflicht nachkommen.[246] Denn dadurch, dass der Nebenunternehmer Werkleistungen erbringt, erfüllt er in der Regel keine Pflichten des Bauherrn gegenüber dem Unternehmer.[247,248]

119 2. Weil sich der Bauherr das Verhalten eines Nebenunternehmers gegenüber dem Unternehmer nicht als Geschäftsherr anrechnen lassen muss, entfällt auch eine dementsprechende Haftung des Bauherrn. Der Nebenunternehmer handelt **weder** als Hilfsperson nach **Art. 101 OR**, **noch** ist er dem Bauherrn im Sinne des **Art. 55 OR** subordiniert.[249]

120 3. So haftet der Bauherr dem Unternehmer beispielsweise nicht, wenn ein Nebenunternehmer die unternehmerischen Bauarbeiten beeinträchtigt oder das Unternehmerwerk gar zerstört.[250] Damit kann sich der Unternehmer nicht an den Bauherrn halten, wenn der Nebenunternehmer sein Werk beschädigt.[251]

2. Ausnahmen: Nebenunternehmer als Hilfsperson des Bauherrn

121 1. Wenn der Bauherr einen Nebenunternehmer zur Erfüllung vertraglicher Pflichten, die gegenüber dem Unternehmer oder Dritten bestehen, beizieht, so haftet er für diesen **Erfüllungsgehilfen** nach den Voraussetzungen des Art. 101 OR.[252] Lässt der Bauherr Arbeiten durch einen Nebenunternehmer ausführen, die er dem Unternehmer selbst vertraglich versprochen hat, handelt der Nebenunternehmer als Hilfsperson des Bauherrn.[253] Der Bauherr muss sich ebenfalls das Handeln eines lei-

---

246 GAUCH, Werkvertrag, Nr. 1361. - Eine andere Meinung wird (insbesondere für das Verhältnis zwischen Vor- und Nachunternehmer) teilweise in der deutschen Lehre vertreten: DAUB/PIEL/SOERGEL/STEFANI, N 7 zu § 9 VOB/B; NICKLISCH/WEICK, N 14 zu § 10 VOB/B; VYGEN, Nr. 705. - Vgl. *Nr. 378.*

247 Vgl. GAUCH, ZBJV 1982, S. 72; OR-WIEGAND, N 4 f. zu Art. 101 OR.

248 Zur Verantwortung des Bauherrn für den Unternehmer im amerikanischen Recht vgl. SWEET, S. 112.

249 GAUCH, ZBJV 1982, S. 72. - Vgl. auch die frühere Regelung im deutschen BGB: heute noch gültig in § 757 des Koreanischen Bürgerlichen Gesetzbuches (5. Abschnitt über die unerlaubten Handlungen): «Der Besteller ist für den Ersatz des Schadens nicht verantwortlich, den der Unternehmer bei der Herstellung eines Werkes einem Dritten zufügt» (KYU-CHANG CHO, Koreanisches Bürgerliches Gesetzbuch, Textausgabe, Seoul 1984).

250 Vgl. GAUCH, Werkvertrag, Nr. 1361.

251 GAUCH, Anm. 14, lit.c zu Art. 166 SIA-Norm 118.

252 Statt vieler: GAUCH/SCHLUEP, Nr. 2828 und 2875.

253 VYGEN, Nr. 699 (vgl. § 278 BGB); NICKLISCH/WEICK, N 17 zu § 10 VOB/B.

tenden Nebenunternehmers (Nr. 104) gegenüber seinen Unternehmern anrechnen lassen, soweit dieser Leitungsfunktionen ausübt.[254]

122   2. Der Nebenunternehmer handelt als **Ausübungsgehilfe** des Bauherrn, wenn er dessen Rechte aus einem Schuldvertrag ausübt.[255] Auch in diesem Fall muss der Bauherr im Rahmen der Hilfspersonenhaftung (Art. 101 OR) für den vom Nebenunternehmer angerichteten Schaden einstehen.[256,257] Nutzt der Nebenunternehmer z.B. Baustelleneinrichtungen des Unternehmers und beschädigt er diese im funktionellen Zusammenhang[258] mit dem Gebrauch, so haftet der Bauherr dem Unternehmer für den Fall, dass der Unternehmer dem Bauherrn die Benützung vertraglich zugesichert hat. Hinzuweisen ist auf zwei Punkte:

123   a)   Wenn sich der Unternehmer dem Bauherrn verpflichtet, *Baustelleneinrichtungen* (z.B Gerüste) auch den Nebenunternehmern zu überlassen, kann der Bauherr solche Einrichtungen diesen Baubeteiligten zur Verfügung stellen.[259] Der Nebenunternehmer, der von solchen Einrichtungen z.B. im Rahmen des Art. 126 Abs. 1 oder Abs. 3 SIA-Norm 118 Gebrauch macht, tritt gegenüber dem Unternehmer als Hilfsperson des Bauherrn auf[260], weil er ein Recht des Bauherrn ausübt, das diesem aus dem Werkvertrag mit dem Unternehmer zusteht.

124   b)   Der Nebenunternehmer übt mit der Benützung von Baustelleneinrichtungen nicht generell ein vertragliches Recht des Bauherrn aus.[261] In der Praxis benützt der Nebenunternehmer unternehmerische Einrichtungen häufig *ohne Zutun* des Bauherrn, d.h. ohne dass sich der Unternehmer dem Bauherrn gegenüber zur Gebrauchsüberlassung verpflichtet hat. Diesfalls übt der Nebenunternehmer kein Recht aus dem Werkvertrag zwischen Bauherr und Unterneh-

---

254   GAUCH, Werkvertrag, Nr. 1361.

255   GAUCH/PRADER, Anm. 1, lit.d zu Art. 126 Abs. 1 SIA-Norm 118.

256   KOLLER, Nr. 330 und 478.

257   Vgl. dazu verschiedene spezielle Vorschriften, die die SIA-Norm 118 ergänzen und insbesondere die Haftung des Bauherrn für Nebenunternehmer ausschliessen, die dem Unternehmer einen Schaden zufügen: «Für Beschädigungen eigener Installationen (etc.) durch Nebenunternehmer hat sich der geschädigte Unternehmer direkt an den Schädiger zu halten».

258   GAUCH/SCHLUEP, Nr. 2854. - Vgl. auch FELLMANN, S. 564, N 39 zu Art. 399 OR; *Nr. 291 f.*

259   Vgl. LOCHER, Gerüstvertrag, S. 350.

260   GAUCH/PRADER, Anm. 1, lit.d zu Art. 126 SIA-Norm 118. - Vgl. GAUCH/SCHLUEP, Nr. 2892; KOLLER, Nr. 478.

261   Vgl. GAUCH/PRADER, Anm. 1, lit.d zu Art. 126 SIA-Norm 118; BECKER, N 22 zu Art. 101 OR; VON TUHR/ESCHER, AT II, S. 127 f.

mer aus (Art. 101 Abs. 1 OR)[262] und handelt nicht als Ausübungsgehilfe des Bauherrn.[263]

3. Nebenunternehmerverhalten zeitigt nachteilige Auswirkungen für den Bauherrn

125 1. Dem Gesagten zufolge ist der Nebenunternehmer nur ausnahmsweise als Hilfsperson des Bauherrn tätig. Der Bauherr haftet also in der Regel nicht für das Verhalten seiner Nebenunternehmer. Das schliesst nicht aus, dass es andere Gründe gibt, weshalb sich das Verhalten eines Nebenunternehmers zum Nachteil des Bauherrn auswirkt. So kann ein Nebenunternehmer durchaus die Rechtsstellung des Bauherrn gegenüber dem Unternehmer negativ beeinflussen. Auf **drei** derartige **Fälle** werde ich zu sprechen kommen. Sie betreffen den Gläubigerverzug (Art. 91 ff. OR) des Bauherrn, seine Rechtsstellung bei der Ablieferung eines mangelhaften Werkes (Art. 367 ff. OR)[264] und die Gefahrentragung (Art. 376 OR)[265]. Obwohl der Nebenunternehmer weder als Hilfsperson handelt, noch eine Eigenhaftung des Bauherrn (im technischen Sinne) vorliegt, muss der Bauherr eine Verschlechterung seiner Rechtsstellung hinnehmen, die auf dem Verhalten des Nebenunternehmers gründen kann.

126 Die Frage nach der Anrechenbarkeit des Unternehmerverhaltens ist nach der hier vertretenen Auffassung keine Frage der Hilfspersoneneigenschaft des Nebenunternehmers.[266] Eine Antwort ergibt sich vielmehr aus den Begriffen des bauseitigen Gefahren- oder Risikobereichs oder des bauseitigen Selbstverschuldens (Nr. 159), die sich je nach einschlägiger Bestimmung des Obligationenrechts unterschiedlich definieren.

127 2. Wenn sich der Bauherr in bestimmten Fällen beispielsweise das mangelhafte Werk des Vorunternehmers[267] oder eine verzögerte Vorunternehmerleistung anrechnen lassen muss[268], beruht dies auf folgen-

---

262 A.M. Spiro, S. 151.
263 Vgl. Koller, Nr. 482; Weber, S. 223.
264 Vgl. *Nr. 377.*
265 Vgl. *Nr. 420 ff.*
266 Vgl. Gauch/Schumacher, Anm. 11, lit.a zu Art. 94 SIA-Norm 118. - Zur Kontroverse in Deutschland über die Frage, ob der Vorunternehmer Erfüllungsgehilfe des Bauherrn im Verhältnis zum Unternehmer ist, der an das Vorunternehmerwerk anschliesst: *Nr. 378.*
267 *Nr. 379.*
268 Art. 369 OR. - Vgl. auch Schumacher, Die Haftung des Architekten, Nr. 721.

dem **Grundgedanken**: Wenn sich ein Risiko verwirklicht, für das der Bauherr nach Gesetz einzustehen hat[269], liegen Umstände vor, die der Bauherr unabhängig von der eigenen Unsorgfalt[270] zu vertreten hat. Ebenfalls braucht kein Verschulden im technischen Sinne oder eine Hilfspersonenhaftung vorzuliegen.

128   Ein Teil der Lehre kommt mit einer *analogen* Anwendung der Regeln des *Art. 101 OR* zum selben Ergebnis.[271] Der Bauherr habe nach der vertraglichen Lastenverteilung im Werkvertrag ein Risiko zu tragen, das der Nebenunternehmer verwirkliche.[272] So müsse sich der Bauherr z.B ein mangelhaftes Vorunternehmerwerk zurechnen lassen, wenn es eine Mangelursache im Unternehmerwerk darstelle. Dies wie im Fall, da er mangelhaften Werkstoff oder Baugrund zur Verfügung stelle.[273] Nach der hier vertretenen Auffassung erübrigt sich eine solche Konstruktion.

---

269   Vgl. GAUCH, Werkvertrag, S. 384, Nr. 1459; ZELTNER, Nr. 208, FN 271.
270   Vgl. FELLMANN, N 48 zu Art. 399 Abs. 2 OR; A.M. SCHAUB, S. 254.
271   GAUCH, ZBJV 1982, S. 73; STIERLI, Nr. 252.
272   Vgl. KOLLER, Nr. 150 und Nr. 332 ff.
273   GAUCH, Werkvertrag, Nr. 1459.

2. TEIL: DAS RECHTSVERHÄLTNIS ZWISCHEN DEM BAUHERRN UND SEINEN VERSCHIEDENEN UNTERNEHMERN

I. Separater Bauwerkvertrag mit jedem Unternehmer

129   1. Unternehmer und Nebenunternehmer schulden dem Bauherrn ihre vertragstypischen Leistungen aufgrund je eines separaten Bauwerkvertrages. Bei der Abwicklung dieser Verträge stellen sich hinsichtlich der jeweiligen Hauptleistungspflichten[1] keine besonderen Probleme.[2] Für diese kann deshalb auf die **allgemeinen Regeln** über die Abwicklung eines Bauwerkvertrages verwiesen werden.[3]

130   2. Allerdings hat der Entscheid des Bauherrn, mit Nebenunternehmern zu bauen, Folgen für die besonderen Pflichten der Vertragspartner. Diese ergeben sich aus dem nötigen Zusammenspiel der Baubeteiligten. Der vorliegende Teil befasst sich deshalb mit den besonderen Pflichten beim Bauen mit Nebenunternehmern.

II. Besondere Pflichten beim Bauen mit Nebenunternehmern

131   Beim Bauen mit Nebenunternehmern treten zwei «Pflichten» besonders in Erscheinung. Es handelt sich erstens um die Koordinierungspflicht des Bauherrn (A.) und zweitens um die Anzeigepflicht der Unternehmer (B.). Diese weiteren Pflichten der Parteien und die Frage, ob sie als

---

[1]   Mit Hauptleistungspflichten sind die charakterisierenden (GUHL/MERZ/KOLLER, S. 13) gemeint: die Vergütungspflicht des Bauherrn sowie die Herstellungs- und Ablieferungspflicht des Unternehmers.

[2]   Das deliktische Haftungsverhältnis zwischen den Unternehmern und dem Bauherrn wird hier nicht behandelt, vgl. dazu eingehend BIERI, S. 44 ff. - Die ausservertragliche Haftung zwischen Unternehmer und Nebenunternehmer ist in *Nr. 312 ff.* dargestellt.

[3]   Die besonderen Probleme bei der Abnahme der Nebenunternehmerleistung, im Bereich der Mängelhaftung und im Zusammenhang mit der Gefahrentragung sollen im *vierten Teil* eingehend behandelt werden. Eine Auseinandersetzung mit den Rechtsverhältnissen zwischen den Unternehmern folgt im *dritten Teil*.

vertragliche Nebenpflichten[4] (echte Pflichten) oder als Obliegenheiten[5] zu qualifizieren sind, bilden Gegenstand der folgenden Erläuterungen.

A. Die Koordinierungspflicht des Bauherrn

1. Der Inhalt der Koordinierungspflicht

132   1. Grundsätzlich trifft den Bauherrn die Koordinierungspflicht für den Einsatz sämtlicher Unternehmer, die er als Nebenunternehmer beizieht.[6] Er hat die **Bauleistungen aller Unternehmer in sachlicher und zeitlicher Hinsicht abzustimmen**, um damit einen reibungslosen Ablauf der Bauarbeiten zu ermöglichen.[7] Er muss sowohl in der Gestaltung der einzelnen Bauwerkverträge[8] als auch während der Bauausführung selbst für die Koordination besorgt sein.[9]

133   2. Dieser Pflicht[10] muss der Bauherr mit **Anordnungen und Weisungen** genügen, die er persönlich oder durch bevollmächtigte Hilfspersonen (Architekt/Bauleiter/Baubetreuer/leitender Unternehmer[11]) erteilen kann.[12] Solche Weisungen, die unter Umständen bereits in den Werkvertrag übernommen werden, betreffen z.B. die Reihenfolge der auszuführenden Arbeiten oder die Zeitplanung des Nebenunternehmereinsatzes.[13] Damit soll der Bauherr dem Unternehmer ermöglichen, seine

---

4   Vgl. zur Unterscheidung von «Nebenpflichten» und «Nebenleistungspflichten» KRAMER, N 91 ff. zu Allgemeine Einleitung vor Art. 1 OR. Weiter siehe MERZ, SPR VI/1, S. 62 ff.; NEUENSCHWANDER, S. 8 f.; WIEGAND WOLFGANG, Zur Haftung für Dienstleistungen, in: recht 1990, S. 136 ff; *Nr. 385, Nr. 531.*

5   In Deutschland wird die Einführung einer Zwischenstufe zwischen Obligation und Obliegenheit diskutiert (INGENSTAU/KORBION, N 15 zu § 9 VOB/B; ablehnend NICKLISCH/WEICK, N 12 zu § 4 VOB/B, S. 238).

6   GAUCH, Werkvertrag, Nr. 182; OR-ZINDEL/PULVER, N 4 zu Art. 369 OR; MOTZKE, ZfBR 1988, S. 247; WERNER/PASTOR, Nr. 2149, S. 697 f.; RIGAUX, S. 268, Nr. 275.

7   Vgl. INGENSTAU/KORBION, N 10 zu § 4 VOB/B; HEIERMANN/RIEDL/RUSAM, N 2 ff. zu § 4 VOB/B.

8   Zur «technischen Koordination»: ZELTNER, Nr. 122.

9   Vgl. Art. 30 Abs. 2 und Art. 34 Abs. 3 SIA-Norm 118; ZELTNER, Nr. 123.

10   LARENZ (AT I, S. 205) bezeichnet sie als «Last».

11   *Nr. 106;* vgl. auch GAUCH/SCHUMACHER, Anm. 3, lit.b zu Art. 93 SIA-Norm 118.

12   Vgl. TRÜMPY, S. 94.

13   GAUCH/SCHUMACHER, Anm. 3, lit.b zu Art. 93 SIA-Norm 118.

Vertragsleistungen ungestört zu erbringen.[14] Oft koordiniert der Bauherr den Nebenunternehmereinsatz bereits in den Ausschreibungsunterlagen. Gegebenenfalls erstellt er ein Bauprogramm, in dem er den Unternehmern die jeweiligen Arbeitsräume oder den zeitlichen Rahmen ihres Einsatzes angibt.[15]

134   3. Die dem Bauherrn obliegende Koordinierungsaufgabe richtet sich in erster Linie auf ein Tun[16]; er hat die von den Unternehmern zu erbringenden Bauarbeiten zu ermöglichen. Die Kontrolle und die Überwachung der Bauarbeiten gehören dagegen nicht zu dieser **Mitwirkungspflicht**.[17]

135   Plant und koordiniert der Bauherr den Einsatz der jeweiligen Vor-, Nach- oder Parallelunternehmer nicht oder nur ungenügend, kann dies dazu führen, dass der Unternehmer selber erst verspätet, unter erschwerten Bedingungen oder gar nicht mit seinen Bauarbeiten beginnen kann. Allenfalls kann er dadurch seine eigenen Kapazitäten nur ungenügend ausnützen oder benötigt einen zeit- und kostenmässigen Mehraufwand, um seine Leistung sachgerecht (vertragsgemäss) vorzunehmen. Die Koordinierungspflicht trifft den Bauherrn beim Bauen mit Nebenunternehmern immer dann, wenn die Parteien nichts anderes vereinbart haben, was nach Massgabe des konkreten Bauwerkvertrages zu prüfen ist.

2. Die Rechtsnatur der Koordinierungspflicht

136   Die Koordinierungspflicht gehört zu den Mitwirkungspflichten des Bauherrn.[18] Ihre Rechtsnatur ist in der Lehre **umstritten**.[19] Zu beach-

---

14   NICKLISCH/WEICK, N 16 zu § 4 VOB/B.

15   Vgl. REBER, S. 37; INGENSTAU/KORBION, N 12 ff. zu § 4 VOB/B. - Zum Begriff des «Bauprogramms», das der Unternehmer nach der SIA-Norm 118 einzureichen hat, siehe GAUCH/SCHUMACHER, Anm. 1 f. zu Art. 93 SIA-Norm 118.

16   Im weiteren hat der Bauherr auch Störungen zu unterlassen.

17   Vgl. GAUCH, Werkvertrag, Nr. 907; ders., Anm. 14 lit.d zu Art. 166 SIA-Norm 118. - Zu den Mitwirkungspflichten des Bauherrn eingehend: ZELTNER, Nr. 325 ff.

18   Zu weiteren Mitwirkungspflichten des Bauherrn siehe GAUCH, Werkvertrag, Nr. 899; GAUCH/SCHUMACHER, Anm. 2 zu Art. 94 SIA-Norm 118; SCHUMACHER, Vertragshaftung, S. 6 ff.

19   GAUCH, Werkvertrag Nr. 905 (mit weiteren Nachweisen); in Deutschland vertritt ein Teil der Lehre die Auffassung, dass der Bauherr dem Unternehmer die Koordinierung des Nebenunternehmereinsatzes grundsätzlich als vertragliche Nebenpflicht schulde (z.B. NICKLISCH/WEICK, N 10 zu § 4 VOB/B mit weiteren Literaturhinweisen). A.M. ESSER/WEYERS, Schuldrecht II, S. 285.

ten ist, dass die verschiedenen Lehrmeinungen unterschiedliche Kategorien gebrauchen, um Einteilungen in vertragliche Haupt- resp. Nebenpflichten und Obliegenheiten vorzunehmen. Für die Koordinierungsaufgabe des Bauherrn drängt sich im Einzelfall eine Differenzierung auf, wie nachfolgend zu zeigen ist:

137   1. Nach der herrschenden Lehre gehört die Koordinierungspflicht «von Hause aus» zu den **Obliegenheiten**[20], obwohl sie die Rechtssprache als Pflicht bezeichnet.[21] Damit ist sie eine Last des Bauherrn, die ihm ein bestimmtes Verhalten abverlangt.[22] Die Beantwortung der Fragen, ob ihm dieses Verhalten im Interesse des Unternehmers auferlegt ist[23] oder ob dieser gar kein Interesse an der Erfüllung hat[24], stellt m.E. kein verlässliches Kriterium für die Zuordnung der Koordinierungspflicht unter die Obliegenheiten dar. Der Unternehmer kann den Bauherrn jedenfalls nicht zwingen, zu koordinieren, da die Gläubigerpflichten in der Regel keine echten Pflichten darstellen.[25]

138   2. Die Auslegung des konkreten Werkvertrages kann im Einzelfall ergeben, dass es sich bei der Koordinierungspflicht nach Willensmeinung der Vertragsparteien um eine **echte Verpflichtung** des Bauherrn handelt.[26] Diesfalls hat der Unternehmer erstens einen einklagbaren Anspruch auf Erfüllung, und zweitens verletzt der Bauherr den Vertrag, sofern er nicht oder nicht richtig erfüllt.[27] Das kann namentlich bei komplexen Werkverträgen mit Langzeitcharakter zutreffen.[28]

---

20   GAUCH, Werkvertrag, Nr. 898. Vgl. auch FELLMANN, N 279 zu Art. 394 OR; GAUCH/SCHLUEP, Nr. 2448; LARENZ, Schuldrecht II/1, S. 371: mit weiteren Literaturhinweisen zur strittigen Qualifikation (Obliegenheit/vertragliche Nebenpflicht) in Deutschland (FN 111); RUMMEL, N 9 zu § 859 ABGB: «Obliegenheiten sind Pflichten minderer Sanktion». A.M GEHRER, S. 175, FN 22.

21   GAUCH/SCHLUEP, Nr. 101.

22   Die Obliegenheit bezieht sich ebenfalls auf das Verhalten einer Person, ohne dass der Vertragspartner darauf einen Anspruch hätte. Die Last besteht darin, dass dem Belasteten kein Rechtsnachteil erwächst, solange er sich so verhält, wie es ihm obliegt (SCHÖNENBERGER/JÄGGI, N 78 zu Art. 1 OR).

23   So LANGE (Schadenersatz, S. 552), für den die Obliegenheit eine Verpflichtung minderer Intensität darstellt.

24   Für MERZ (SPR VI/1, S. 70) stellt die Interesselosigkeit an der Erfüllung ein Charakteristikum der Obliegenheit dar.

25   Vgl. KELLER/SCHÖBI, Bd. I, S. 231; SCHMALZL, S. 228; RUMMEL/KREJCI, N 33 zu § 1168 ABGB.

26   Vgl. SCHLECHTRIEM, BT, Nr. 369; ZELTNER, Nr. 205; *Nr. 171 ff.*

27   GAUCH, Werkvertrag, Nr. 905.

28   Vgl. ZELTNER, Nr. 27.

139 3. Die Frage nach der Rechtsnatur der Koordinierungspflicht hat durchaus **praktische Bedeutung**. Denn je nachdem, ob man sie den blossen
Obliegenheiten oder den echten Verpflichtungen zuordnet, verändern
sich die Positionen der Vertragsparteien, wenn der Bauherr nicht oder
nicht richtig koordiniert. Kommt es zum Streit zwischen den Parteien,
ist eine Qualifikation anhand der tatsächlichen Abreden der Parteien
vorzunehmen. Dafür ist der vereinbarte Inhalt eines Vertrages zu ermitteln, was nach den Regeln der Vertragsauslegung zu geschehen
hat.[29]

140 4. Ein Teil der Lehre, der die bauseitigen Mitwirkungspflichten (z.B.
die Koordinierungspflicht) zu den blossen Obliegenheiten zählt, gewährt dem Unternehmer keinen Ersatzanspruch, wenn ihn der Bauherr
durch die fehlerhafte Koordinierung schädigt.[30] Hier setzt die berech-
tigte Kritik von ZELTNER ein[31], der gerade aufgrund der möglichen
Verletzungsfolge argumentiert, dass die Mitwirkungspflichten des Bauherrn als unselbständige Nebenpflichten zu qualifizieren seien.[32] Die
bauseitigen Mitwirkungspflichten stehen zwischen Obliegenheit und
Leistungspflicht. Als unselbständige Pflichten können sie Schadenersatz
nicht aber Erfüllungsansprüche nach sich ziehen.

141 Da seitens der Unternehmer kein Erfüllungsanspruch bestehe, ordnet ein Teil der Lehre die Koordinierungspflicht den **blossen vertraglichen Nebenpflichten** zu.[33] Hält man wie in dieser Arbeit weiterhin an
der oben beschriebenen Rechtsnatur einer Obliegenheit fest, ist damit
nicht ausgeschlossen, dass weitere Nebenpflichten (z.B. Schutzpflichten[34]) hinzutreten, ohne dass die Parteien solche ausdrücklich vereinbart haben.[35] Denn wenn zu den einzelnen Leistungsverpflichtungen
der Parteien Schutzpflichten hinzutreten können, darf dies auch für Obliegenheiten nicht ausgeschlossen werden, da auch sie nur einen Teilbe-

---

29 GAUCH/SCHLUEP, Nr. 1196 ff.; ZELLER, S. 191, Nr. 284.
30 KELLER/SCHÖBI, Bd. I, S. 231; OTT, SJZ 1978, S. 287; SCHÖNENBERGER/JÄGGI,
N 78 zu Art. 1 OR; HEIERMANN/RIEDL/RUSAM, N 1f zu § 4 VOB/B. A.M.
ZELTNER (Nr. 40), der die Mitwirkungspflichten des Bauherrn als *unselbständige Nebenpflichten* zwischen Obliegenheiten und vertraglichen Leistungspflichten einordnet.
31 ZELTNER, Nr. 341 ff.
32 ZELTNER, Nr. 359.
33 Vgl. KRAMER/SCHMIDLIN, N 91 zu Allgemeine Einleitung in das schweizerische
OR; KOLLER JO, S. 40.
34 Vgl. BECKER, N 20 zu Art. 18 OR; FELLMANN, Produzentenhaftung, S. 297 f.;
MERZ, N 269 zu Art. 2 ZGB; NEUENSCHWANDER, S. 18.
35 Vgl. GUHL/MERZ/KOLLER, S. 13 f.; KOLLER, AJP 1992, S. 1485; KRA-
MER/SCHMIDLIN, N 88 ff. Allgemeine Einleitung vor Art. 1 OR; OR-WIEGAND,
N 33 ff. zu Art. 97 OR.

reich eines Schuldvertrages ausmachen.[36] Schutzpflichten können einerseits allgemeine Pflichten des Leistenden umschreiben, die sich auf den Leistungsgegenstand beziehen.[37] Andererseits konkretisieren sie das nötige Treueverhältnis zwischen den Parteien. Ihnen kommt dann eine eigenständige Bedeutung zu, wenn deren Verletzung vertragliche Schadenersatzansprüche auslöst.[38]

3. Die Rechtsfolgen bei Nicht- oder nicht richtiger Koordinierung

142 Koordiniert der Bauherr den Nebenunternehmereinsatz überhaupt nicht oder nicht gehörig, treffen ihn verschiedene Nachteile, unabhängig davon, ob dem Unternehmer ein Erfüllungsanspruch zusteht. Der Bauherr muss verschiedene **Rechtsfolgen** gewärtigen, die nachfolgend dargestellt sind. Teilweise sieht das Gesetz auch Schadenersatzansprüche des Unternehmers vor. Die allgemeine Frage nach Schadenersatzansprüchen infolge schädlicher Koordinierung ist unter (4.) behandelt.

a) Gläubigerverzug des Bauherrn

143 1. Wenn der Bauherr nicht rechtzeitig koordiniert, gerät er nach Massgabe der Art. 91 ff. OR in Gläubigerverzug mit den damit verbundenen Nachteilen, da er eine Vorbereitungs- oder Mitwirkungshandlung unterlässt, ohne die der Unternehmer nicht ordnungsgemäss erfüllen kann.[39] Falls die Parteien keine andere Regelung vereinbart haben, kommen **folgende Bestimmungen** zur Anwendung:

144 a) Nach *Art. 95 OR* besteht für den Unternehmer die Möglichkeit, nach den Bestimmungen über den Schuldnerverzug vom Vertrag zurückzutreten.[40] Richtigerweise steht dem Unternehmer ein «Anspruch auf Vergütung der geleisteten Arbeit und der im Preise nicht inbegriffenen Auslagen» zu, wie sie in Art. 378 Abs. 1 OR erwähnt werden, falls er mit den Bauarbeiten bereits begonnen

---

[36] FIKENTSCHER, S. 30, Nr. 23.
[37] JÄGGI, S. 192.
[38] SCHMID, Nr. 1157.
[39] WEBER, N 150 zu Art. 91 OR; GAUCH/SCHLUEP, Nr. 2492. Nach FIKENTSCHER (Nr. 380) verursacht der Bauherr eine «Leistungsstörung».
[40] WEBER, N 11 zu Art. 95 OR; ZELTNER, Nr. 256..

hat.[41] Damit kommt die Vertragsauflösung einer Kündigung gleich. Ein «Rücktrittsrecht» erscheint jedoch nur dann sinnvoll, wenn dem Unternehmer ein Schadenersatzanspruch mindestens im Umfang des negativen Vertragsinteresses (Art. 109 Abs. 2 OR) zusteht.[42]

145 b) Der Bauherr trägt im Falle seines Gläubigerverzuges die Vergütungsgefahr bereits vor der Übergabe (Abnahme/Ablieferung) des Bauwerkes[43], wenn das Werk zufällig[44] untergeht. Damit liegt die in Art. 376 Abs. 1 OR formulierte Ausnahme zur Gefahrentragungsregel vor.[45] In der Folge hat der Unternehmer Anspruch auf Entgelt für die bisher erbrachte Werkleistung. Das Entgelt setzt sich aufgrund von *Art. 376 Abs. 1 OR*[46] aus dem «Lohn für seine [geleistete] Arbeit» und aus der «Vergütung seiner Auslagen» zusammen.

146 2. Der Bauherr gerät auch dann in Gläubigerverzug, wenn ein **Vorunternehmer** infolge der Nicht-Koordinierung mit seiner Leistung **in Rückstand** gerät, und der Nachunternehmer deshalb nicht rechtzeitig leisten kann.[47] Vorausgesetzt, der Nachunternehmer bietet dem Bauherrn seine Bauleistung gehörig an, entfällt ein Schuldnerverzug dieses Unternehmers trotz eigener Verspätung.[48] Der Bauherr muss sich die Verspätung des Vorunternehmers gegenüber dem Nachunternehmer anrechnen lassen, weil sie als Folge seiner Obliegenheitsverletzung erscheint.[49]

---

41 GAUCH, Werkvertrag, Nr. 903; ZELTNER, Nr. 257.

42 Dies ist in der Lehre umstritten vgl. WEBER, N 17 zu Art. 95 OR. Befürwortend: GAUCH/SCHLUEP, Nr. 2526; VON TUHR/ESCHER, AT II, S. 82. - GEHRER (S. 176) und KELLER/SCHÖBI (Bd. I, S. 294) billigen dem Unternehmer *sogar* den Ersatz des *positiven Interesses* zu.

43 DÜRR, S. 99; GAUCH, Werkvertrag, Nr. 826; HONSELL, S. 215.

44 Unter Zufall nach Art. 376 OR ist jedes Ereignis, das keine der Vertragsparteien zu vertreten hat, sowie die höhere Gewalt zu verstehen (KOLLER JO, S. 5 f.; GAUTSCHI, N 3b zu Art. 376 OR; OR-ZINDEL/PULVER, N 11 zu Art. 376 OR).

45 *Nr. 417.*

46 PEDRAZZINI, SPR VII/1, S. 543.

47 GAUCH, ZBJV 1982, S. 72 f.

48 ZELTNER, Nr. 255.

49 Vgl. GAUCH (ZBJV 1982, S. 73), der mit einer «sinngemässen Anwendung des Art. 101 OR» argumentiert. Zur Anrechenbarkeit vgl. im übrigen *Nr. 125* und *Nr. 417.*

b) Leistungsunmöglichkeit beim Unternehmer

147 1. Die Nicht- oder nicht richtige Koordinierung kann zu einer nachträglichen[50] objektiven Unmöglichkeit der Werkleistung führen.[51] Liegt die Ursache der Unmöglichkeit im Gefahren- oder Risikobereich des Bauherrn[52], muss der Bauherr dem Unternehmer die bereits geleisteten Bauarbeiten vergüten.[53] Unbestrittenermassen gehören derartige Koordinierungsfehler zu den in **Art. 378 OR** geregelten «Verhältnissen des Bestellers»[54].[55] Diese Zurechnung zum Gefahren- oder Risikobereich des Bauherrn beruht letztlich auf einem Ermessensentscheid.[56]

148 2. Verletzt der Bauherr seine Obliegenheit zur Koordinierung gar in zurechenbarer Weise[57], indem er durch die Nicht- oder nicht richtige Koordinierung eine nachträgliche objektive Leistungsunmöglichkeit des Unternehmers «verschuldet», so liegt ein Anwendungsfall des **Art. 378 Abs. 2 OR** vor.[58] Beispiel: Dem Unternehmer ist es aus bautechnischen Gründen objektiv nicht mehr möglich, mit der Ausführung seines Bauwerkes zu beginnen oder seine angefangene Leistung zu vollenden (Teilunmöglichkeit).[59] Der Bauwerkvertrag wird «von Gesetzes wegen für die Zukunft aufgelöst, auch wenn einzelne Verrichtungen ... noch möglich bleiben»[60]. Der Unternehmer hat nicht nur einen Vergütungsanspruch für die bereits geleistete Arbeit, sondern - wie bei einem Vertragsrücktritt im Sinne von Art. 377 OR - Anspruch auf Ersatz des positiven Vertragsinteresses; er ist so zu stellen, wie wenn der Vertrag er-

---

50   AEPLI, N 52 zu Art. 119 OR.

51   GAUCH, Werkvertrag, Nr. 503.

52   Art. 378 Abs. 1: «... durch einen beim Besteller eingetretenen Zufall». Vgl. GAUCH, Werkvertrag, Nr. 504.

53   ZELTNER, Nr. 217 (ebenfalls zur Höhe der Vergütung «und der im Preis nicht inbegriffenen Auslagen»).

54   Marginalie zu Art. 378 OR.

55   ZELTNER, Nr. 213.

56   GAUCH, Werkvertrag, Nr. 504; OR-ZINDEL/PULVER, N 16 zu Art. 378 OR.

57   Es muss ihn ein «Verschulden» nach Art. 378 Abs. 2 OR treffen (GAUCH, Werkvertrag, Nr. 515). Das heisst, der Bauherr oder seine Hilfsperson (z.B. ein Architekt) setzen die adäquate Ursache für den Untergang des Bauwerkes, was mit «zumutbarer» Aufmerksamkeit hätten voraussehen müssen (GAUCH, Werkvertrag, Nr. 514).

58   Zum «Verschulden» nach Art. 378 Abs. 2: GAUCH, Werkvertrag, Nr. 513.

59   Beispiel: Durch einen Koordinierungsfehler des Bauherrn wird ein Objekt zerstört, an dem der Unternehmer mit Renovationsarbeiten beschäftigt ist oder an dem er damit beginnen möchte.

60   GAUCH, Werkvertrag, Nr. 511. Z.B. die Herstellung von Frischbeton.

füllt worden wäre.[61] Dies gilt in der Regel nur dann, wenn der Unternehmer keine bestehende Abmahnungs- oder Anzeigepflicht verletzt.[62]

c) Untergang des Bauwerkes

149 1. Hat die Nicht- oder nicht richtige Koordinierung zur Folge, dass ein vom Unternehmer geschuldetes Werk vor seiner Ablieferung ganz oder teilweise untergeht[63], gelangt **Art. 376 Abs. 3 OR** zur Anwendung.[64] Denn der Bauherr koordiniert den Nebenunternehmereinsatz mittels Anordnungen und Weisungen. Verursacht er den Untergang des vom Unternehmer bis anhin errichteten Werkes, weil er die Art der Ausführung vorschreibt[65] (aufgrund einer fehlerhaften oder falschen Anordnung[66]), so hat er die vom Unternehmer geleistete Arbeit zu vergüten, sofern kein Verschulden des Unternehmers vorliegt. Ein solches Verschulden liegt insbesondere vor, wenn der Unternehmer seine Anzeigepflicht verletzt.[67,68] Der Art. 376 Abs. 3 OR regelt zwei Rechtsfragen:

150 2. Zum einen: Der Bauherr trägt grundsätzlich die Risiken einer nicht oder nicht gehörig vorgenommenen Koordinierung.[69] Deshalb hat er nach Massgabe des Art. 376 Abs. 3 OR eine Vergütung zu leisten[70], wenn allein der Koordinierungsfehler zum Werkuntergang führt. Wenn sich der Bauherr für die Koordinierung einer «Hilfsperson»[71] bedient

---

61   GAUCH, Werkvertrag, Nr. 397 und 513; ZELTNER, Nr. 225.
62   GAUCH, Werkvertrag, Nr. 518; ZELTNER, Nr. 219; unten *Nr. 200*.
63   Zwischen der Koordinierungsanweisung und der Zerstörung des Bauwerkes muss ein adäquater Kausalzusammenhang vorliegen (KOLLER JO, S. 32).
64   ZELTNER, Nr. 230.
65   Art. 376 Abs. 3.
66   Vgl. GAUCH, Werkvertrag, Nr. 821 und 1366.
67   Die Anzeigepflicht besteht nur dann, wenn der Unternehmer die Gefahr erkannte oder erkennen musste (GAUTSCHI, N 11a zu Art. 376 OR). In welchen Fällen der Unternehmer die Fehlerhaftigkeit einer Weisung erkennen muss, erwähnen BGE 116 II 457 und eingehend GAUCH, Werkvertrag, Nr. 1401 ff.
68   Zu den Voraussetzungen der Entstehung der unternehmerischen Anzeigepflicht *Nr. 192 ff.*
69   Die Parteien können ausnahmsweise vertraglich eine andere Verteilung vornehmen.
70   Vgl. GAUCH, Werkvertrag, Nr. 823; ders., Anm. 1, lit.b zu Art. 188 SIA-Norm 118: Er qualifiziert die drei in Art. 376 Abs. 3 «exakt umschriebenen Fälle», nach denen der Bauherr den Untergang des Bauwerkes zu vertreten hat, als beim Bauherrn «eingetretene Zufälle». Diese rechtfertigen es als Sonderbestimmungen, ausnahmsweise (anstelle der Regel des Art. 376 Abs. 1) den Bauherrn die Vergütungsgefahr tragen zu lassen (*Nr. 418*).
71   Architekt, Bauingenieur, leitender Unternehmer etc. Vgl. STIERLI, Nr. 224.

(deren Handlungen er sich wie seine eigenen anrechnen lassen muss[72]),
findet Art. 101 OR analoge Anwendung.[73] Eine **Vergütungspflicht** des
Bauherrn ergibt sich aus dem bauseitigen Risikobereich, den der Gesetzgeber mit den in Art. 376 Abs. 3 aufgeführten Ursachen bestimmt.
Zu beachten ist im weiteren, dass dieser Katalog einer «gewissen Analogie fähig» ist (Nr. 125 und Nr. 418).[74]

151 3. Zum andern: Der Anspruch des Unternehmers auf **Schadenersatz**
nach Art. 376 Abs. 3 OR setzt hingegen ein «Verschulden» des Bauherrn voraus.[75] Dabei muss er sich auch das Verhalten seiner Hilfspersonen anrechnen lassen (Art. 101 OR).[76] Die Verletzung einer echten
vertraglichen Pflicht ist aber nicht vorausgesetzt, um die Forderungen
des Unternehmers entstehen zu lassen.[77,78] Nach Art. 376 Abs. 3 OR
trifft den Bauherrn nicht nur eine Vergütungspflicht (Nr. 150), sondern
bei vorliegendem «Verschulden» auch eine Schadenersatzpflicht für die
vorzeitige Auflösung des Werkvertrages. Der Unternehmer kann die
Vergütung für bereits geleistete Arbeit, Auslagenersatz und darüber
hinaus Ersatz des positiven Vertragsinteresses verlangen.[79] Zu beachten
ist, dass ein «Verschulden» nach Art. 376 Abs. 3 in den meisten Fällen
bereits dann vorliegt, wenn sich der Bauherr über die gerechtfertigte
Anzeige des Unternehmers hinwegsetzt.[80]

d) Werkmangel

152 1. Die Nicht- oder nicht richtige Koordination kann weiter zu einem
Werkmangel führen. Der Unternehmer hat grundsätzlich verschulden-

---

72 Nach SCHUMACHER (Die Haftung des Architekten, Nr. 720 f.) muss sich der
Bauherr auch den Sachverstand der Hilfsperson (hier des Architekten) anrechnen lassen. - Vgl. zum Prinzip der «Wissensvertretung»: GAUCH/SCHLUEP, Nr.
1444.

73 Zur Anwendung von Art. 101 OR siehe KOLLER, Nr. 148 und 149, der sowohl
für «nicht leistungsorientierte Nebenpflichten» als auch für «Obliegenheiten»
unter Umständen eine sinngemässe Anwendung des Art. 101 OR vertritt.

74 GAUCH, Werkvertrag, Nr. 825.

75 GAUCH, Werkvertrag, Nr. 834 und Nr. 836 zum Begriff des «Verschuldens»
nach Art. 376 Abs. 3 OR.

76 Soweit es «hypothetisch vorwerfbar» ist (GAUCH/SCHLUEP, Nr. 2864 ff.).

77 GAUCH, Werkvertrag, Nr. 836; ders., Anm. 1 lit.c zu Art. 188 SIA-Norm 118.

78 A.M. OTT, SJZ 1978, S. 287: Bei den in Art. 376 Abs. 3 OR geschilderten
Bauherrenpflichten handelt es sich um echte Pflichten und nicht nur um Obliegenheiten.

79 Vgl. GUHL/MERZ/KOLLER, S. 482; Nr. 419.

80 GAUCH, Werkvertrag, Nr. 834.

sunabhängig für Werkmängel einzustehen, sofern sie der Bauherr nicht in seiner eigenen Verantwortlichkeit verursacht hat (Art. 367 ff. OR).

153   Ergeben sich Werkmängel, weil der Unternehmer Weisungen und Anordnungen befolgte, die der Bauherr in Wahrnehmung seiner Koordinierungspflicht erteilt hat, so sind **zwei Fälle** zu unterscheiden: Entweder erfolgt eine völlige Haftungsbefreiung nach Art. 369 OR oder eine teilweise Entlastung des Unternehmers nach den Grundsätzen von Art. 43 und 44 OR. Der Unternehmer befreit oder entlastet sich von seiner Mängelhaftung nur dann, wenn er den Bauherrn rechtzeitig abmahnt[81], sofern er dazu verpflichtet ist.

154   2. Nach Art. 369 OR verliert der Bauherr alle «bei Mangelhaftigkeit des Werkes gegebenen Rechte»[82], wenn die Mängel dadurch entstehen, dass der Unternehmer trotz erfolgter Abmahnung[83] die Koordinierungsanordnungen befolgen muss, weil der Bauherr an ihnen festhält. Die falsche Anordnung muss erstens dem Bauherrn zuzurechnen[84] und zweitens «alleinmassgebliche [und adäquate] Ursache des Werkmangels»[85] sein.[86] Wenn beide Voraussetzungen gegeben sind und der Unternehmer seiner Abmahnungspflicht nachgekommen ist, liegt ein **haftungsausschliessendes Selbstverschulden** des Bauherrn nach Massgabe des Art. 369 OR vor.[87] Der Bauherr kann weder wandeln, noch mindern oder Nachbesserung verlangen. Selbstredend entstehen auch keine Schadenersatzansprüche für «Mangelfolgeschäden», die ihre Ursache in dem Werkmangel haben, der aufgrund eines Koordinierungsfehlers entstanden ist, zumal kein Verschulden des Unternehmers vorliegt.

155   3. Grundsätzlich haftet der Unternehmer kausal für Werkmängel und verschuldensabhängig für Mangelfolgeschäden (Art. 368 OR). Ist die falsche Koordinierung nicht die alleinmassgebliche Ursache, sondern

---

81   Vgl. BGE 116 II 456 und 116 II 308. Vgl. TERCIER, rénovation et réparation, S. 13; SCHUMACHER, Untergang und Beschädigung des Werkes, S. 65; *Nr. 191.*

82   Wandelungs-, Minderungsrecht, Nachbesserungsanspruch sowie Schadenersatzansprüche aufgrund von Mangelfolgeschäden.

83   Für die Fälle, in denen die Abmahnung unterbleiben kann siehe *Nr. 210.*

84   Dies ist ohne anderslautende Abrede der Fall, da die Koordination dem Bauherrn obliegt. - Vgl. STIERLI, Nr. 258.

85   GAUCH, Werkvertrag, Nr. 1357; vgl. auch GANTEN, S. 203.

86   Vgl. folgendes Beispiel bei GAUCH, ZBJV, S. 69: Aufgrund fehlerhafter Koordination wird ein Betonüberzug zu spät auf dem Betonboden des Vorunternehmers aufgetragen, weshalb der Überzug nicht die erforderliche Haftfestigkeit erreicht.

87   BGE 11o II 456; vgl. BRUNNER, Nr. 421; OR-SCHNYDER, N 3 zu Art. 44 OR; ZELTNER, Nr. 290; *Nr. 127.*

nur mit ein Grund[88], der zu einem Werkmangel führt, liegt ein **beschränktes Selbstverschulden** des Bauherrn vor.[89] Da der Bauherr eine Mitursache gesetzt hat, erfährt der Unternehmer immerhin eine Entlastung nach den Grundsätzen von Art. 44 Abs. 1 OR[90]; die Regeln des Art. 369 OR finden jedoch keine direkte Anwendung.[91] Liegt ein beschränktes Selbstverschulden des Bauherrn vor, sind zwei Unterscheidungen vorzunehmen:

156 a) Der Richter kann die Ersatzpflicht des Unternehmers für *Mangelfolgeschäden* nach Art. 44 Abs. 1 OR/Art. 99 Abs. 3 OR herabsetzen, wenn die falsche Koordinierung als Mitursache überhaupt erst zu einem Schaden geführt oder eine Verschlimmerung des Schadens bewirkt hat. Dies ist in Lehre und Rechtsprechung anerkannt.[92]

157 b) Lange Zeit umstritten war die Berücksichtigung des beschränkten Selbstverschuldens bei den *übrigen Mängelrechten*. Das Bundesgericht stützte auf die Rechtsnatur von Wandelung, Minderung und Nachbesserung ab und verneinte die Anwendung von Art. 43 und 44 OR auf verschuldensunabhängige Rechtsbehelfe.[93] Neuerdings bemerkt das Bundesgericht grundsätzlich, dass «das beschränkte Selbstverschulden des Bestellers zu einer teilweisen Entlastung des Unternehmers» führen könne, ohne die Rechtsprechungsänderung zu begründen. In casu vertritt das Gericht die sinngemässe Anwendung von Art. 44 Abs. 1 OR für den Mangelfolgeschaden.[94] Der neusten Rechtsprechung ist aus folgenden Gründen zuzustimmen:

158 Wandelungs-, Minderungs- und Nachbesserungsrechte sind Gestaltungsrechte[95] des Bauherrn, weil er mit ihrer Ausübung die Rechtsstellung des Unternehmers verändert, ohne dass dieser mit-

---

88 Für die Verursachung eines Mangels ist der Unternehmer mitverantwortlich.

89 BGE 116 II 458; GAUCH, Werkvertrag, Nr. 1469.

90 GUHL/MERZ/KOLLER, S. 80; zur Anwendung deliktsrechtlicher Regeln auf die Mängelhaftung siehe BRUNNER, Nr. 417.

91 BGE 116 II 458.

92 Vgl. GAUCH, Werkvertrag, Nr. 1478; BGE 116 II 458; OR-SCHNYDER, N 4 zu Art. 44 OR.

93 Wenn aufgrund von BGE 85 II 192 ff. (Minderung im Kaufvertrag; «Les principes statués aux art. 43 et 44 CO ne peuvent s'appliquer qu'à l'action en dommages-intérêts ...») auch auf den Werkvertrag geschlossen werden muss.

94 BGE 116 II 458.

95 GAUCH/SCHLUEP, Nr. 65. Für das Wandelungs- und Minderungsrecht ist dies in Lehre und Rechtsprechung unbestritten (GAUCH, Werkvertrag, Nr. 1049 und 1123). - Strittig für das Nachbesserungsrecht: bejahend BGE 107 III 108; GAUCH, Werkvertrag, Nr. 1206 f. mit Nachweis der anderen Meinungen; HONSELL, S. 219; TERCIER, BR 1982, S. 57, Nr. 50.

wirken kann oder muss. Gestaltet der Bauherr den Werkvertrag um, indem er einseitig den Willen erklärt, zu wandeln, zu mindern oder Nachbesserung zu verlangen, fliessen daraus unter Umständen neue Forderungen. Die gegen den Unternehmer gerichteten Forderungen sind in einer Auseinandersetzung so weit herabzusetzen, als dies dem beschränkten Selbstverschulden des Bauherrn entspricht.[96] Denn nach dem Grundsatz von Treu und Glauben (Art. 2 ZGB) darf ein Nachteil, den man selbst zu vertreten hat, nicht auf einen anderen abgewälzt werden.[97] Deshalb ist Art. 44 Abs. 1 OR - der mithin als Anwendungsfall den Grundsatz von Treu und Glauben ausprägt - sinngemäss anzuwenden; der Richter entscheidet nach seinem Ermessen, wie weit der Unternehmer entlastet werden kann.[98]

e) Leistungsverzögerungen

159   1. Durch die Nicht- oder nicht gehörige Koordination können beim Unternehmer Leistungsverzögerungen auftreten. Dadurch kann der Unternehmer finanzielle Einbussen erleiden, weil er Arbeitszeit versäumt oder seine Maschinen und Arbeitskräfte nur ungenügend auslastet. Gegebenenfalls wird der Unternehmer mit seinen Produktionsmitteln blockiert oder benötigt einen Mehraufwand, um die Bauleistung fach- und sachgerecht (d.h. vertragsgemäss) zu erbringen. Für eine allfällige Entschädigung des Unternehmers sind **zwei Fälle** zu unterscheiden:

160   2. Erster Fall: Wenn der Unternehmer einen **Mehraufwand** benötigt, weil der Bauherr seine Obliegenheit zur Koordinierung verletzt hat, so

---

96   Vgl. BRUNNER, Nr. 425 ff.; KAISER, ZfBR 1985, S. 61.

97   GAUCH, Werkvertrag, Nr. 1480; vgl. MERZ, N 19 und N 556 zu Art. 2 ZGB; OSER/SCHÖNENBERGER, N 3 zu Art. 44 OR. In Deutschland hat sich dieser Grundsatz über die Rechtsprechung zu § 242 BGB herausgebildet (INGENSTAU/KORBION, N 603 zu § 13 VOB/B; KAISER, Nr. 146a; LANGE, S. 541 f.; WERNER/PASTOR, Nr. 2137; FIKENTSCHER, Nr. 170).

98   Bei der Ermässigung des Herabsetzungsbetrages (Minderung), der teilweisen Entlastung von den Nachbesserungskosten und der Bemessung der verbleibenden Unternehmervergütung (Wandelung) ist zu berücksichtigen, dass alle Forderungen Ausfluss der Kausalhaftung des Unternehmers darstellen. Je geringer das «Selbstverschulden» des Bauherrn, desto höher wird deshalb der vom Unternehmer zu tragende Anteil ausfallen, da zusätzlich zur Kausalhaftung das unternehmerische Eigenverschulden berücksichtigt werden muss (GAUCH, Werkvertrag, Nr. 1484; vgl. zum Mass der Entlastung: HEIERMANN/RIEDL/RUSAM, N 1h zu § 4 VOB/B; KAISER, ZfBR, 1985, S. 61; LANGE, S. 542).

ist ihm dieser bei Regiearbeiten aufgrund von Art. 374 OR zu vergüten.[99] Vereinbaren die Parteien hingegen einen festen Preis, trägt der Unternehmer grundsätzlich das Risiko eines Mehraufwandes.[100] Ein Mehrvergütungsanspruch ergibt sich immerhin dann, wenn dem Bauherrn ein schuldhaftes Verhalten vorzuwerfen ist.[101] Art. 373 Abs. 2 findet jedenfalls keine Anwendung, da keine unvorhergesehenen Umstände vorliegen.[102]

161   Der Unternehmer hat in dem Rahmen Anspruch auf eine angemessene Mehrvergütung, wie sie ihm bei einer einseitigen Bestellungsänderung zustünde.[103] Die Position des Unternehmers ist bei einer Leistungsverzögerung infolge eines verschuldeten Koordinierungsfehlers des Bauherrn (oder seiner Hilfspersonen) gleich einzuschätzen wie bei einer einseitig vorgenommenen Bestellungsänderung.[104] Was die Beweislage betrifft, trägt der Unternehmer die Last, den Koordinierungsfehler und das Verschulden des Bauherrn sowie die dadurch adäquat verursachten Mehrkosten zu beweisen.[105]

162   3. Zweiter Fall: Schwieriger ist die Frage nach einer Entschädigung zu beantworten, wenn der Bauherr die **unternehmerischen Kapazitäten blockiert** und der Unternehmer Arbeit, Kapital und Maschinen nicht voll auslasten kann. Das schweizerische Werkvertragsrecht enthält keine Sonderregel, die dem Unternehmer einen Ersatz für seine brachliegenden Produktionsmittel gewährt. In der Lehre werden zwei Ansatzpunkte diskutiert, die dem Bauherrn mindestens teilweise ein Mittragen der Ausfälle überbinden. Zuerst handle ich von diesen beiden Ansätzen, um mit einer kurzen Würdigung zu schliessen:

163   a) Erster Ansatzpunkt: Nach GAUCH liegt in der Schweiz für diese Frage eine *Gesetzeslücke* vor, «die der Richter nach dem Vorbild

---

99   GAUCH, Werkvertrag, Nr. 663 ff.; ders., Die Vergütung von Bauleistungen, in: Baurechtstagung 1987, Bd. I, Freiburg 1987, S. 11.

100   ZELTNER, Nr. 302.

101   GAUCH, Werkvertrag, Nr. 632; GAUCH/PRADER, Anm. 8 zu Art. 58 SIA-Norm 118; GAUCH/SCHUMACHER, Anm. 6, lit.c zu Art. 96 SIA-Norm 118; TERCIER, Nr. 2663; ZELTNER, Nr. 303. - ZELTNER (Nr. 305) billigt dem Unternehmer sogar dann einen Mehrvergütungsanspruch zu, wenn den Bauherr kein Verschulden trifft, er also «zufällig» nicht oder nicht richtig koordiniert. Dies widerspricht m. E. der Risikoverteilung bei der Festpreisabrede.

102   Vgl. dazu eingehend: GAUCH, Werkvertrag, Nr. 717 ff.

103   GAUCH, Werkvertrag, Nr. 549.

104   Zum Anspruch des Unternehmers auf angemessene Fristerstreckung: GAUCH/SCHUMACHER, Anm. 11 zu Art. 94 SIA-Norm 118.

105   Art. 8 ZGB.

des § 642 BGB füllen sollte».[106] In Deutschland steht dem Unternehmer aufgrund von § 642 BGB eine «angemessene Entschädigung» zu, wenn der Bauherr eine Mitwirkungshandlung unterlässt und damit in Gläubigerverzug gerät.[107] Dem Unternehmer wird die versäumte Arbeitszeit ausgeglichen, und für die Bereitstellung von Maschinen und Kapital wird er entschädigt.[108] Die Entschädigung richtet sich «einerseits nach der Dauer des Verzugs und der Höhe der vereinbarten Vergütung, anderseits nach demjenigen, was der Unternehmer infolge des Verzuges an Aufwendungen erspart oder durch anderweitige Verwendung seiner Arbeitskraft erwerben kann» (§ 642 Abs. 2 BGB).

164 b) Zweiter Ansatzpunkt: Unter dem Gesichtspunkt des Gläubigerverzuges kann sich die Blockade der unternehmerischen Kapazitäten dann als *Verspätungsschaden* des Unternehmers auswirken, wenn er sich adäquat aus einer Fristüberschreitung des Bauherrn ergibt.[109] Ein Ersatzanspruch steht und fällt mit der Auslegung des Verweises in Art. 95 OR auf die «Bestimmungen über den Verzug des Schuldners». GEHRER schliesst mit dem Verweis auch auf eine «Ersatzpflicht des säumigen Gläubigers».[110] Die Frage nach einer Ersatzpflicht aufgrund eines verschuldeten Gläubigerverzugs ist jedoch umstritten.[111] Eindeutig ist die Rechtslage, sofern eine vertragliche Regel wie im Falle des Art. 97 Abs. 1 SIA-Norm 118 vorliegt. Diese Normbestimmung räumt dem geschädigten Unternehmer einen vertraglichen Schadenersatzanspruch ein, wenn der Bauherr die Fristüberschreitung schuldhaft verursacht.[112]

165 c) *Würdigung*: Will man dem Unternehmer einen Entschädigungsanspruch zubilligen, kann durchaus ein Prinzip nach dem Vorbild des § 642 BGB herangezogen werden, sofern keine vertragliche Abrede besteht. Ein Schadenersatzanspruch rechtfertigt sich hingegen nur dann, wenn die Nicht-Koordinierung die einzige Ursache der Lei-

---

106   GAUCH, Werkvertrag, Nr. 901 mit weiteren Verweisen auf das österreichische und französische Recht.

107   Vgl. Abschlussbericht zur Überarbeitung des Schuldrechts, S. 270; KRAUS, S. 22.

108   ESSER/WEYERS, Schuldrecht II, S. 285; LARENZ, Schuldrecht II/1, S. 370.

109   Vgl. GAUCH/SCHUMACHER, Anm. 1, lit.b zu Art. 97 SIA-Norm 118.

110   GEHRER, S. 175, FN 22.

111   Offengelassen: GAUCH/SCHLUEP, Nr. 2524 ff.; GAUCH/SCHUMACHER, Anm. 2, lit.c zu Art. 97 SIA-Norm 118. - Bejahend: ZELTNER, Nr. 259 f., jedoch unter dem Gesichtspunkt der positiven Vertragsverletzung, weil «gesetzliche Bestimmungen» fehlen.

112   Eingehend: GAUCH/SCHUMACHER, Anm. 1 f. zu Art. 97 SIA-Norm 118.

stungsverzögerungen oder der Blockaden der unternehmerischen Mittel darstellt und dies dem Bauherrn vorzuwerfen ist.[113] Unter erwähnten Voraussetzungen muss der Bauherr einen Umstand verursachen, der ganz und gar seinem vertraglichen Risikobereich zuzuschreiben ist.[114] Die blosse Nicht-Koordinierung genügt nicht für die Begründung eines Ersatzanspruches.

4. Schadenersatzanspruch bei «schädlicher» Koordinierung

166   1. Da die Koordinierungspflicht in der Regel nur die Natur einer Obliegenheit hat[115], kann der Unternehmer den Bauherrn nicht zur Erfüllung[116] anhalten, falls dieser nicht oder nicht gehörig koordiniert. Schadenersatzansprüche stehen ihm nach Gesetz in den in Nr. 144, Nr. 148 und Nr. 151 erläuterten Fällen zu. Wenngleich die Koordinierung keine Pflicht im Rechtssinne darstellt, gibt dies dem Bauherr **kein Recht, den Unternehmer zu schädigen.** Deshalb ist es richtig, den schädigenden Bauherrn losgelöst von der rechtlichen Qualifikation der Koordinierungspflicht nach den Grundsätzen der «positiven Vertragsverletzung»[117] haften zu lassen.[118]

167   2. Der Bauherr haftet dabei für die **Folgen fehlerhafter Koordination,** die sich einerseits weder unter die Nichterfüllungs- noch unter die Verzugstatbestände subsumieren liessen[119], andererseits aber zu Begleit- oder Folgeschäden[120] bei den Unternehmern führen können.

168   Ausgehen möchte ich vom **Beispiel,** da der Bauherr den Unternehmer schädigt, indem er einen Nebenunternehmer vorzeitig anweist, an das Vorunternehmerwerk anzuschliessen. Die Leistung erfolgt zu früh,

---

113   GAUCH/SCHUMACHER (Anm. 11 zu Art. 94 und Anm. 1, lit.b zu Art. 97 SIA-Norm 118) gewährt dem Unternehmer einen Schadenersatzanspruch, wenn er durch verschuldet versäumte Mitwirkungshandlungen des Bauherrn geschädigt wird.

114   Vgl. KOHLER, S. 419; OR-ZINDEL/PULVER, N 21 zu Art. 376 OR.

115   So die herrschende Lehre in der Schweiz (*Nr. 137*), vgl. aber neuerdings ZELTNER, Nr. 341 ff.

116   Das praktische Bedürfnis, die Koordinierung durchzusetzen, ist aus zwei Gründen wohl eher gering: Erstens sind es zeitliche Gründe und zweitens würde das nötige Vertrauensverhältnis gestört, wenn der Unternehmer, während er baut, den Prozessweg beschreiten müsste.

117   Vgl. VENS-CAPELL/WOLF, S. 276 und S. 277 zur sog. «Anordnungshaftung» des Bauherrn.

118   GAUCH, Werkvertrag, Nr. 902.

119   GAUCH/SCHLUEP, Nr. 2610. Vgl. KOLLER, AJP 1992, S. 1484; KNIFFKA, ZfBR 1993, S. 98.

120   *Nr. 245, Nr. 252, Nr. 273* und *Nr. 530.*

wodurch der Nebenunternehmer Arbeitsgeräte und Materialien des Unternehmers zerstört oder beschädigt: Der Nebenunternehmer benutzt für Schweissarbeiten die Anschlüsse am eingerichteten Baustromverteiler. Durch den plötzlichen Spannungsabfall nehmen die am gleichen Verteiler angeschlossenen Entfeuchtungsgeräte des Unternehmers Schaden.

169 3. Eine Schadenersatzpflicht ergibt sich aus dem **Treueverhältnis** der Parteien.[121] Denn der Bauherr ist gehalten, «im Rahmen des Zumutbaren»[122] alles vorzukehren, was den Unternehmer bei seinen Bauarbeiten vor Schaden bewahrt. Damit trifft ihn keine Leistungspflicht, sondern eine blosse Verhaltenspflicht, deren schuldhafte Verletzung Schadenersatzansprüche nach sich zieht.[123] In der Schweiz gehört die Verletzung von Schutzpflichten zum Tatbestand der positiven Vertragsverletzung.[124] Der Unternehmer kann für Folge- und Begleitschäden (Nr. 258, Nr. 265 und Nr. 286) Schadenersatz beanspruchen, sofern ihn der Bauherr durch fehlerhafte Mitwirkung schädigt.[125] Will der Unternehmer einen derartigen Schadenersatzanspruch durchsetzen, so muss er seinen Schaden, eine Pflichtverletzung und den adäquaten Kausalzusammenhang zwischen der falschen Koordinierungsanweisung und der Schädigung beweisen.[126,127] Sanktioniert wird die Verletzung des Treueverhältnisses, das aufgrund des Werkvertrages besteht, und nicht die Verletzung der Koordinierungsobliegenheit.[128]

170 4. Aus dargelegten Gründen kann eine schädliche Koordinierung durchaus Schadenersatzansprüche nach den Grundsätzen der positiven Vertragsverletzung begründen[129], was im übrigen auch der Gesetzgeber vorsieht.[130] Damit erübrigt es sich, für die Mitwirkungspflichten die dogmatische Zwischenstufe der unselbständigen Nebenpflichten zu schaffen[131], da sich ein Schadenersatzanspruch nicht aus der Qualifika-

---

[121] GAUCH, Werkvertrag, Nr. 894.
[122] GAUCH, Werkvertrag, Nr. 894.
[123] Vgl. JAUERNIG/SCHLECHTRIEM, N 3 zu § 631 BGB.
[124] BUCHER, AT, S. 336; GAUCH/SCHLUEP, Nr. 2606 und Nr. 2608 f. Vgl. auch GUHL/MERZ/KOLLER, S. 226. A.M. KOLLER, AJP 1992, S. 1486: Schutzpflichten sind deliktische Pflichten.
[125] GAUCH, Werkvertrag, Nr. 902.
[126] Zur Kritik an der rechtsgeschäftlichen Begründung der «positiven Vertragsverletzung» vgl. GAUCH/SCHLUEP, Nr. 2617 ff.
[127] Vgl. JÄGGI, S. 173.
[128] Vgl. aber SCHUMACHER, Vertragsverletzung, S. 16. - Zur Einordnung der vertraglichen Schutzpflichten GAUCH/SCHLUEP, Nr. 2619 ff.
[129] Vgl. KOHLER, S. 422.
[130] ZELTNER, Nr. 245; *Nr. 166.*
[131] ZELTNER, Nr. 347.

tion der Mitwirkungspflichten, sondern aus den bauseitigen Schutz- und Sorgfaltspflichten ergibt.[132]

5. Die Koordinierungspflicht als «vereinbarte» Pflicht des Bauherrn

171   1. Die Koordinierungspflicht ist ausnahmsweise eine vertragliche Nebenpflicht und damit eine echte Verpflichtung des Bauherrn, sofern die Parteien dies vereinbaren. Inwieweit die Parteien eine diesbezügliche Abmachung ausdrücklich oder stillschweigend[133] getroffen haben, ist eine Frage der **Vertragsauslegung**. Hiefür ist nach den allgemeinen Auslegungsregeln «grundsätzlich der wirkliche Wille der Parteien zu ermitteln».[134] Gerade bei vertraglichen Nebenabreden genügt der Wortlaut als primäres Auslegungsmittel[135] oftmals nicht, um die Qualifikation in echte oder unechte Verpflichtungen vorzunehmen. Der Richter braucht ergänzende Auslegungsmittel (Indizien), um die wirkliche Meinung der Parteien zu ergründen. Dafür eignen sich Hinweise auf die Interessenlage der Parteien im Zeitpunkt des Vertragsabschlusses[136], die Verkehrsauffassung und die Übung in der Baubranche[137] oder die Begleitumstände beim Vertragsabschluss.[138] Nachfolgend stelle ich kurz Indizien näher dar, die darauf hinweisen können, dass der Bauherr die Koordinierung als echte Verpflichtung schuldet.

172   2. Als ein erstes Indiz können die Umstände bei Vertragsabschluss darauf hinweisen, dass der Unternehmer ein grosses **Eigeninteresse** an der tatsächlichen Ausführung der Bauarbeiten hat. Die Vergütung braucht nicht unbedingt das einzige unternehmerische Ziel eines Werkvertrages darzustellen. Vielleicht ist der Unternehmer vor allem daran interessiert, überhaupt zu bauen, um damit seine Fähigkeiten zu zeigen und eine Werbegelegenheit für weitere Werkaufträge zu erhalten.[139]

---

132   GAUCH, Werkvertrag, Nr. 902.
133   Das Vorliegen einer stillschweigenden Willenserklärung ist sehr genau zu prüfen, da sie «nicht als Vehikel für bequeme Scheinbegründungen verwendet werden» sollte (KRAMER, N 289 zu Art. 18 OR).
134   BGE 115 II 268.
135   JÄGGI/GAUCH; N 345 zu Art. 18 OR; KRAMER, N 22 zu Art. 18 OR.
136   GAUCH/SCHLUEP, Nr. 1212 ff.; GAUCH, Werkvertrag, Nr. 906.
137   GAUCH/SCHLUEP, Nr. 1218.
138   GAUCH/SCHLUEP, Nr. 1213.
139   Vgl. BGE 117 II 277: «Es lässt sich aber auch die Frage stellen, ob sich das Interesse des Unternehmers wirklich in der Vergütung erschöpft, er nicht unter Umständen an der Werkausführung selbst interessiert ist, namentlich im Hinblick auf Referenzen und mögliche Folgebestellungen».

173 a) Es könnte durchaus der Willensmeinung der Parteien entsprechen, die Koordinierungspflicht als echte Verpflichtung zu verstehen.[140] Der Bauherr wird den unternehmerischen Interessen nämlich nur gerecht, wenn er gehörig koordiniert. *Erkennt* der Bauherr das Eigeninteresse des Unternehmers oder *musste er es erkennen*, so könnte dies auch seine Mitwirkungspflichten beschlagen. Denn erst wenn dem Unternehmer ein vertraglicher Anspruch auf die Mitwirkung des Bauherrn zusteht, kann er sein Interesse durchsetzen, die vereinbarte Bauleistung tatsächlich zu erbringen.[141] Der Unternehmer kann den Bauherrn entweder zur Mitwirkung zwingen, oder sich ermächtigen lassen (Art. 98 Abs. 1 OR), die bauseitige Mitwirkungsleistung zu dessen Lasten vorzunehmen.

174 b) Die zu berücksichtigende Interessenlage «umfasst die Gesamtheit der (wirklichen oder möglichen) Beweggründe und Erwartungen der Parteien zur Zeit des Vertragsabschlusses, somit sämtliche Umstände, die auf die Willensbildung einwirkten».[142] Verschiedene *Anknüpfungspunkte* können auf Umstände hinweisen, die die Interessenlage des Unternehmers widerspiegeln, die Bauarbeiten tatsächlich vollständig auszuführen.

175 Einmal ist an das wirtschaftliche Interesse des Unternehmers zu denken, wenn er bei Bauwerkverträgen über grosse Projekte seine ganzen Kapazitäten über längere Zeit auslastet. Gegebenenfalls stellt der Unternehmer für einen konkreten Werkvertrag zusätzliche Arbeitnehmer ein oder erweitert seinen Maschinenpark, weil er mit einer längerfristigen Tätigkeit auf der gleichen Baustelle rechnet. Derartige *Dispositionen des Unternehmers* können Hinweis auf das starke Interesse an der Vertragsdurchführung sein. Sie sind für den Bauherrn insbesondere dann erkennbar, wenn der Unternehmer geplante Investitionen in den Vertragsverhandlungen erwähnt oder vom Zuschlag in einer Submission abhängig macht. Oft verlangt die Herstellung eines Bauwerks Spezialmaschinen und -geräte (z.B Tunnelbohrmaschine), ohne die der Unternehmer die Bauleistung gar nicht erbringen könnte. Wenn der Unternehmer eine Spezialmaschine anschafft, ist er sehr stark daran interessiert, seine Bauleistung vollumfänglich zu erbringen, um die eigens gekauften Geräte einsetzen und amortisieren zu können.

---

140 Vgl. CRAUSHAAR, BauR 1987, S. 14; RUMMEL/KREJCI, N 33 zu § 1168 ABGB.
141 GAUCH, Werkvertrag, Nr. 906; NICKLISCH/WEICK, N 12 zu § 4 VOB/B, S. 236.
142 JÄGGI/GAUCH, N 362 zu Art. 18 OR.

176   Dann können *andere vertragliche Abreden* auf eine klares Interesse an der tatsächlichen Bauausführung schliessen lassen. Die Parteien kommen z.b. überein, dass sie das jederzeite Auflösungs-
recht des Bestellers nach Art. 377 OR ausschließen.[143] Wie in
Nr. 175 besteht eine Interessenlage, die auf die Absicht des Unternehmers hinweist, seine versprochenen Leistungen vollumfänglich
zu erbringen. Daraus ergibt sich unter Umständen eine echte Verpflichtung des Bauherrn, seinen Mitwirkungshandlungen
(namentlich der Koordinierungspflicht) nachzukommen.[144]

177   3. Weitere Indizien: **Verkehrsauffassung und Verkehrsübung.** Wie
weit die Rechtsauffassung in der Baubranche[145] davon ausgeht, dass die
Koordinierungspflicht als echte Verpflichtung des Bauherrn zu verstehen ist, prüfe ich unter zwei Gesichtspunkten:

178   a) Erstens kann sich eine solche Rechtsauffassung in den von einer bestimmten Branche verwendeten Allgemeinen Geschäftsbedingungen
zeigen. Zum einen können solche Normen «Ausdruck der Verkehrsübung sein», weil sie «das Übliche wiedergeben»; zum anderen
kann mit ihrer steten Anwendung eine «Übung begründet werden».[146] Ist die Frage nach einer herrschenden Verkehrsübung umstritten, so hat diejenige Partei, die sich darauf beruft, eine allfällige
Übung nachzuweisen.[147]

179   Nimmt man an, Allgemeine Geschäftsbedingungen wie die SIA-
Norm 118 seien «Ausdruck der Verkehrsauffassung oder -
übung»[148], so sind die einschlägigen Artikel der Norm, welche die
Koordinierungspflicht regeln, heranzuziehen:

180   Nach Art. 30 Abs. 2 SIA-Norm 118 «sorgt [der Bauherr] dafür,
dass die Arbeiten der verschiedenen Unternehmer zweckmässig miteinander koordiniert sind; er auferlegt den Unternehmern in den
Verträgen die entsprechenden Verpflichtungen». Art. 34 Abs. 3 der
Norm bestimmt: «Die Bauleitung sorgt für die rechtzeitge Koordination der Arbeiten aller am Bauwerk beteiligten Unternehmer».

---

143   GAUCH, FS Locher, S. 44 ff.; ders., Werkvertrag, Nr. 906; ZELTNER, Nr. 272.
- Nach GAUTSCHI (N 10 zu Art. 377 OR) und TERCIER (BR 1983, S. 16, Nr. 7)
ist jedoch Art. 377 OR zwingender Natur und kann damit vertraglich nicht
wegbedungen werden. Offengelassen in BGE 117 II 276.
144   GAUCH, Werkvertrag, Nr. 906; vgl. *Nr. 469.*
145   JÄGGI/GAUCH, N 391 zu Art. 18 OR.
146   GAUCH, Werkvertrag, Nr. 157; BR 1992, S. 37 f., Nr. 71.
147   BGE 118 II 296; BGE 117 II 284 und BGE 117 II 290.
148   JÄGGI/GAUCH, N 403 zu Art. 18 OR; vgl. auch KRAMER, N 33 zu Art. 18 OR.
Das Bundesgericht anerkennt die SIA-Normen nicht als regelbildende Übung
(bestätigt in BGE 117 II 284).

181   Meines Erachtens können die *Formulierungen* der Mitwirkungspflichten die Meinung der Parteien widerspiegeln, dass sich der
Bauherr vertraglich verpflichtet, gehörig zu koordinieren.[149] So
verstandenen Normen schilderten in ihrer sprachlichen Fassung eine
in der Baubranche vorhandene Übung.[150]

182   b) Zweitens ist bei komplexen oder langfristigen Bauwerkverträgen
das *enge Zusammenwirken der Parteien* oft unerlässliche Voraussetzung dafür, dass die Bauleistungen überhaupt erbracht werden können.[151] Der Bauherr hat fortlaufend mitzuwirken, indem er immer
wieder den Rahmen und das Zusammenspiel der Bauleistungen definieren muss.[152] Bauherr und Unternehmer stehen in einer Art
Zweckgemeinschaft, die darauf gerichtet ist, in engem Zusammenwirken ein Bauwerk zu schaffen.

183   Gegen dieses Indiz lässt sich jedoch einwenden, dass gerade bei
komplexen Grossprojekten die bauseits zu erbringenden Mitwirkungspflichten, soweit sie bestehen sollen, *vertraglich* festgelegt
werden.[153] Diese Tatsache relativiert das eben erwähnte Ausle-
gungsindiz, dass eine notwendige enge Kooperation zwischen Bauherr und Unternehmer eine echte Verpflichtung zur Koordination
ergebe.

B. Die Anzeigepflicht des Unternehmers

1. Vorbemerkungen

184   1. Die Anzeigepflicht (le devoir d'avis) im weiteren Sinne umschliesst
als **Oberbegriff** verschiedene Hinweis-, Informations- und Mitteilungs-
pflichten, die den Unternehmer im Zusammenhang mit der Abwicklung
eines Bauwerkvertrages treffen können. Hier interessieren vorerst die
Anzeigepflichten gegenüber dem Bauherrn, die den Unternehmer spezi-

---

149   NICKLISCH/WEICK, N 14 zu § 3 VOB/B, S. 137 und N 12 zu § 4 VOB/B, S.
238.
150   Vgl. ISLER ROLF, Allgemeine Geschäftsbedingungen (AGB) und Verkehrssitte,
ZSR 101, 1982 I, S. 391 f.
151   NICKLISCH/WEICK (N 12 zu § 4 VOB/B, S. 238) bezeichnen den Bauwerkvertrag als «Paradigma eines kooperativen Werkvertrages mit Langzeitcharakter».
152   Vgl. GEHRER, S. 173 f.
153   Vgl. NICKLISCH/WEICK, N 12 zu § 4 VOB/B. - Vielfach fehlt solchen Vereinbarungen aber die Präzision, und überdies ist eine Regelung in allen Einzelheiten
kaum möglich.

fisch beim Bauen mit Nebenunternehmern treffen. Dann sind Anzeigepflichten zu untersuchen, die den Unternehmer verpflichten, den Nebenunternehmer zu informieren.

185 2. Im folgenden handle ich zunächst von Anzeigepflichten, die von Gesetzes wegen bestehen und den Unternehmer anhalten, konkrete Umstände anzuzeigen, die Auswirkungen auf sein eigenes Werk (2.) haben
könnten. Anschliessend (3.) ist der Frage nachzugehen, wie weit der
Unternehmer gefährliche Sachverhalte anzeigen muss, die andere Teilwerke (z.B. das Nebenunternehmerwerk) betreffen. Sodann schliessen
Ausführungen über besondere Anzeigepflichten im Zusammenhang mit
der Arbeit des Vorunternehmers (4.) diesen Abschnitt.

2. Die Anzeigepflicht zum Schutze des eigenen Werkes

a) Inhalt der Anzeigepflicht

186 1. Wenn der Unternehmer befürchtet, dass aufgrund des Baugrundes,
der bauseits gelieferten Stoffe oder wegen konkreter Anordnungen des
Bauherrn die Ausführung oder das Werk gefährdet sind, so muss er
dies dem Bauherrn anzeigen, indem er ihn warnt[154] und auf zu er-
wartende Mängel oder Gefahren für sein Bauwerk aufmerksam macht.
Ziel der Anzeige ist die **Bewusstseinsbildung beim Bauherrn.**[155] Ob
es zur Erfüllung der Anzeigepflicht nötig ist, den Bauherrn oder dessen
Vertreter auf die konkreten Rechtsfolgen hinzuweisen[156], ist umstritten[157], richtigerweise aber zu verneinen.[158] Denn der Unternehmer hat
je nach Sachverstand z.B. unvollständige oder falsche Anordnungen zu
rügen, um den Bauherrn zu ermahnen und aufzufordern, seine Ent-

---

154 Vgl. den österreichischen Begriff der «Warnpflicht» (RUMMEL/KREJCI, N 26 ff.
zu § 1168a ABGB).
155 Vgl. NICKLISCH/WEICK, N 17 zu § 6 VOB/B.
156 BGE 95 II 50 verlangt den unternehmerischen Hinweis, dass der Bauherr, wenn
er an seinen Anordnungen weiter festhalte, «die damit verbundenen Gefahren
auf sich nehme und den Unternehmer seiner Haftung entbinde». Vgl. auch BGE
116 II 308, wo der Bauherr aufgrund der Abmahnung darauf schliessen muss,
«dass der Unternehmer die Verantwortung für die vorgeschriebene Ausführung
ablehne». Die Frage nach den Anforderungen an eine Abmahnung wird jedoch
offengelassen.
157 Vgl. GAUCH, Werkvertrag, Nr. 1374; KOLLER JO, S. 34.
158 GAUCH, BR 1991, S. 44, Nr. 66; a.M. BGE 116 II 308 und 309 f.

scheidungen zu überdenken.[159] Der Bauherr soll erkennen, dass ihn Nachteile treffen könnten, wenn er nicht reagiert oder weiterarbeiten lässt, ohne seine Anordnungen oder andere Vorgaben zu ändern. Der Unternehmer kommt seiner Anzeigepflicht gehörig nach, wenn er den Bauherrn auf ungenügende oder fehlerhafte Vorgaben hinweist und ihn zu einer Reaktion auffordert. Er braucht dem Bauherrn allfällige Rechtsfolgen nicht mitzuteilen.

187 2. Die gehörige Anzeige beinhaltet damit **konkrete, baufachliche Kritik** an den Vorstellungen, Entscheidungen oder an anderen Vorgaben des Bauherrn.[160] Reagiert der Bauherr nicht, hat er sich dies unter Umständen als Selbstverschulden (Nr. 126) anzurechnen. Der Bauherr befreit den Unternehmer ganz oder teilweise[161] von den nachteiligen Rechtsfolgen.[162]

188 Das **Gesetz** unterscheidet zwei Anzeigepflichten, die spezifisch beim Bauen mit Nebenunternehmern entstehen können:

189 a) Aufgrund von Art. 365 Abs. 3 besteht eine *(allgemeine) Anzeigepflicht* des Unternehmers.[163] Der Unternehmer muss den Bauherrn über die «Verhältnisse» benachrichtigen, «die eine gehörige oder rechtzeitige Ausführung des Werkes gefährden». Waren derartige Umstände für ihn oder seine Hilfsperson erkennbar, so ist der Unternehmer gehalten, den Bauherrn sofort darüber zu informieren.[164] Insbesondere Mängel an bauseits gelieferten Stoffen, am Baugrund und damit ebenso an der Arbeit eines Vorunternehmers[165] können in den Augen des Unternehmers eine Gefährdung seines Werkes oder seiner Werkausführung darstellen. Der Unternehmer muss seine Bedenken «bestimmt, klar und deutlich»[166] anzeigen und dann solange mit der Weiterarbeit zuwarten, bis der Bauherr reagiert.[167]

---

159 Vgl. NICKLISCH/WEICK, N 69 zu § 4 VOB/B.

160 Sie muss in «inhaltlich richtiger, fachgerechter und erschöpfender Weise vorgebracht werden» (HEIERMANN/RIEDL/RUSAM, N 35a zu § 4 VOB/B).

161 Aufgrund eines beschränkten Selbstverschuldens des Bauherrn, das der Richter angemessen berücksichtigen kann (*Nr. 155*).

162 Z.B. Befreiung von der Mängelhaftung. - Vgl. KOHLER, S. 420.

163 Vgl. GAUTSCHI, N 26c zu Art. 365 OR; BUCHER (BT, S. 206) spricht von einer «Orientierungspflicht» des Unternehmers.

164 Vgl. franz. Fassung von Art. 365 Abs. 3: «l'entrepreneur est tenu d'en informer immédiatement le maître». BUCHER, BT, S. 206.

165 Vgl. GAUCH, ZBJV 1982, S. 74; RUMMEL/KREJCI, N 34 zu § 1168a ABGB; *Nr. 377*.

166 So in BGE 95 II 50 für die Abmahnungspflicht nach (Art. 369 OR); ebenso für die Anzeigepflicht nach GAUCH, Werkvertrag, Nr. 1420.

167 ENGLERT/GRAUVOGL/MAURER, Nr. 158; HEIERMANN/RIEDL/RUSAM, N 12 zu § 3 VOB/B.

190   Als Anwendungsfall der Anzeigepflicht nach Art. 365 Abs. 3 OR soll der Unternehmer laut Art. 376 Abs. 3 OR seine Bedenken über einen drohenden Werkuntergang mitteilen.[168] Denn der Unternehmer wird nur dann von den Folgen der Gefahrentragung (Nr. 418) entbunden, wenn er den Bauherrn rechtzeitig auf die Gefahren eines möglichen Werkunterganges aufmerksam macht.[169] Art. 376 Abs. 3 OR[170] verlangt vom Unternehmer, dass er den Bauherrn auf Gefahren aufmerksam macht, die nach seiner Beurteilung zu einem Werkuntergang führen könnten. So muss der Unternehmer z.B. auf eine Weisung reagieren, welche die «Art der Ausführung» betrifft.

191 b) Eine weitere (spezielle) Anzeigepflicht auferlegt Art. 369 OR mit der *Abmahnungspflicht*: Der Unternehmer muss den Bauherrn ausdrücklich abmahnen («l'avis formel»/«espresso parere»), wenn die Gefahr besteht, dass das Werk aufgrund bauseitiger Anordnungen Mängel erleiden könnte. Mit der Abmahnung äussert der Unternehmer seine Bedenken gegen Weisungen des Bauherrn. Während der Unternehmer nach Art. 365 Abs. 3 OR den Bauherrn über alle Vorkommnisse unterrichten muss, die sein Bauwerk gefährden, verlangt Art. 369 OR, dass er seine Bedenken gegen bestimmte Weisungen des Bauherrn (z.B. über die Koordination der Arbeiten) anmeldet. Mit der speziellen Anzeige mahnt der Unternehmer den Bauherrn ausdrücklich, seine Anordnungen zu überdenken oder andere Vorgaben (Nr. 377) nochmals zu überprüfen.

b) Rechtsnatur und Entstehung der Anzeigepflicht

192 1. Die Unterscheidung von Anzeige- und Abmahnungspflichten ist rein inhaltlicher Art und spielt für die Betrachtungen über deren Rechtsnatur keine Rolle.[171] Die Anzeigepflichten im weiteren Sinne sind **Mitwirkungspflichten des Unternehmers**. Als eine Konkretisierung der allgemeinen unternehmerischen Sorgfaltspflichten nach Art. 364 Abs. 1 OR gehören die Anzeigepflichten zu den vertraglichen Pflichten des

---

168   GAUCH, Werkvertrag, Nr. 827; KOLLER JO, S. 40. - Nach GAUTSCHI (N 11b zu Art. 376 OR) handelt es sich um eine Anzeige- oder unter Umständen sogar um eine Abmahnungspflicht.

169   KOLLER JO, S. 28.

170   Im franz. Gesetzestext: «s'il [l'entrepreneur] a en temps utile signalé ces risques au maître».

171   Vgl. Art. 25 SIA-Norm 118.

Unternehmers.[172] Der Bauherr hat jedoch keinen Erfüllungsanspruch, weshalb man sie auch den blossen vertraglichen Nebenpflichten zuordnet.[173] Anders als die Koordinierungspflicht des Bauherrn entstehen die Anzeigepflichten erst dann, wenn der Unternehmer eine Gefährdung seines Werkes erkennt oder erkennen muss. Davon ist nachstehend die Rede:

193   2. Nach dem Gesetz entstehen Anzeigepflichten des Unternehmers dann[174], wenn der Bauherr (oder seine Hilfspersonen) mit Anordnungen und Weisungen seiner Koordinierungspflicht nicht gehörig nachkommt, die Arbeit des Vorunternehmers eine ungenügende Basis für die Anschlussarbeiten darstellt oder wenn der Unternehmer Bedenken gegen Baugrund oder bauseits geliefertes Material hegt. Der Unternehmer hat diese grundsätzlich vom Bauherrn zu vertretenden **Unzulänglichkeiten und Fehler** anzuzeigen, sofern er sie erkennt oder erkennen muss. Wann und ob die Mängel an den bauseitigen Vorgaben für den Unternehmer erkennbar sind, beurteilt sich nach den tatsächlichen Verhältnissen im Einzelfall.[175]

194   3. Die Anzeigepflicht des Unternehmers bemisst sich immer auch nach dem Umfange seiner vorgängigen **Prüfungspflicht**. Massgebend dafür, wie weit es dem Unternehmer obliegt, die Vorgaben des Bauherrn zu überprüfen, sind erstens die Fachkenntnisse[176] der Vertragsparteien

---

172   GAUCH, Werkvertrag, Nr. 577, Nr. 1383 und Nr. 896; GUHL/MERZ/KOLLER, S. 482; PEDRAZZINI FRANCO, Nr. 198, FN 9; TERCIER, Nr. 2557; RUMMEL/KREJCI, N 26 zu § 1168a ABGB. - In Deutschland finden sich unterschiedliche Meinungen zur Rechtsnatur: Ein Teil der Lehre ordnet die Anzeigepflichten zu den vertraglichen Hauptpflichten (z.B. HEIERMANN/RIEDL/RUSAM, N 28c zu § 4 VOB/B; INGENSTAU/KORBION, N 188 zu § 4 VOB/B; KAISER, Nr. 48; VYGEN, Nr. 461; WERNER/PASTOR, Nr. 1320 und Nr. 1552). Wird die Anzeigepflicht als Hauptpflicht qualifiziert, liegt in der Folge ein *Werkmangel* vor, wenn der Unternehmer ungenügende Vorgaben nicht anzeigt (vgl. HEIERMANN/RIEDL/RUSAM, N 28c zu § 4 VOB/B). A. M. CLEMM, BauR 1987, S. 611; NICKLISCH/WEICK, N 68 zu § 4 VOB/B: Zeigt der Unternehmer nicht an, führt dies (nur aber immerhin) dazu, dass keine Risikoverlagerung eintritt, da der Unternehmer eine vertragliche Nebenpflicht verletzt. Nach SIEGBURG (Nr. 255) trifft den Unternehmer eine Schadenersatzpflicht wegen positiver Vertragsverletzung.
173   Vgl. KRAMER/SCHMIDLIN, N 91 zu Allgemeine Einleitung in das schweizerische OR; KOLLER JO, S. 40; *Nr. 531.*
174   Die Art. 365 Abs. 3, 369 und 376 Abs. 3 OR bilden eine «Emanation der Sorgfalts- und Treuepflicht» (GAUTSCHI, N 11b zu Art. 376 OR). - Vgl. auch OR-ZINDEL/PULVER, N 17 zu Art. 376 OR.
175   Vgl. ENGLERT/GRAUVOGL/MAURER, Nr. 156.
176   Vgl. HEIERMANN/RIEDL/RUSAM, N 29 a zu § 4 VOB/B; STRAUBE, S. 248.

und zweitens die in concreto übernommene Leistungspflicht.[177] Die gesetzliche Konzeption hält den Unternehmer allgemein für die spezialisiertere Vertragspartei, was krititsch aufzunehmen ist.[178] Denn diese Vorstellung stimmt wohl im Einzelfall, sie trifft aber nicht generell zu.[179] Wie weit die Prüfungs- und Anzeigepflicht des Unternehmers geht, lässt sich anhand folgender zwei Kriterien bestimmen:

195 - Je grösser *Sachverstand und Fachkenntnis* beim Unternehmer, desto umfassender ist seine Verpflichtung, die Vorgaben des Bauherrn zu überprüfen. Umgekehrt schränkt die spezifische Fachkenntnis des Bauherrn[180] die Verpflichtung des Unternehmers ein, Weisungen, Baumaterialien oder den Baugrund umfassend zu begutachten, wenn er objektiv und subjektiv auf die Kenntnisse des Bauherrn vertrauen durfte.[181] Dabei muss sich der Sachverstand des Bauherrn auf die tatsächliche Vorgabe[182] beziehen[183], was für jeden Fall einzeln zu ermitteln ist. Dies ist insbesondere bei sachverständig erteilten Weisungen zu berücksichtigen.[184]

196 - Antwort auf die Frage, wie weit der Unternehmer Vorgaben zu prüfen hat, ergibt das *Ausmaß seiner zu erbringenden Bauleistung*.[185] Der Umfang ist damit abhängig von der konkreten Leistungsabrede der Parteien. So geht die Prüfungspflicht des Elektrikers, der nur die Beleuchtung einer Abwasserreinigungsanlage verspricht, weni-

---

177 Vgl. KOLLER JO, S. 34; RUMMEL/KREJCI, N 33 zu § 1168 ABGB; SINNIGER, S. 11.
178 Vgl. TERCIER, BR 1992, S. 38, Nr. 74.
179 Vgl. GAUCH, Werkvertrag, Nr. 1388; BGE 119 II 130 f.
180 Der Bauherr muss sich dabei auch die Fachkenntnisse einer seiner Hilfspersonen (z. B. eines Ingenieurs, BGE 119 II 131; eines Architekten, KGr. SZ vom 15.1.1991 in: EGV-SZ, S. 136 ff., Nr. 31) anrechnen lassen, die unter Umständen grösser sind als seine eigenen (vgl. OTT, SJZ 1978, S. 287; OR-ZINDEL/PULVER, N 22 zu Art. 376). Ebenso TERCIER, BR 1984, S. 54, Nr. 66. Weiter ist bei ständigen Bauherren eine grössere Sach- und Fachkenntnis zu vermuten.
181 Der Sanitärinstallateur, der in einer Heizkörperfabrik deren eigene Geräte einbaut, darf ohne weitergehende Prüfung davon ausgehen, dass die Radiatoren dem Druck der Heizungsanlage standhalten. - Vgl. aber zu einer vertraglich vereinbarten Nachprüfpflicht des Unternehmers GAUCH, Anm. 17, lit.c zu Art. 58 SIA-Norm 118.
182 Z.B. auf eine zeitliche Koordinierungsanweisung für den Einsatz von Unternehmer und Nebenunternehmer.
183 Vgl. GAUCH, Werkvertrag, Nr. 1389.
184 Vgl. EGV-SZ 1991, Nr. 31, S. 137.
185 Vgl. MOTZKE, ZfBR 1988, S. 247; STRAUBE, S. 249.

ger weit als diejenige des Unternehmers, der die eigentliche Kläranlage erstellt.[186]

197   4. Eine Abmahnung ist nicht in jedem Falle erforderlich, um den Unternehmer von seiner Haftung oder anderen Rechtsnachteilen (Nr. 200) zu befreien.[187] Die Anzeigepflicht des Unternehmers entsteht dann, wenn die Unzulänglichkeiten und Fehler in den Vorgaben des Bauherrn erkennbar sind. Wenn der Unternehmer die Fehlerhaftigkeit der bauseitigen Vorgaben weder tatsächlich erkennen konnte noch erkennen musste, entsteht **keine Anzeigepflicht**.[188] Der Unternehmer ist namentlich in zwei Fällen nicht anzeigepflichtig:

198   - Erstens, falls er beweisen kann[189], dass die Unzulänglichkeiten der Vorgaben für ihn objektiv[190] nicht erkennbar waren. Dies ergibt sich aus einer sinnvollen Auslegung der einschlägigen Bestimmungen (Art. 365 Abs. 3, Art. 369 und Art. 376 Abs. 3 OR).[191]

199   - Zweitens entfällt eine Anzeigepflicht, wenn die Parteien etwas anderes vereinbaren oder wenn der Unternehmer in guten Treuen annehmen darf, dass eine Prüfung von ihm nicht erwartet wird, weil sie der Bauherr oder eine von diesem beauftragte Person[192] bereits sachverständig vorgenommen hat.[193]

c) Die Verletzung der Anzeigepflicht

200   1. Kommt der Unternehmer seiner Anzeigepflicht nicht oder nur ungenügend nach, so hat er die nachteiligen **Rechtsfolgen** zu tragen, da er

---

186   Vgl. ENGLERT/GRAUVOGL/MAURER, Nr. 156.

187   GAUCH, BR 1992, S. 95, Nr. 156.

188   Dazu eingehend GAUCH, Werkvertrag, Nr. 1388 ff.

189   Zur Beweislastverteilung siehe GAUTSCHI, N 5b zu Art. 369 OR. A. M. HEIERMANN/RIEDL/RUSAM, N 38c zu § 4 VOB/B und INGENSTAU/KORBION, N 204 zu § 4 VOB/B nach denen der Bauherr zu beweisen hätte, dass überhaupt eine Prüfungs- und Anzeigepflicht vorliegt.

190   BGE 116 II 457: «Objektiv erkennen muss der Unternehmer die Fehlerhaftigkeit einer Weisung, wenn sie offensichtlich oder er zur Nachprüfung der Weisung verpflichtet und nach dem vorausgesetzten Fachwissen in der Lage ist, die Fehlerhaftigkeit zu erkennen (Gauch, a.a.O., S. 372 Rz 1400 ff.). ... Abzustellen ist dabei auf die spezifischen Verhältnisse des konkreten Falles (Gauch, a.a.O., S. 373 Rz 1408)».

191   GAUCH, Werkvertrag, Nr. 1390 ff.; GAUTSCHI, N 11b zu Art. 376 OR.

192   Z. B die Bauleitung.

193   GAUCH, ZBJV 118, 1982, S. 74, FN 22.

den Vertrag mit dem Bauherrn verletzt.[194] Dies auch dann, wenn der Bauherr oder ein Nebenunternehmer den anzeigepflichtigen Tatbestand bewirkt, die Verhältnisse also aus dem Risikobereich (Nr. 426) des Bauherrn stammen.[195] Die Verletzung der Anzeigepflicht kann sich in verschiedener Weise auswirken: Zeigt der Unternehmer nicht rechtzeitig an, gerät er mit seiner Werkleistung in Schuldnerverzug, obwohl die Verzögerung dem Bauherrn anzulasten ist.[196] Der Unternehmer verliert den Vergütungsanspruch für die untergegangene Werkleistung nach Art. 376 Abs. 3 OR, obwohl die Ursache des Werkunterganges im Risikobereich des Bauherrn liegt.[197] Er hat weiterhin «die nachteiligen Folgen» (Art. 365 Abs. 3 OR) der ungehörigen Koordinierung oder der mangelhaften Vorarbeit des Nebenunternehmers zu tragen. Eine Vergütung nach dem Tatbestand des Art. 378 Abs. 1 OR bleibt ebenfalls aus.[198] Darüberhinaus trifft den Unternehmer bei Verschulden[199] eine vertragliche Schadenersatzpflicht, sofern er den Bauherrn durch die fehlende Anzeige schädigt.[200,201]

201   2. Zum einen entfällt mit einer Verletzung der Anzeigepflicht in der Regel[202] eine **Voraussetzung für den vollständigen oder teilweisen Ausschluss der Mängelhaftung** des Unternehmers[203], sofern die Vorgaben des Bauherrn haupt- oder mitursächlich sind für sein mangelhaftes Bauwerk.[204] Denn zeigt der Unternehmer gehörig an, kann er seine kausale Mängelhaftung zumindest einschränken. Verletzt er seine Anzeigepflicht, fehlt eine Voraussetzung für die Freistellung von der Haftung.[205]

202   Zum andern fehlt eine Voraussetzung, die den Unternehmer von der Gefahrentragung für sein Bauwerk befreit (Nr. 418). Der Unternehmer trägt z.B. weiterhin die Vergütungsgefahr, obwohl die Ursache des

---

194   Vgl. ENGLERT/GRAUVOGL/MAURER (Nr. 157), die bei einer Verletzung der Anzeigepflicht von einer mangelhaften Bauleistung sprechen, wenn das Bauwerk beeinträchtigt wird. - Vgl. *Nr. 192.*

195   Vgl. CLEMM, BauR 1987, S. 611; NICKLISCH/WEICK, N 68 zu § 4 VOB/B.

196   GAUCH, Werkvertrag, Nr. 484.

197   GAUCH, Werkvertrag, Nr. 827; *Nr. 418.*

198   GAUCH, Werkvertrag, Nr. 518.

199   Im Sinne eines Eigenverschuldens (Art. 97 OR/Art. 364 Abs. 1 OR) oder einer Hilfspersonenhaftung (Art. 101 OR).

200   GAUCH, Werkvertrag, Nr. 518; ders., Anm. 32 zu Art. 188 Abs. 5 SIA-Norm 118.

201   Vgl. zu den Rechtsfolgen auch OR-ZINDEL/PULVER, N 34 zu Art. 365 OR.

202   Ausnahme: *Nr. 203.*

203   Vgl. HEIERMANN/RIEDL/RUSAM, N 28b zu § 4 VOB/B.

204   Mitunter die Ursache für den Mangel des Werkes im Risikobereich des Bauherrn liegt.

205   CLEMM, BauR 1987, S. 611; GAUCH, Werkvertrag, Nr. 1418.

Werkunterganges im Risikobereich des Bauherrn liegt. Gesagtes gilt jedoch mit der folgenden Einschränkung:

203 3. Die Anzeige ist **keine absolute Voraussetzung**, um den Unternehmer ganz oder teilweise zu entlasten: Unterlässt der Unternehmer nämlich eine Anzeige, obwohl er die Unzulänglichkeiten in den bauseitigen Vorgaben hätte erkennen müssen oder sogar erkannte, so steht ihm immer noch der Nachweis offen, dass der Mangel oder der Werkuntergang auch bei erfolgter Anzeige eingetreten wäre.[206]

3. Die Anzeigepflicht zum Schutze fremder Werke

a) Vorbemerkung

204 Das Gesetz sieht explizit **keine Anzeigepflichten** vor, wenn der Unternehmer Unzulänglichkeiten und Fehler erkennt, die Nebenunternehmerwerke oder das Gesamtwerk gefährden. Eine derartige Anzeigepflicht kann allerdings vertraglich vereinbart sein[207] oder aus der allgemeinen Sorgfalts- und Treuepflicht des Unternehmers fliessen.

b) Anzeigepflicht über Besonderheiten des eigenen Werkes

205 1. Es gehört in der Regel zum vertragsgemässen Werk eines **Vorunternehmers**, dass es als Grundlage für die nachfolgend anschliessenden Leistungen seiner Nachunternehmer geeignet sein muss.[208] Unabhängig von der Mängelfreiheit seines Werkes ist jeder Unternehmer aufgrund

---

206 GAUCH, Werkvertrag, Nr. 821 ff. und Nr. 1369; ders., Anm. 16, lit.b zu Art. 166 SIA-Norm 118; HEIERMANN/RIEDL/RUSAM, N 38c zu § 4 VOB/B. - Vgl. auch die Rechtsprechung in Deutschland (BauR 1991, S. 80 mit weiteren Verweisen; BGH, Urteil vom 11.10.1990 = IBR 1991, S. 56), wo sich der Bauherr trotz unterlassener Anzeige seitens des Unternehmers ein Mitverschulden (nach § 254 BGB) anrechnen lassen muss, wenn seine Vorgaben (in casu Ausführungsunterlagen) mitursächlich für den Schaden waren und der Unternehmer seine Anzeigepflicht nur fahrlässig verletzte.

207 Beispiel: Der Unternehmer verspricht dem Bauherrn, die Arbeiten des Nebenunternehmers zu überwachen, zu prüfen und über alle Vorkommnisse direkt Anzeige zu machen. In diesem Fall verpflichtet sich der Unternehmer vertraglich, alle Unzulänglichkeiten in der Arbeit des Nebenunternehmers anzuzeigen (vgl. *Nr. 531*).

208 GAUCH, Werkvertrag, Nr. 961.

68

seiner Sorgfalts- und Treuepflicht[209] gehalten, den Bauherrn über Besonderheiten seiner eigenen Arbeit, die Auswirkungen für den Einsatz des Nachunternehmers zeitigen könnten, zu informieren.[210]

206   2. Diese Regel findet eine positve Ausgestaltung in Art. 30 Abs. 4 der SIA-Norm 118, der eine **Hinweispflicht** ausdrücklich statuiert: «*Der Unternehmer unterrichtet die Bauleitung zuhanden eines Nebenunternehmers, der an seine Arbeit anschliesst, über Besonderheiten seiner Arbeit, die der Nebenunternehmer nicht kennen kann, aber zur richtigen Ausführung der eigenen Arbeiten kennen muss*». Diese Anzeigepflicht weist zwei Besonderheiten auf:

207   a)   Erstens hat der Unternehmer auf Fehler oder Besonderheiten seines eigenen Werkes hinzuweisen. Zum Beispiel hat er mitzuteilen, dass er neue Materialien oder eine Technik gebraucht, die allgemein noch unerprobt sind.[211] Die unternehmerischen Auskünfte sollen ermöglichen, die weiteren Bauleistungen auf die Vorarbeit abzustimmen und anzupassen, um Mängel oder gar einen Untergang des Werkes zu verhindern.[212]

208   b)   Zweitens soll die Anzeige zuhanden des Nebenunternehmers erfolgen, mit dem der Unternehmer in der Regel[213] nicht vertraglich verbunden ist. Wie weit der Nebenunternehmer daraus selbständig Ansprüche ableiten kann, ist im Zusammenhang mit den Nebenunternehmerklauseln erörtert.[214]

c) Anzeige in «Erfüllung» einer Schutzpflicht

209   1. Aufgrund des Werkvertrages und dem damit verbundenen **Vertrauensverhältnis** kann sich durchaus ergeben, dass der Unternehmer auch

---

209   GAUCH, Werkvertrag, Nr. 586.

210   Vgl. SOG 1991, Nr. 8, S. 22; Art. 30 Abs. 4 SIA-Norm 118; *Nr. 531*; Verletzungsfolgen *Nr. 388*.

211   BGH, Urteil vom 24. September 1992 = BauR 1993, S. 80 (Hinweispflicht des Unternehmers bei Wärmepumpenanlage).

212   So muss der Unternehmer beispielsweise auf verwendete Produkte (z.B Leim mit besonderen chemischen und physikalischen Eigenschaften) hinweisen, die für die Anschlussleistung des Nachunternehmers von Bedeutung sind. Weiter hat der Unternehmer darüber Aufschluss zu geben, wie weit sein Bauwerk (Dachplatten) den Anforderungen an das Gesamt-Bauwerk (Flachdach) bereits genügt (Wasserundurchlässigkeit), bevor der Nachunternehmer mit seiner Leistung (Isolation) anschliesst (SOG 1991, Nr. 8, S. 22).

213   Ausnahmen: *Nr. 220 ff.*

214   *Nr. 531* und *Nr. 468*.

Umstände anzeigen muss, die nicht in Zusammenhang mit seinem Werke stehen, den Bauherrn aber dennoch schädigen könnten. Diesfalls entsteht eine Anzeigepflicht aufgrund bestehender Schutzpflichten.[215] So zählt eine allgemeine Hinweispflicht auf Fehler in fremden Werken zu den vertraglichen Sorgfaltspflichten, die im Einzelfall nach dem Grundsatz von Treu und Glauben bestehen können.[216]

210 2. Namentlich in Deutschland wird verlangt, dass den Unternehmer **ausnahmsweise** dann eine Anzeigepflicht trifft, wenn er annehmen muss, dass der Nachunternehmer für die Anschlussleistungen entweder nicht geeignet ist oder diese fehlerhaft ausführt.[217] Eine Anzeigepflicht des Unternehmers besteht insbesondere dann, wenn er die Unzulänglichkeit des Nachunternehmers erkennt.[218] Eine solche Pflicht rechtfertigt sich für die Schweiz aufgrund des nötigen Vertrauensverhältnisses zwischen dem Bauherrn und seinem Unternehmer.[219]

211 Will der Bauherr einen Schadenersatzanspruch aus der schuldhaften[220] Anzeigepflichtverletzung durchsetzen, so muss er seinen Schaden, das Verschulden des Unternehmers sowie den adäquaten Kausalzusammenhang zwischen der Anzeigepflichtverletzung und der Schädigung beweisen.[221,222]

4. Im besonderen: Anzeige- und Prüfungspflicht bei Vorunternehmerleistungen

212 1. Der Bauherr hat dafür einzustehen, dass sich das Bauwerk des Vorunternehmers als **taugliche Grundlage** für die anschliessende Arbeit des Unternehmers eignet. Dieselben Anforderungen gelten für den Baugrund oder vom Bauherrn geliefertes Baumaterial.[223] Weist die Arbeit des Vorunternehmers Eigenschaften auf, die zum Untergang des anschliessenden Bauwerkes führen oder einen Werkmangel in der Arbeit

---

215 Vgl. FELLMANN, Produzentenhaftung, S. 297 f.
216 Vgl. SOG 1991, Nr. 8, S. 22.
217 BGH, Urteil vom 8. Juli 1982 = BauR 1983, S. 70 ff.; SIEGBURG, Nr. 255, Nr. 409.
218 Vgl. ZELTNER, Nr. 154; ZEHNDER, Nr. 113 und Nr. 119 (für den Architekten).
219 Vgl. TAUPITZ JOCHEN, Die Pflicht zur unaufgeforderten Offenbarung eigenen Fehlverhaltens nach Schweizerischem Obligationenrecht, in: ZBJV 1993, S. 671 ff., S. 683 f.
220 Dazu gehört auch die Hilfspersonenhaftung nach Art. 101 OR.
221 Zur Kritik an der rechtsgeschäftlichen Begründung der «positiven Vertragsverletzung» vgl. GAUCH/SCHLUEP, Nr. 2617 ff.
222 Vgl. JÄGGI, S. 173.
223 GAUCH, Werkvertrag, Nr. 1459; STRAUBE, S. 247.

des Nachunternehmers verursachen, muss sich dies der Bauherr unter
Umständen (Nr. 125 ff.) anrechnen lassen. Vorausgesetzt, der Nachunternehmer komme seiner Anzeigepflicht nach, sofern eine solche besteht.[224]

213   2. Der Unternehmer muss die bauseitigen Vorgaben prüfen, die sich je
nach Umfang seiner zu erbringenden Bauleistung bestimmen. Grundsätzlich eingeschlossen sind die Arbeiten seiner Vorunternehmer.[225]
Dabei stellt sich die Frage, **welche Vorunternehmerleistungen** der
Unternehmer zu überprüfen hat. Betroffen sind die Bauwerke, welche
die «sachlich-technische Grundlage»[226] für seine Anschlussleistung bilden. Zwischen den Leistungen muss ein Zusammenhang bestehen.[227]
Daher kann es vorkommen, dass der Unternehmer sowohl das Bauwerk
des direkten als auch seines indirekten Vorunternehmers prüfen
muss.[228]

214   3. Das **Ausmass der Prüfungspflicht** des Unternehmers beurteilt sich
wiederum anhand des konkreten Einzelfalls (Nr. 194). Auszugehen ist
von der Fach- und Sachkenntnis der Vertragsparteien und von der vereinbarten Leistungspflicht.[229] Der Unternehmer hat - je nach Kenntnis-
sen und soweit zumutbar - das Bauwerk des Vorunternehmers dahingehend zu prüfen, ob es sich als Grundlage für sein Anschlusswerk
eignet.[230] Der Unternehmer braucht den Vorunternehmer aber weder
zu beaufsichtigen[231], noch zu kontrollieren, ausser es sei vereinbart.[232]
So kann von einem Unternehmer, der ein Schwimmbad aus Stahlfertig-
teilen errichtet, nicht verlangt werden, dass er die Arbeiten des Vorunternehmers am Betonfundament überwacht.[233] Grundsätzlich[234] braucht

---

224   Vgl. BGE 119 II 130.
225   GANTEN, Baumangelbegriff, S. 42.
226   HEIERMANN/RIEDL/RUSAM, N 34 zu § 4 VOB/B. Beispiel: Der Unternehmer
      hat den frisch erstellten Fassadenverputz des Nebenunternehmers zu prüfen,
      bevor er seinerseits die Fassade zu streichen beginnt.
227   KAISER (Nr. 54 b) spricht vom natürlichen Sachzusammenhang.
228   Ein Maler, der Stahlträger zu streichen hat, muss sowohl die Träger (indirekter
      Nebenunternehmer *Nr. 99*) als auch die von einem anderen Nebenunternehmer
      (direkter Nebenunternehmer *Nr. 99*) angebrachte Grundierung überprüfen.
229   «Der Unternehmer muss wissen, was er weiss» (GANTEN, Baumangelbegriff, S.
      42).
230   Vgl. ENGLERT/GRAUVOGL/MAURER, Nr. 156.
231   GAUCH, Werkvertrag, Nr. 1461.
232   Vgl. zur Bedeutung solcher Nebenunternehmerklauseln *Nr. 531*.
233   Was hingegen in Deutschland (BGH, Urteil vom 23. Oktober 1986 = BauR
      1987, S. 79 ff.) im sog. «Aussenschwimmbadfall» verlangt wurde. Vgl. Kritik
      von MOTZKE, ZfBR 1988, S. 244 ff.

der Unternehmer nicht darauf hinzuwirken, dass der Vorunternehmer seine Leistung einwandfrei erbringt. Verlangt ist keine generelle Kontrolle der Vorunternehmerarbeit, sondern lediglich die Abklärung, ob die vom Nebenunternehmer geschaffene Vorgabe einen Anschluss der eigenen Leistung ermöglicht, ohne dass Mängel oder sogar der Werkuntergang zu befürchten sind.[235] Der Unternehmer muss das fertige Vorunternehmerwerk prüfen.[236] Richtschnur für den Unternehmer ist die eigene vertragsgemässe Arbeit, anhand der er mögliche Einflüsse der Vorarbeit zu beurteilen hat.[237]

215 4. Selbstverständlich kann zwischen den Parteien vereinbart sein, dass der Unternehmer die Arbeit des Vorunternehmers «**vollständig**» überprüfen muss. Eine solche Abrede kann die Prüfungspflicht im Rahmen der konkreten Abmachung ausdehnen. Dabei ist indes folgendes zu beachten:

216 Meistens bringt der Bauherr derartige Bestimmungen als «Verwender» in den Werkvertrag ein, indem er z.B. die SIA-Norm 118 mit «eigenen», vorformulierten Normen anreichert, was bei der Vertragsauslegung zu berücksichtigen ist.[238] Denn einer solchen Bestimmung kann unter Umständen[239] als «ungewöhnliche» Regel die Geltung überhaupt versagt sein[240], oder sie scheitert im Einzelfall als «missbräuchliche Geschäftsbedingung» an Art. 8 UWG.[241]

---

234 Ausser eine Überwachungs- und/oder Koordinierungspflicht sei vereinbart (vgl. MOTZKE, ZfBR 1988, S. 248).

235 Vgl. KAISER, Nr. 54 b; OLG Düsseldorf, Urteil vom 13. November 1992 = IBR 1993, S. 231.

236 MOTZKE, ZfBR 1988, S. 247.

237 Art. 30 Abs. 5 SIA-Norm 118.

238 In verschiedenen Allgemeinen Geschäftsbedingungen findet sich folgende Modifizierung des Absatz 5 zu Art. 30 der SIA-Norm 118:
«Der Unternehmer hat die Pflicht, mindestens zwei Wochen vor der vereinbarten Arbeitsaufnahme am Platz die Arbeiten seiner Nebenunternehmer bezüglich Mängel und Verzögerungen zu prüfen. Erkennt der Unternehmer Mängel und Verzögerungen an der Arbeit eines Nebenunternehmers, welche Einfluss auf die vertragsgemässe Ausführung seiner Arbeit haben könnten, so hat er schriftlich den Nebenunternehmer sowie die Bauleitung darüber zu orientieren und sie unverzüglich zu einer Besprechung am Platz einzuladen.»

239 Z.B. bei «einseitiger Globalübernahme» (SCHÖNENBERGER/JÄGGI, N 498 zu Art. 1 OR).

240 Zur Ungewöhnlichkeitsregel vgl. GAUCH, recht 1985, S. 31 f. (mit weiteren Literaturhinweisen).

241 Vgl. BGE 117 II 333 f.; GAUCH, BR 1987, S. 51 ff.; PEDRAZZINI, UWG, S. 194 f.

3. TEIL: DIE RECHTSVERHÄLTNISSE ZWISCHEN UNTERNEHMER UND NEBENUNTERNEHMER

I. Keine Vertragsbeziehungen: Grundsatz und Ausnahmen

A. Grundsatz

217   1. Zwischen einem Unternehmer und seinen Nebenunternehmer bestehen grundsätzlich **keine vertraglichen Beziehungen**. Das ist vor allem dann von Bedeutung, wenn ein Nebenunternehmer den Unternehmer während der Abwicklung seiner eigenen vertraglichen Verpflichtungen[1] gegenüber dem Bauherrn schädigt. Der geschädigte Unternehmer erhält keinen vertraglichen Ersatzanspruch und bleibt nach klassischer Auffassung auf den Weg über die ausservertragliche Haftung (Art. 41 ff. OR; Sondergesetze) verwiesen.[2]

218   2. Unternehmer und Nebenunternehmer haften für gegenseitige Schädigungen nicht aus Vertrag, soweit es an einer diesbezüglichen Sonderabrede (Nr. 220) fehlt. Ebenfalls entfällt eine Vergütung für unternehmerische Leistungen, die dem Nebenunternehmer zugute kommen. Solche Ergebnisse sind **unbefriedigend** und halten einer kritischen Bewertung nicht stand. Denn weil der Sache nach ein enges Verhältnis zwischen den Nebenunternehmern besteht, muss sich dies entgegen der klassischen Auffassung auch auf die Rechtslage zwischen den Unternehmern auswirken.

219   3. Das Gesagte bedarf deshalb einer **Ergänzung** in dreifacher Hinsicht: Einmal ist möglich, dass vertragliche Abreden getroffen wurden, weshalb ein Vertragsverhältnis besteht (B). Sodann können die Beziehungen zwischen Nebenunternehmer und Unternehmer eine solche Intensität annehmen, dass zwischen ihnen durchaus bestehende rechtliche Ver-

---

[1]   D.h. bei der Ausführung von Bauarbeiten, die er dem Bauherrn aus dem Bauwerkvertrag schuldet.

[2]   Vgl. ARMBRÜSTER, S. 85. - Zum modernen Ansatz vgl. aber *Nr. 236 ff.*

haltensregeln (Schutzpflichten, Schädigungsverbot) vertragsähnlichen Charakter erhalten. Im weitern kann sich eine Vergütungspflicht für Leistungen eines Unternehmers ergeben, die dem Nebenunternehmer zugute kommen, ohne dass darüber eine vertragliche Abrede besteht. Derartige Rechtsverhältnisse zwischen Unternehmer und Nebenunternehmer, bei denen sich aus praktischen, dogmatischen und wertungsmässigen Überlegungen die Anwendung vertraglicher Regeln aufdrängt, obwohl kein Vertrag vorliegt, sind unter II. dargestellt.

B. Ausnahmen: Sonderabreden

1. Sonderabreden zwischen Unternehmer und Nebenunternehmer

220   1. In der Praxis kommt es vielfach vor, dass Unternehmer und Nebenunternehmer **baubezogene Abreden** treffen. Sie verpflichten sich z.B. in Miet-, Kauf- oder Werkverträgen[3], um sich Leistungen zu versprechen, die sie für den Fortgang der eigenen Bauarbeiten benötigen. Dazu gehören Verträge über den Gebrauch von Baustelleneinrichtungen[4], die Ausleihe von Arbeitnehmern, den Verkauf von Baumaterial etc. Solche Verträge bezeichne ich als Sonderabreden, weil sie das Verhältnis zum Bauherrn höchstens indirekt beschlagen und «gesondert» neben dem Bauwerkvertrag mit dem Bauherrn eingegangen werden.

221   2. Soweit Unternehmer und Nebenunternehmer solche Verträge schliessen - wie beispielsweise die Gerüstverträge[5] -, bestehen zwischen ihnen ausnahmsweise vertragliche Beziehungen. Unabhängig von der Qualifikation ihrer Abreden treffen **drei Aussagen** auf alle Vereinbarungen zu:

222   a) Für die Abwicklung der Hauptleistungspflichten, sei dies nun die Überlassung einer Sache zum Gebrauch, die Errichtung eines Werkes oder der Verkauf von Baumaterialien, gelten die *allgemeinen Regeln* der jeweils vereinbarten Verträge. Anwendbar sind sowohl

---

3   Es ist durchaus denkbar, dass der Unternehmer einen Nebenunternehmer als Subunternehmer für die Erbringung eines Teils der seinerseits dem Bauherrn versprochenen Bauleistung beizieht. Ob ein solches Vorgehen zulässig ist, bestimmt der Vertrag zwischen Bauherr und Unternehmer (GAUCH, ZBJV 1982, S. 81 f.).

4   Z.B. Gerüste, Reparaturwerkstätten, Kantine, Zufahrten, Kran, Betonmischanlagen etc.

5   Vgl. HÜRLIMANN, BR 1989, S. 73 ff.; LOCHER, Gerüstvertrag, S. 348.

die allgemeinen Bestimmungen über die Schadenersatzpflicht, die Folgen der Unmöglichkeit der Leistung und den Verzug (Art. 97-101 OR) als auch die besonderen, einschlägigen Bestimmungen über Mängelhaftung, Gewährleistung etc., sofern die Parteien vertraglich nicht davon abweichen.

223 b) Schädigt ein Nebenunternehmer den Unternehmer in seiner Eigenschaft als Vertragspartner, während er seine versprochene Leistung erbringt, kann unter Umständen eine *Vertragsverletzung* vorliegen. Das vertragswidrige Verhalten des Nebenunternehmers, der mit dem Unternehmer einen Vertrag abgeschlossen hat, kann in einer «positiven Vertragsverletzung»[6] bestehen. Das trifft insbesondere dann zu, wenn er den Unternehmer anlässlich und in funktionellem Zusammenhang (Nr. 290) mit der ihm versprochenen Leistung schädigt. Alsdann trifft ihn bei gegebenen Voraussetzungen eine Verschuldenshaftung nach Art. 97 OR oder eine Hilfspersonenhaftung nach Art. 101 OR.[7]

224 c) Negativ formuliert haftet der Nebenunternehmer nicht, wenn zwischen der Schädigung und dem bestehenden Vertragsverhältnis kein *funktioneller Zusammenhang* (Nr. 289) besteht. So haftet der Nebenunternehmer nicht aus Vertrag, wenn er vom Unternehmer eine Maschine (z.B. einen Baukran) mietet und damit Fahrzeuge des Unternehmers beschädigt.

225 3. Abreden zwischen Unternehmer und Nebenunternehmer dienen nicht unbedingt einem gemeinsamen Zweck, führen aber in vielen Fällen zu einer **partiellen Kooperation** zwischen den Unternehmern, was von beiden ein sachdienliches Verhalten verlangt. Insbesondere dann, wenn die Parteien über die Mitbenutzung einer Baustelleneinrichtung[8] kontrahieren, bestehen vertragliche Unterlassungspflichten, den Vertragspartner nicht zu schädigen. Dies ist namentlich bei der Überlassung von Gerüsten der Fall, wo eine besondere Gefährdungslage gegeben ist.

---

6   Vgl. GAUCH/SCHLUEP, Nr. 2606.
7   JÄGGI, S. 171. Die Schädigung muss bei einem Vertragsverhältnis im funktionellen Zusammenhang mit dem konkreten Vertrag stehen.
8   Betrieb einer gemeinsamen Reparaturwerkstätte oder einer Kantine, Überlassung von Baumaschinen samt Bedienungsmann etc.

2. Sonderfall: Zusammenarbeits- und Koordinationsvertrag zwischen Unternehmer und Nebenunternehmer

226   1. Selbstverständlich bleibt es den Unternehmern, die als Nebenunternehmer je in einem separaten Bauwerkvertrag für den gleichen Bauherrn arbeiten, unbenommen, untereinander auch eine **Abrede über ihre Zusammenarbeit** zu treffen. Ein solcher Vertrag ändert nichts am Verhältnis des einzelnen Unternehmers zum Bauherrn, insbesondere begründet er keine solidarische Leistungspflicht zugunsten des Bauherrn. Verletzt ein Unternehmer hingegen den Zusammenarbeitsvertrag, treffen ihn vertragliche Schadenersatzpflichten gegenüber seinem Nebenunternehmer. Der Grund liegt wiederum in der Sonderabrede der Unternehmer.

227   2. Vom soeben geschilderten Sachverhalt ist der «**Koordinationsvertrag**» zu unterscheiden, an dem sich auch der Bauherr beteiligt.[9] In diesem Vertrag, der ein Mehrparteiengeschäft[10] ist, versprechen die Nebenunternehmer sowohl sich gegenseitig als auch dem Bauherrn, dass sie ihre Arbeitsleistungen selbständig koordinieren. Der Vertrag gehört zu den Innominatkontrakten mit gesellschaftsrechtlichen Komponenten[11] und lässt folgende Rechtslage entstehen:

228   a) Erstens wird der Bauherr nicht nur von der Koordinierungspflicht (Nr. 132) befreit, sondern hat gegenüber den Nebenunternehmern Schadenersatzansprüche, wenn sie ihn durch mangelhafte Koordination schädigen.

229   b) Zweitens haften die Nebenunternehmer dem Bauherrn für ihre Verpflichtungen solidarisch (Art. 143 ff. OR).

230   c) Drittens haftet jeder Nebenunternehmer dem anderen, wenn er die gemeinsame Abrede schuldhaft (Art. 97 OR/Art. 101 OR) verletzt.

3. Stillschweigende Abreden über eine Zusammenarbeit

231   1. Verträge zwischen Unternehmer und Nebenunternehmer entstehen auch dann, wenn sich die übereinstimmenden Willenserklärungen (Art. 1 OR) der Parteien nicht nach einem Modellbild in Antrag und An-

---

9   GAUCH, ZBJV 1982, S. 71.

10   SCHÖNENBERGER/JÄGGI, N 5 zu Art. 3 OR.

11   GAUCH, ZBJV 1982, S. 72. Vgl. zum Gesellschaftsvertrag oben *Nr. 68.*

nahme aufteilen lassen, weil der konkrete Erklärungsablauf eine Unterscheidung verunmöglicht.[12] Im weiteren besteht die Möglichkeit, dass Unternehmer und Nebenunternehmer eine stillschweigende Abrede treffen. Solche «**Sonderformen des Vertragsabschlusses**» gilt es im folgenden zu prüfen, wobei die Vereinbarung einer Zusammenarbeit im Vordergrund steht.

232   2. Zusammenarbeitsverträge können, wie andere Abreden, in irgendeiner Form abgeschlossen werden[13], auch stillschweigend.[14] Indes ist das Vorliegen eines stillschweigend abgeschlossenen Zusammenarbeitsvertrages nur **mit Zurückhaltung** und nicht schon allein deshalb anzunehmen, weil die Parteien an einem gemeinsamen Projekt arbeiten oder sich gelegentlich «aushelfen». «Gegenseitige Handreichungen» gehören zum normalen Bild des Baualltages. Es handelt sich dabei um einfache Gefälligkeiten.[15] Das Bundesgericht und die herrschende Lehre verneinen ein vertragliches Verhältnis.[16]

233   3. Verschiedene Unternehmer, die als jeweilige Nebenunternehmer bauen, wirken auf den gleichen Gesamterfolg hin. Mit ihren Bauleistungen sind sie verantwortlich, ein vom Bauherrn bestelltes Bauwerk zu realisieren. Dabei sind sie auf Arbeiten ihrer Vor-, Parallel- oder Nachunternehmer angewiesen, die ihnen als Vorgaben überhaupt erst die Erbringung der eigenen Werkleistung ermöglichen. Wie weit Unternehmer und Nebenunternehmer gemeinsam ihren persönlichen vertraglichen Pflichten gegenüber dem Bauherrn nachkommen wollen und ob sie diese Zusammenarbeit auch vertraglich (z.B. in einem Gesellschaftsvertrag) verankern, muss anhand des konkreten Einzelfalles geprüft werden.

234   Ohne übereinstimmende Willenserklärungen entsteht **kein Vertrag**. Rein tatsächliche Handlungen oder Begebenheiten genügen nicht, um beispielsweise ein Gesellschaftsverhältnis zu begründen. Die Tatsache

---

12   GAUCH/SCHLUEP, Nr. 478; THE NETHERLANDS MINISTRY OF JUSTICE, Commentary to Art. 6.5.2.1. of the Netherlands Civil Code, S. 543.

13   GAUCH/SCHLUEP, Nr. 478. Beispiele in Nr. 479 ff.: Handgeschäft, stillschweigende Vereinbarungen über die Fortsetzung von Verträgen etc; vgl. weiter BÜHLER-REIMANN THEODOR, Der verhandelte Vertrag, in: SJZ 85, 1989, S. 257 ff.; SCHÄRER, S. 19 ff.

14   Vgl. BGE 81 II 582; MEIER-HAYOZ/FORSTMOSER, S. 194, Nr. 60.

15   Zur Rechtsnatur der Gefälligkeiten vgl. KRAMER/SCHMIDLIN, N 62 ff. Allgemeine Einleitung in das schweizerische OR; SCHMID, Nr. 1141; SCHÖNENBERGER/JÄGGI, N 121 zu Art. 1 OR; FIKENTSCHER, S. 31 f., Nr. 25; *Nr. 270.*

16   BGE 116 II 699; LGVE 1988 I, Nr. 17, S. 28 f. = SJZ 1990, S. 143 f.; KRAMER/SCHMIDLIN, N 63 Allgemeine Einleitung in das schweizerische OR; OR-SCHÄRER, N 11 zu Art. 305 OR; OR-WEBER, N 16 zu Art. 394 OR; FIKENTSCHER, S. 31, Nr. 25.

allein, dass Unternehmer und Nebenunternehmer aufgrund separater Werkverträge für das gleiche Gesamt-Bauwerk Bauleistungen erbringen, führt nicht dazu, dass sie untereinander ebenfalls vertraglich verbunden sind[17] und «mit gemeinsamen Kräften oder Mitteln»[18] denselben Zweck zu erreichen gedenken. Heute wird mehrheitlich darauf verzichtet, die Entstehung eines Gesellschaftsvertrages aufgrund einer tatsächlichen Faktenlage zu vertreten, was m.E. richtig ist.[19]

235   4. Eine vertragliche Abrede zur Zusammenarbeit setzt den Willen der Unternehmer voraus[20], die Bauleistungen gemeinsam auf den gleichen Zweck hin gerichtet zu erbringen. Unter Umständen finden sich in den separaten Werkverträgen der beteiligten Unternehmer Hinweise dafür, dass das Verhältnis zum Nebenunternehmer einer vertraglichen Regelung unterliegt oder unterliegen soll. Ob Vertragsabreden über das Verhältnis zu einem Dritten allenfalls als Willenserklärungen für weitere Kontrahierungsabsichten verstanden werden dürfen, beurteilt sich nach dem Vertrauensprinzip[21], ist aber im allgemeinen eher zu verneinen.

II. Vertragsähnliche Verhältnisse

A. Vorbemerkungen

236   1. Wenn keine vertragliche Vereinbarung zwischen den Unternehmern vorliegt, bleiben den Unternehmern nach klassischem Ansatz gegenseitige Vertragsansprüche verwehrt. Schädigt ein Nebenunternehmer den Unternehmer, muss sich der Geschädigte nach den Regeln der ausservertraglichen Haftung mit dem Schädiger auseinandersetzen.[22] Das Deliktsrecht gewährt dem Geschädigten aber in vielen Fällen nicht genügend Schutz[23], weil es z.B. an der vorausgesetzten Widerrechtlichkeit der Schädigung fehlt, wie sie Rechtsprechung und herrschende Lehre in

---

17   Vgl. LIET-VEAUX/THUILLIER, S. 373.

18   Art. 530 OR.

19   VON STEIGER, SPR VIII/1, S. 311 (mit weiteren Literaturhinweisen).

20   GAUCH/SCHLUEP, Nr. 171.

21   Vgl. *Nr. 557 ff.*

22   Vgl. LIET-VEAUX/THUILLIER (S. 372): «il n'y a pas lieu de rechercher si la faute imputée par un professionnel à l'autre est ou non détachable du contrat qui lie l'un et l'autre avec le maître de l'ouvrage».

23   MEDICUS, Probleme um das Schuldverhältnis, S. 19; ARMBRÜSTER, S. 85.

der Schweiz verstehen.[24] Unter Umständen erleidet der Unternehmer einen reinen Vermögensschaden, weil sein vom Nebenunternehmer beschädigtes Werk bereits ins Eigentum des Bauherrn übergegangen ist.[25] Dieses **Ergebnis** wird aus verschiedenen Gründen als **unbillig** empfunden. Demzufolge erstaunt es nicht, dass Lehre und Rechtsprechung immer wieder Auswege suchen, um mit verschiedenen Anspruchsgrundlagen eine Haftungerweiterung zu postulieren. Namentlich zwei Möglichkeiten kommen in Betracht: Erstens die Erweiterung des deliktsrechtlichen Schutzes (III.).[26] Zweitens die Auseinandersetzung mit «vertragsähnlichen Verhältnissen» (II.) oder anderen Rechtsfiguren[27], die eine vertragliche Haftung begründen sollen.[28]

237 2. Gemäss der «vertraglichen» Haftungerweiterung, sollen auch Personen, die nicht Vertragsparteien sind, nach vertraglichen Regeln haften.[29] Anders gesagt, geht es darum, auf gewisse Lebensverhältnisse[30] die Regeln der **Vertragshaftung oder einer Haftung eigener Art** anzuwenden. Einerseits um einen Schadenersatzanspruch zu begründen, der nach den Regeln der Deliktshaftung gar nicht entstehen[31] oder nicht mehr bestehen würde.[32] Anderseits weil die Modalitäten der Deliktshaftung (Verjährung, Beweislast, Hilfspersonen) auf spezielle tatsächliche Lebensverhältnisse nicht zugeschnitten sind.[33] Diese Sachlage führt und führte in Lehre und Rechtsprechung dazu, einen Ausweg aus dem

---

24 Vgl. *Nr. 331.*

25 Vgl. DAUB/PIEL/SOERGEL/STEFANI, N 8 zu § 10 VOB/B.

26 Vgl. CERUTTI, S. 142 ff.

27 Z.B. Drittschutzwirkung, Drittschadensliquidation, Haftung aus culpa in contrahendo: vgl. GABRIEL, Nr. 778 ff. und Nr. 796 ff.; GAUCH/SWEET, Deliktshaftung für reinen Vermögensschaden, S. 125 f.; BRANDT, S. 13 ff.

28 SCHÖNENBERGER/JÄGGI, N 549 zu Art. 1 OR. Vgl. die Diskussion zur Begründung der allgemein anerkannten Rechtsfigur der positiven Vertragsverletzung GAUCH/SCHLUEP, Nr. 2615 mit weiteren Literaturhinweisen.

29 Vgl. KÖNDGEN, S. 403.

30 REY (Sonderverbindungen, S. 234 f.) spricht von Sonderverbindungen.

31 Z.B. bei reinen Vermögensschäden aufgrund fehlender Widerrechtlichkeit. - Vgl. GAUCH/SWEET, Deliktshaftung für reinen Vermögensschaden, S. 117 ff.; GUHL/MERZ/KOLLER, S. 99.

32 Wegen der kürzeren Verjährungsfristen im Deliktsrecht.

33 In Deutschland begründet KÖNDGEN (S. 97 f.) mit einer Theorie über die «quasi-vertragliche Verpflichtung» durch die Selbstbindung ohne Vertrag eine weitere Entstehungsform von Schuldverhältnissen. Kritisiert von FIKENTSCHER, S. 60 und eingehend von HAWICKHORST, S. 90 ff. - In Frankreich handelt es sich beim «quasi-contrat» um Forderungen die per Gesetz entstehen: Art. 1371 Code Civil; vgl. BENABENT, Nr. 321.

Deliktsrecht zu suchen, um mit verschiedensten Begründungen sinngemäss vertragliche Regeln anzuwenden.[34]

238 3. Neben der Schadenersatzhaftung stellt sich bei gewissen Konstellationen die Frage nach der **Vergütungspflicht**. Dies insbesondere dann,
wenn ein Nebenunternehmer eine Leistung des Unternehmers bezieht
und die Beteiligten darüber keine Abrede treffen. Grundsätzlich schuldet der Nebenunternehmer nur dann eine Vergütung, wenn er sie dem
Unternehmer verspricht. Unter Umständen haftet er aus ungerechtfertigter Bereicherung (Art. 62 ff. OR).[35] Ausnahmsweise kann sich eine
Entschädigungspflicht auch aus einem Leistungsverhältnis ergeben, dem
keine vertragliche Abrede zugrunde liegt. Wie weit sich diesfalls eine
vertragsähnliche Abwicklung rechtfertigt, gilt es im folgenden ebenso
zu prüfen.

B. Begriff

239 1. Ein Verhältnis zwischen verschiedenen Parteien entfaltet nur dann
eine vertragliche Wirkung, wenn sich die Parteien in einem gültigen
Vertrag darüber geeinigt haben.[36] Lehre und Rechtsprechung[37] rechtfertigen in gewissen Fällen die **Anwendung vertraglicher Regeln**, obwohl diese nicht vereinbart wurden.[38] Konkrete Lebensverhältnisse
werden aufgrund der Fakten wie Vertragsverhältnisse beurteilt. Deshalb
bezeichnet man solche Beziehungen als vertragsähnliche Schuldverhältnisse, als Sonderverhältnisse oder als faktische Vertragsverhältnisse[39].[40]

---

34 Andere Gründe für die Anwendung vertraglicher Regeln werden diskutiert in
Fragen des Bereicherungsrechts (GAUCH/SCHLUEP, Nr. 1186) sowie bei der
Abwicklung oder Beurteilung mangelhafter Verträge (SCHÖNENBERGER/JÄGGI,
N 563 zu Art. 1 OR). - Nach NEUENSCHWANDER (S. 17) gehört dieses Problem
«in den Rahmen des Haftpflichtrechts».

35 *Nr. 280 ff.*

36 GAUCH/SCHLUEP, Nr. 1184.

37 BGE 110 II 248 f.

38 SCHÖNENBERGER/JÄGGI, N 546 zu Art. 1 OR.

39 Zur Kritik an der von GÜNTHER HAUPT erfundenen Bezeichnung vgl. SCHÖ-
NENBERGER/JÄGGI, N 550 zu Art. 1 OR; RUMMEL, N 11 zu § 861 ABGB. VON
BÜREN (S. 211) umschreibt sie denn auch als «faktische Verhältnisse mit Ver-
tragswirkungen». Nach BUCHER (AT, S. 273) können faktische Vertragsverhältnisse in der Schweiz «zum gesicherten Rechtsbestand gerechnet werden».

40 Ein Teil der Lehre, die vertragsähnliche Ansprüche generell ablehnt, spricht
von «pseudovertraglichen» Ansprüchen (statt vieler: STRAUCH, JuS 1992, S.
897).

240 2. Die in der Literatur aufgeführten Beispielkataloge faktischer Vertragsverhältnisse stützen sich auf Gesetz, Rechtsprechung und Lehre.[41] Wichtig ist dabei, dass «faktisches Vertragsverhältnis» im hier verstandenen Sinne nur eine **Sammelbezeichnung** für Rechtsverhältnisse darstellt, auf die eine Anwendung vertraglicher Regeln «nach den Grundsätzen der Analogie geboten und begründet ist»[42]. Zudem geht es nicht darum, einen Vertragsabschluss zu konstruieren, wo keiner erfolgte, sondern lediglich um die Frage, ob man bestimmte Lebensverhältnisse derart behandeln will, kann oder sogar muss, als wären sie Vertragsverhältnisse.[43] So umschreibt der Ausdruck «faktisches Vertragsverhältnis» vor allem eine Fragestellung und keine neue dogmatische Kategorie, deren Aussagekraft für sich allein gering wäre.[44] Für SCHMID steht die «Abwicklung von Lebensverhältnissen» im Vordergrund und nicht die Begründung eines Vertrages.[45] Insbesondere sind aus der Sammelbezeichnung allein keine Rechtswirkungen abzuleiten.

241 3. Die Lehre hat für die sinngemässe Anwendung vertraglicher Regeln **verschiedene Figuren** gefunden, die allgemein anerkannt sind: «culpa in contrahendo» oder «positive Vertragsverletzung».[46] Beide gehören m.E. zur weiteren Kategorie der faktischen Vertragsverhältnisse. Im folgenden untersuche ich mögliche Leistungsverhältnisse zwischen Un-

---

41 Das **Gesetz** erklärt vertragliche Regeln anwendbar, wenn: 1. «der Arbeitgeber Arbeit in seinem Dienst auf Zeit entgegennimmt, deren Leistung nach den Umständen nur gegen Lohn zu erwarten ist» (Art. 320 Abs. 2 OR); 2. «der Arbeitnehmer in gutem Glauben» und «auf Grund eines Arbeitsvertrages, der sich nachträglich als ungültig erweist», arbeitet (Art. 320 Abs. 3 OR); 3. jemand als echter Geschäftsführer ohne Auftrag im Sinne des Geschäftsherrn tätig wird (Art. 419 ff. OR). Vgl. die Kritik bei SYZ, S. 36 f. und WÜRSCH/DALLAFIOR, S. 275 f. Die **Rechtsprechung** befürwortet in BGE 63 II 370 (faktische Miete) und in BGE 110 II 244 (faktischer Leasingvertrag) die Anwendung vertraglicher Regeln auf Rechtsverhältnisse, denen keine Verträge zugrundeliegen. In der **Lehre** werden Vertragsfolgen angenommen bei einer «faktischen Gesellschaft» (MEIER-HAYOZ/FORSTMOSER, S. 10, Nr. 33 ff.), bei der vertragslosen Inanspruchnahme einer entgeltlichen Leistung (OR-BUCHER, N 73 zu Art. 1 OR; GAUCH/SCHLUEP, Nr. 1190; SCHÖNENBERGER/JÄGGI, N 561 zu Art. 1 OR; VON BÜREN, S. 212), bei Dauerschuldverhältnissen aufgrund unwirksamer Verträge, die trotzdem eingehalten werden (SCHÖNENBERGER/JÄGGI, N 565 zu Art. 1 OR; BUCHER, AT, S. 275) oder bei Rechtsverhältnissen mit einem gesteigerten sozialen Kontakt (KRAMER, N 238 zu Art. 1 OR; MERZ, Vertrag, S. 9; SYZ, S. 21). Zum Ganzen SCHMID, S. 584 ff.

42 GAUCH/SCHLUEP, Nr. 1193.

43 GAUCH/SCHLUEP, Nr. 1192; VON BÜREN, S. 211. Vgl. LARENZ, AT, S. 534 ff., der neuerdings seine Meinung aufgibt, Verträge könnten durch «sozialtypisches Verhalten» abgeschlossen werden.

44 HAWICKHORST, S. 12. Vgl. auch OR-BUCHER, N 72 zu Art. 1 OR.

45 SCHMID, S. 587 (mit weiteren Literaturhinweisen zu den gegenteiligen Ansichten).

46 Kritisch: SPIRO, S. 43.

ternehmer und Nebenunternehmer unter dem Gesichtspunkt der faktischen oder vertragsähnlichen Verhältnisse. Zu unterscheiden sind solche Leistungsverhältnisse erstens nach der Einvernehmlichkeit der Parteien und zweitens nach dem Rechtsgrund dieser Beziehungen. Nachfolgend werden verschiedene Leistungsbeziehungen und die dadurch
geschaffene Rechtslage untersucht. Dann gilt es, die Rechtsfiguren der
Drittschadensliquidation und des Vertrages mit Schutzwirkung zugunsten Dritter vorzustellen, die immer dann zur Anwendung kommen
könnten, wenn der Unternehmer einen Dritten (z.B. den Nebenunternehmer) schädigt.[47]

C. Der Vertrag zugunsten Dritter

1. Einverständliches Leistungsverhältnis zwischen Unternehmer und Nebenunternehmer

242   1. In der Praxis kommt es häufig vor, dass ein Unternehmer seinem
Nebenunternehmer Leistungen erbringt, weil er sich seinem Bauherrn
gegenüber dazu verpflichtet hat. Das daraus resultierende Leistungsverhältnis zwischen Unternehmer und Nebenunternehmer ist zwar kein
Vertragsverhältnis[48], hat jedoch teilweise vertragsähnlichen Charakter.
Insbesondere sind Schädigungen bei der Abwicklung der Leistungsbeziehung nach vertraglichen und nicht (oder nicht nur[49]) nach deliktischen Regeln zu beurteilen, was nachstehend zu zeigen ist.

243   2. Wie weit die Ansprüche eines begünstigten Nebenunternehmers reichen, ist im folgenden zu prüfen. Die Rechtslage beim Vertrag zugunsten Dritter unterscheidet sich danach, ob eine echte (2.) oder unechte
(3.) Abrede zugunsten des Nebenunternehmers vorliegt (Art. 112 OR).

2. Der echte Vertrag zugunsten Dritter

244   1. Wenn Unternehmer und Bauherr einen echten Schuldvertrag zugunsten des Nebenunternehmers vereinbaren oder sich eine direkte Dritt-

---

47   BGE 117 II 319.
48   Vgl. GAUCH/SCHLUEP, Nr. 4027.
49   Je nachdem, ob eine Anspruchskonkurrenz befürwortet wird oder nicht
     (Nr. 314).

wirkung zugunsten dieses Dritten aus einer Übung ergibt (Art. 112 Abs. 2 OR)[50], bildet dies häufig die Grundlage für ein einverständliches Leistungsverhältnis zwischen Unternehmer und Nebenunternehmer. Der Unternehmer verspricht dem Bauherrn, direkt an den Nebenunternehmer zu leisten, ohne dass die künftigen Leistungspartner selbständig eine vertragliche Abrede treffen. Zwischen Unternehmer und Nebenunternehmer liegt kein Vertragsverhältnis vor. Nach der hier vertretenen Auffassung besteht jedoch eine vertragsähnliche Leistungsbeziehung. Dem Nebenunternehmer wird ein **direkter Erfüllungsanspruch** aus einem Schuldverhältnis zwischen Unternehmer und Bauherr eingeräumt.[51] Ein solches Leistungsverhältnis beurteilt sich nach vertraglichen Regeln, weil dem Nebenunternehmer nach Willensmeinung der Vertragspartner oder einer dahingehenden Übung ein Forderungsrecht zusteht.[52]

245   2. Der Nebenunternehmer hat nicht nur **Anspruch** auf die vereinbarte Leistung, sondern auch **auf eine einwandfreie Erfüllung**.[53] Damit sind Rechtsfragen aufgrund einer Leistungsstörung, die der Unternehmer zu verantworten hat, nach den Regeln der «Folgen der Nichterfüllung» der Obligation zu beantworten.[54] Folglich kann der Nebenunternehmer sowohl die Leistung rechtlich geltend machen[55], als auch den Unternehmer für Schäden behaften, wenn dieser nicht, zu spät oder «minderwertig» erfüllt.[56] Darüber hinaus beurteilen sich auch alle Begleit- und Folgeschäden[57], die im funktionellen Zusammenhang (Nr. 289 ff.) mit der Abwicklung oder als Folge einer Schlechtleistung entstehen, nach vertraglichen Grundsätzen.

50   Zum Forderungsrecht des Dritten und der Wirkung eines echten Vetrages zugunsten Dritter auf die Forderungsberechtigung vgl. BUCHER, AT, S. 283; GUHL/MERZ/KOLLER, S. 165.

51   BUCHER, AT, S. 479.

52   Vgl. BGE 117 II 320; GAUCH/SCHLUEP, Nr. 243; SOERGEL/HADDING, N 38 zu § 328 BGB; ESSER/SCHMIDT, Schuldrecht I/1, S. 287: Der Dritte (Nebenunternehmer) wird «gleichfalls selbst zuständiger Gläubiger». - VON BÜREN (S. 180) bezeichnet eine solche Abrede auch als «Vertrag zu Rechten Dritter».

53   Vgl. LOCHER, Gerüstvertrag, S. 352; GAUCH, Werkvertrag, Nr. 139.

54   Überschrift des Zweiten Abschnitts im Zweiten Titel über «die Wirkung der Obligation» im Allgemeinen Teil des OR. - Vgl. FIKENTSCHER, Nr. 255, S. 179; KNIFFKA, ZfBR 1993, S. 98; SOERGEL/HADDING, N 20 zu § 328 BGB.

55   BECKER, N 14 zu Art. 112 OR.

56   BUCHER, AT, S. 480; OR-GONZENBACH, N 15 zu Art. 112 OR; SOERGEL/HADDING, N 63 zu § 328 BGB.

57   Im Sinne sekundärer oder mittelbarer Leistungsschäden (Nr. 252).

246 3. Entstehen auch **Pflichten des Nebenunternehmers**, wenn ihn Bauherr und Unternehmer mit einer echten Abrede zu seinen Gunsten einem «Gläubiger» ähnlich berechtigen?

247 a) Sicherlich hat der Nebenunternehmer allein aufgrund seiner Berechtigung *keine vertraglichen Leistungspflichten* zu erbringen, da zulasten Dritter keine Verpflichtungen vereinbart werden können.[58]

248 b) Anders sieht es indessen hinsichtlich besonderer (Neben-)Pflichten aus, die auch den Gläubiger einer Leistungspflicht treffen können.[59] Namentlich *Schutz- und Fürsorgepflichten* weisen keine unzulässig belastende Wirkung auf und können sich aus allgemeinen Überlegungen ergeben.[60] Insbesondere in Deutschland wird aufgrund des vertragsähnlichen Verhältnisses zwischen dem Leistenden und dem Leistungsempfänger vertreten, dass dem Dritten alle vertraglichen Nebenpflichten eines Gläubigers obliegen.[61] Wollte man anders entscheiden und eine Schädigung des Unternehmers nicht vertragsähnlich beurteilen, erhielte man ein unbilliges Ergebnis, das dem einheitlichen Lebenssachverhalt dieses Leistungsverhältnisses widersprechen würde.

3. Der unechte Vertrag zugunsten Dritter

a) Kein Erfüllungsanspruch des Nebenunternehmers

249 Besteht das Leistungsverhältnis zwischen Unternehmer und Nebenunternehmer aufgrund eines unechten Vertrages zugunsten des Nebenunternehmers, so ist letzterer **blosser Leistungsempfänger**. Er ist berechtigt, eine Leistung des Unternehmers entgegenzunehmen, ohne dass er darauf einen eigenen Anspruch hätte. Zwischen den Unternehmern besteht grundsätzlich ein vertragloses aber häufig einverständliches Leistungsverhältnis. Umstritten ist indes die Rechtsstellung des Nebenunternehmers, falls ihn der Unternehmer in Erbringung der Leistung schädigt, denn:

---

[58] Vgl. GAUCH/PRADER, Anm. 19, lit.a zu Art. 126 SIA-Norm 118; *Nr. 462.*

[59] Abschlussbericht zur Überarbeitung des Schuldrechts, S. 115: In Deutschland werden solche Nebenpflichten als Schutzpflichten bezeichnet.

[60] SOERGEL/HADDING, N 121 zu § 328 BGB.

[61] Statt vieler: MÜNCHKOMM/GOTTWALD, N 24 zu § 328 BGB mit weiteren Hinweisen. - Für Frankreich statt vieler: BENABENT, Nr. 213: «La stipulation pour autrui n'exclut pas, dans le cas d'acceptation par le bénéficiaire, qu'il soit tenue de certaines obligations».

250   Weil der Nebenunternehmer lediglich als Leistungsempfänger auftritt, ist seine Position nur «Reflex der Verpflichtung» zwischen Bauherr und Unternehmer.[62] Der Nebenunternehmer wird nicht Gläubiger[63], weil das Leistungsverhältnis **keine Obligation** im Rechtssinne
beinhaltet. Demnach stehen bestenfalls dem Bauherrn Ansprüche zu,
wenn der Unternehmer nicht oder schlecht erfüllt.[64] Diese Lösung ist
richtig für die Frage nach der Durchsetzung des Erfüllungsanspruches,
da es für den Fall der Nichtleistung allein dem Bauherrn zustünde,
Schadenersatz geltend zu machen.[65]

b) Schadenersatzanspruch des Nebenunternehmers für Begleit- und Folgeschäden

aa) Umfang des Anspruchs

251   1. Ohne eigenen Erfüllungsanspruch kann der Nebenunternehmer **keine
unmittelbaren Leistungsschäden** geltend machen. Diese umfassten
Schäden aus schlichter Nichtleistung, den Verspätungsschaden oder
Vermögensnachteile, die in einem schlichten Minderwert der Leistung
bestehen.[66] Ob ein solches Ergebnis auch für übrige Schäden stimmt,
die der Unternehmer dem Nebenunternehmer im funktionellen Zusammenhang (Nr. 287 ff.) mit der Leistungserbringung verursacht, gilt es
nachfolgend zu prüfen.

252   2. Für **übrige Schäden** (sog. Begleit- und Folgeschäden)[67] steht und
fällt eine vertragliche Haftung mit der Annahme eines vertragsähnlichen
Leistungsverhältnisses, das seinerseits auf der wertenden Beurteilung
des konkreten Lebenssachverhaltes beruht.

253   3. Nach der hier vertretenen Auffassung umfasst die Haftung des Unternehmers Schädigungen, die im funktionellen Zusammenhang mit der
Leistungsabwicklung entstehen (Begleitschäden), sowie Folgeschäden
aus seiner Schlechtleistung, die über den Wert der nicht oder nicht
richtig erfolgten Leistung hinausgehen. Dazu ein **Beispiel**: Der Unter-

---

62   GAUCH/SCHLUEP, Nr. 4014.
63   Vgl. PAPANIKOLAOU, S. 56.
64   Zu prüfen bleibt, ob ein Anwendungsfall der Drittschadensliquidation (*Nr. 296*)
vorliegt.
65   BECKER, N 23 zu Art. 112 OR. - Vgl auch PAPANIKOLAOU, S. 57.
66   Vgl. JÄGGI, S. 192; NEUENSCHWANDER, S. 77.
67   Vgl. *Nr. 245.*

nehmer haftet für Begleit- und Folgeschäden, wenn er beim Aufstellen seines Gerüstes, das er laut Werkvertrag seinem Nebenunternehmer zur Verfügung stellen muss, die Arbeit des Nebenunternehmers beschädigt.

254 Die Haftung für Begleit- und Folgeschäden im einvernehmlichen Leistungsverhältnis lässt sich aufgrund zweier verschiedener Anspruchsgrundlagen (bb/cc) rechtfertigen:

bb) Das Deckungsverhältnis[68] als Anspruchsgrundlage des Nebenunternehmers

255 1. Insbesondere in Deutschland wird teilweise die Auffassung vertreten, dass allein wegen der **Drittbezogenheit der Leistung** des Unternehmers gewisse Schutzpflichten gegenüber dem Nebenunternehmer bestehen.[69] Erleidet der drittbegünstigte Nebenunternehmer einen Begleit- oder Folgeschaden, so wird ihm ein vertraglicher Ersatzanspruch eingeräumt, wenn der leistende Unternehmer die Schadensursache mit einer vorwerfbaren[70] (Schutz-)Pflichtverletzung setzte. Denn bei einer unechten Abrede zugunsten Dritter sei «stets ein Vertrag mit Schutzwirkung für Dritte anzunehmen».[71]

256 2. Mit derselben Begründung gesteht DERENDINGER dem Dritten einen vertraglichen Schadenersatzanspruch zu, der eine Leistung beim unechten Auftrag zugunsten Dritter entgegennimmt und einen Begleit- oder Folgeschaden erleidet.[72] Damit erfährt der Leistende eine **Ausweitung seiner Nebenpflichten**[73] auf einen Vertragsfremden, und zwar unabhängig vom Parteiwillen. Eine so begründete Anspruchsgrundlage geht vom Vertrag zwischen Promittent und Stipulant aus, ohne dass das eigentliche Leistungs- oder Vollzugsverhältnis[74] zwischen Promittent (Unternehmer) und dem Dritten (Nebenunternehmer) in die Überlegungen einbezogen werden. Dagegen verneint das Bundesgericht in BGE

---

[68] Hier der Werkvertrag zwischen Bauherr und Unternehmer.

[69] Vgl. LOCHER, Gerüstvertrag, S. 352; PAPANIKOLAOU, S. 26; SCHMID, S. 95, FN 190.

[70] Für die Schweiz beurteilt sich die Vorwerfbarkeit nach Art. 97 und Art. 101 OR.

[71] PAPANIKOLAOU, S. 58. So auch SPIRO, S. 294. Vgl. auch CERUTTI, Nr. 123; KOLLER, AJP 1992, S. 1494.

[72] DERENDINGER, Nr. 203.

[73] Hier als «Schutzpflichten» bezeichnet.

[74] SOERGEL/HADDING, N 19 zu § 328 BGB.

117 II 320 f. überall dort einen vertraglichen Anspruch des Dritten, wo dies nicht vom Gesetzgeber vorgesehen ist.[75]

257   Zum gleichen Ergebnis gelangt eine Auseinandersetzung mit dem konkreten einvernehmlichen Leistungsverhältnis zwischen Unternehmer und Nebenunternehmer.[76] Nach dem Grundsatz, tatbeständlich Gleichwertiges gleich zu behandeln[77], lässt sich die vertragsähnliche Beurteilung eines einverständlichen Leistungsverhältnisses aufgrund eines unechten Vetrages zugunsten Dritter wie folgt rechtfertigen:

cc) Das Leistungsverhältnis als Anspruchsgrundlage des Nebenunternehmers

258   1. Das zwischen Unternehmer und Nebenunternehmer bestehende Leistungs- oder Vollzugsverhältnis gründet auf einem Vertrag zwischen Unternehmer und Bauherr. Der Dritte (Nebenunternehmer) hat kein direktes Forderungsrecht, kommt aber mit der Vollzugsleistung des Unternehmers trotzdem in Berührung. Dieser Umstand verlangt von den Beteiligten ein Verhalten nach den Grundsätzen von **Treu und Glauben**, das nicht vertraglich sanktioniert ist, gegebenenfalls aber aus einem Vertrauensverhältnis fliessen kann (Art. 2 ZGB). Ein solches Sonderverhältnis rechtfertigt es, den Unternehmer in richterlicher Rechtsfortbildung (Art. 1 Abs. 2 ZGB) nach vertragsähnlichen Grundsätzen haften zu lassen.[78] Weitere Argumente für eine vertragsähnliche Haftung liefert ein Vergleich mit dem Vertragsverhandlungsverhältnis und der daraus resultierenden vorvertraglichen culpa-Haftung der Beteiligten.[79]

---

75   «De toute manière, il n'y a pas lieu d'appliquer systématiquement les art. 97 ss CO chaque fois qu'un contrat a été conclu dans l'intérêt d'un tiers» (BGE 117 II 321). Vgl. aber noch BGE 88 II 516: Die SBB haftet verunfallten Arbeitnehmern (Dritten) vertraglich, weil die Bahn (Bauherr) den dem Unternehmer versprochenen Warndienst nicht richtig ausübt und dadurch Arbeitnehmer verletzt werden. Kritisch schon zur Konstruktion eines Vertrages zugunsten Dritter: MERZ, ZBJV 1963, S. 381.

76   Vgl. GIRSBERGER, S. 65.

77   MEIER-HAYOZ, N 348 zu Art. 1 ZGB.

78   Vgl. aber CERUTTI (Nr. 124), der in Anlehnung an den anglo-amerikanischen Rechtskreis eine Erweiterung des Deliktsrechts vorstellt, und zwar aufgrund der «charakteristisch enge[n] Beziehung zwischen dem Erst- und dem Drittkontrahenten» beim unechten «(Unter—)Vertrag» zugunsten Dritter. KOLLER (AJP 1992, S. 1484) gewährt dem Dritten einen Direktanspruch, der sich «nach vertraglichen, nicht bloss deliktischen Grundsätzen» beurteilt.

79   Vgl. KOLLER, AJP 1992, S. 1491.

259 2. Wenn zwei oder mehrere Parteien Vertragsverhandlungen aufnehmen, treten sie in ein Sonderverhältnis, das sie zu einem Verhalten nach Treu und Glauben verpflichtet.[80] Verletzt eine Verhandlungspartei ihre vorvertraglichen Pflichten, kommen die folgenden **Haftungsregeln** zur Anwendung:

260 a) Ursprünglich nur für den Vertrauensschaden der Vertragspartei gedacht, die ernsthaft mit dem Abschluss eines Vertrages rechnete und darin enttäuscht wird, wurde die *Haftung für culpa in contrahendo* ausgedehnt. Sie dient heute als Haftungsgrundlage, die zwischen der Delikts- und Vertragshaftung anzusiedeln ist.[81] Ein Culpa-Anspruch entsteht dann, wenn eine Vertragsverhandlungspartei Pflichten verletzt, die sich aus einem allgemeinen Treueverhältnis der Vertragsverhandlungspartner ableiten lassen.[82] Es handelt sich dabei um vorvertragliche Pflichten, die aufgrund des Sonderverhältnisses (des Vertragsverhandlungsverhältnisses) bestehen.[83]

261 b) Werden solche Pflichten, insbesondere *Sorgfalts-*[84] oder *Schutz-pflichten*[85], verletzt und erleidet die andere Partei einen Schaden[86], so steht dem Geschädigten ein Schadenersatzanspruch zu, wenn sich

---

80   BGE 105 II 79; 111 Ia 76; 116 II 698; GUHL/MERZ/KOLLER, S. 98. Vgl. zur Entstehung solcher Pflichten MERZ, N 264 zu Art. 2 ZGB. Verschiedene Pflichten aus dem Sonderverhältnis finden sich im Gesetz: Art. 26, Art. 31 Abs. 3, Art. 36 Abs. 2, Art. 39 OR und Art. 411 Abs. 2 ZGB, andere wie Schutz- und Sorgfaltspflichten werden direkt aus dem Grundsatz von Art. 2 ZGB hergeleitet; OR-WIEGAND, N 35 zu Art. 97 OR.

81   GAUCH/SCHLUEP, Nr. 978; MEDICUS, S. 205 ff. Die Rechtsnatur der Haftung aus culpa in contrahendo ist umstritten, vgl. dazu eingehend GAUCH/SCHLUEP, Nr. 975 ff.; GUHL/MERZ/KOLLER, S. 99 f.; BGE 116 II 697.

82   Laut Bundesgericht muss ein Rechtsbindungswille des Haftenden entweder tatsächlich gegeben oder objektiv zu interpretieren sein, ansonsten eine culpa-Haftung entfalle (BGE 116 II 698). Diese Aussage verkennt die Rechtsnatur dieser Haftungsart; soll doch u.a. gerade der Schaden ersetzt werden, der einem Partner entsteht, weil der andere Verhandlungsbereitschaft vortäuscht und sich damit gegen Treu und Glauben verhält (JÄGGI, S. 190).

83   Vgl. JÄGGI, S. 190; WAHRENBERGER, S. 48.

84   SCHÖNENBERGER/JÄGGI, N 585 zu Art. 1 OR.

85   GAUCH/SCHLUEP, Nr. 961 f.; LARENZ, Schuldrecht I, S. 107 und S. 109; SCHÖNENBERGER/JÄGGI, N 578 zu Art. 1 OR. - Ob aus einem Vertragsverhandlungsverhältnis Schutzpflichten abgeleitet werden können, ist jedoch umstritten (BRUNNER, Nr. 594, FN 1070; WEBER-HÄUSERMANN, S. 74 f.). - Vgl. die Diskussion in Deutschland, wo die Kommission zur Überarbeitung des Schuldrechts vorschlägt, den § 241 BGB mit dem Satz zu erweitern, dass die Vertragspartner «zu besonderer Rücksicht auf die Rechte und Rechtsgüter des anderen Teils» verpflichtet seien (MEDICUS DIETER, Vorschläge zur Überarbeitung des Schuldrechts: Das allgemeine Recht der Leistungsstörungen, in: NJW 1992, S. 2384 f.).

86   Im Sinne eines Begleit- oder Folgeschadens (*Nr. 245 und Nr. 252*).

die andere Partei in den Verhandlungen schuldhaft wider die Grundsätze von Treu und Glauben verhalten hat.[87] Zudem muss die Pflichtverletzung in funktionellem Zusammenhang mit den Vertragsverhandlungen stehen.[88]

262   Um die Beweislast für das Verschulden, die Hilfspersonenhaftung oder die Verjährung dieser Ersatzpflicht zu bestimmen, braucht man laut Bundesgericht nicht auf die umstrittene Rechtsnatur abzustellen.[89] Mit JÄGGI soll «diese Frage» vielmehr «für jede Modalität gesondert» beantwortet werden, «so dass sich im Einzelfall eine angemessene Lösung ergibt».[90,91]

263   3. Lehre und Rechtsprechung wenden also dann vertragliche Regeln sinngemäss an, wenn Rechtsverhältnisse zu beurteilen sind, deren Beteiligte zueinander in einem **Vertrauensverhältnis** stehen. Dieses Vertrauensverhältnis zwischen Parteien, die über einen Vertrag verhandeln, ist in vielen Fällen von weit geringerer Intensität, als dies beim Zusammenarbeiten von Unternehmer und Nebenunternehmer zutrifft. Es liegt deshalb auf der Hand, für ein einvernehmliches Leistungsverhältnis zwischen Unternehmer und Nebenunternehmer ebenfalls vertragliche Regeln anzuwenden.

264   4. **Belege** für ein nötiges Vertrauensverhältnis zwischen Unternehmer und Nebenunternehmer liefern verschiedene einschlägige Bestimmungen der SIA-Norm 118, die als Nebenunternehmerklauseln[92] entsprechende Verpflichtungen der Baubeteiligten formulieren.[93] Der Unternehmer hat nach Art. 30 Abs. 3 der Norm «auf Nebenunternehmer gebührend Rücksicht» zu nehmen und «die entsprechenden Weisungen der Bauleitung» zu befolgen.[94]

---

87   Vgl. WAHRENBERGER, S. 183.
88   SCHÖNENBERGER/JÄGGI, N 585 zu Art. 1 OR. - Vgl. *Nr. 287* ff.
89   BGE 101 II 269.
90   SCHÖNENBERGER/JÄGGI, N 592 zu Art. 1 OR; JÄGGI, S. 193. - PIOTET PAUL (La culpa in contrahendo aujourd'hui, in: SJZ 77 (1981), S. 227 f.) kritisiert Jäggi insbesondere dafür, dass er die Anwendung von Art. 101 OR für die Hilfspersonenhaftung vertrete.
91   Zu den anerkannten Modalitäten, resp. den «Eigenarten und Merkmalen» der Haftung aus culpa in contrahendo vgl. GAUCH/SCHLUEP, Nr. 964 ff. und GUHL/MERZ/KOLLER, S. 99 f., je mit weiteren Literaturhinweisen. - BREHM, N 101 zu Art. 55 OR.
92   *Nr. 551.*
93   Vgl. *Nr. 132.*
94   Aufgrund des Werkvertrages besteht die Verpflichtung grundsätzlich nur gegenüber dem Bauherrn. Vgl. GAUCH/PRADER, Anm. 1 zu Art. 126 SIA-Norm 118.

265   Eine weiteres Argument für die Gleichbehandlung mit dem Vertragsverhandlungsverhältnis ergibt sich dann, wenn man die Vertragsverhandlungen zu den «sozialen Kontakten»[95] zählt, die als Erscheinungsformen faktischer Vertragsverhältnisse gelten.[96] Denn sowohl Ansprüche aus culpa in contrahendo als auch die Anwendung vertraglicher Regeln auf das Leistungsverhältnis zwischen Unternehmer und Nebenunternehmer werden in Deutschland mit Berufung auf einen gesteigerten sozialen Kontakt gerechtfertigt. Beide Verhältnisse[97] verlangen von den Beteiligten gewisse Verhaltenspflichten, und eine Verletzung rechtfertigt gegebenenfalls die sinngemässe Anwendung vertraglicher Regeln.

266   5. **Fazit**: Die terminologischen Umschreibungen vertragloser Rechtsverhältnisse, auf die dennoch vertragliche Regeln Anwendung finden sollen, sind äusserst vielfältig. Ob nun aus Treu und Glauben abgeleitete Vertrauens- oder Sonderverhältnisse bestehen, man «quasivertragliche» Schutz- oder andere Nebenpflichten konstruiert oder den «gesteigerten Sozialkontakt» bemüht, immer geht es darum, eine vertragliche Haftung zu begründen. Die Vielfalt der Umschreibungen bildet keinen Einwand gegen eine vertragsähnliche Abwicklung von Rechtsverhältnissen. Dennoch dürfen diese Umschreibungen nicht darüber hinwegtäuschen, dass eine vertragsähnliche Haftung nicht aufgrund eines Vertrages, sondern allein deshalb angebracht ist, weil sie sich wertungsmässig und sachlich rechtfertigt. Überdies unterscheidet sich ein einverständliches Leistungsverhältnis zwischen Unternehmer und Nebenunternehmer, abgesehen vom konsensualen Vertragsabschluss, in seiner Parteinähe kaum von einem Vertragsverhältnis. Der fehlende Vertragskonsens bildet insbesondere kein Gegenargument, da vertragliche Nebenpflichten (wie z.B Schutzpflichten) keinen Konsens voraussetzen.[98]

---

[95]   Weitere Beispiele bei LARENZ, Schuldrecht I, S. 122 ff.: laufende Geschäftsverbindungen; Erteilung von Rat und Auskunft. - Ablehnend für die Schweiz: NEUENSCHWANDER, S. 16 f.

[96]   Vgl. WÜRSCH/DALLAFIOR, S. 273; SYZ, S. 22. LARENZ (Schuldrecht I, S. 104 ff.) bezeichnet solche Verhältnisse als «gesetzliche Schuldverhältnisse ohne primäre Leistungspflicht aus geschäftlichem Kontakt». - Ablehnend: NEUENSCHWANDER, S. 14 ff.

[97]   Nach SYZ (S. 22) kann «diese Problemgruppe [faktische Vertragsverhältnisse kraft sozialen Kontakts] ohne weiteres mittels der Rechtsfigur der culpa in contrahendo» gelöst werden.

[98]   Vgl. MEDICUS, Probleme um das Schuldverhältnis, S. 20 f.; KOLLER, AJP 1992, S. 1490; NEUENSCHWANDER, S. 54 f.

c) Rechtsstellung des leistenden Unternehmers

267 1. Erleidet der leistende Unternehmer bei der Leistungserbringung einen Schaden, kann sich eine vertragsähnliche **Haftung des Nebenunternehmers** ergeben.[99] Dafür sprechen nicht nur Äquivalenzgründe, sondern auch die Überlegung, dass das einvernehmliche Leistungsverhältnis ein in sich geschlossenes einheitliches Lebensverhältnis darstellt, das keine Aufsplitterung in rechtlich verschiedene Kategorien zulässt. Alles andere käme einer formaljuristischen Kategorisierung gleich und würde dem einheitlichen Lebenstatbestand nicht gerecht. So ist durchaus denkbar, dass der Nebenunternehmer als Leistungsempfänger nach vertraglichen Grundsätzen haftet, wenn er das Gerüst des Unternehmers beschädigt, das ihm dieser zur Verfügung stellt. Rechtfertigt es sich nämlich, dem begünstigten Nebenunternehmer vertragsähnliche Schadenersatzansprüche zuzugestehen, darf dem leistenden Unternehmer aus Äquivalenzüberlegungen dasselbe nicht verwehrt werden.

268 2. Von der Haftung des Nebenunternehmers ist allerdings die **Haftung des Bauherrn** zu unterscheiden. Benützt nämlich der Nebenunternehmer Baustelleneinrichtungen aufgrund der unechten Abrede zu seinen Gunsten, handelt er als Hilfsperson des Bauherrn (Stipulanten), sofern die Voraussetzungen des Art. 101 OR vorliegen.[100] Zur weiteren Auseinandersetzung mit Abreden zugunsten der Nebenunternehmer und der dadurch geschaffenen Rechtslage vgl. Nr. 519 ff.

D. Schlichtes Leistungsverhältnis

1. Leistungsverhältnis aus Gefälligkeit

269 1. Ein **einvernehmliches Leistungsverhältnis** kann auch dann vorliegen, wenn sich die Unternehmer blosse Gefälligkeiten erweisen und einer dem anderen beispielsweise Baustelleneinrichtungen zur Mitbenut-

---

99 Wie weit dem Versprecher Ansprüche gegenüber einem schädigenden Dritten zustehen, der den Leistungserbringer im funktionellen Zusammenhang mit der Entgegennahme der Leistung schädigt, ist jedoch umstritten (vgl. LANGE HEINRICH, Die Auswirkung von Leistungsstörungen beim echten Vertrage zugunsten Dritter im Rechtsbereich des Dritten, in: NJW 1965, S. 658).

100 GAUCH/PRADER, Anm. 1, lit.d zu Art. 126 Abs. 3 SIA-Norm 118.

zung überlässt, ohne dass er sich seinem Bauherrn oder dem Nebenunternehmer dazu verpflichtet hätte.[101]

270 2. **Blosse Gefälligkeiten**[102] wie gegenseitige Handreichungen oder gelegentliches Aushelfen gehören zum normalen Bild des Baualltages. Das Bundesgericht und die herrschende Lehre verneinen für blosse Gefälligkeiten zu Recht ein vertragliches Verhältnis[103], da es den Leistungspartnern am Rechtsbindungswillen fehlt.[104] Ebenso lehnt das Bundesgericht eine vertragliche Haftung des Leistenden für unverbindliche Gefälligkeiten ab.[105]

271 Im Baualltag aber geht es bei solchen Handreichungen immer um die Wahrnehmung beruflicher oder geschäftlicher Interessen des Leistungsempfängers, wobei auch dessen Vermögen in Mitleidenschaft gezogen werden kann.[106] Im Unterschied zu den Abreden zugunsten des Nebenunternehmers leistet der Unternehmer ohne vertragliche Veranlassung. Dennoch fragt sich, ob sich der Unternehmer nicht auch bei Gefälligkeiten an Nebenpflichten (z.B. Schutzpflichten) zu halten hat, wie sie bei vertraglichen Leistungsverhältnissen bestehen?

272 3. Wohl stehen dem Nebenunternehmer als Gefälligkeitsempfänger **keine Erfüllungs- oder Schadenersatzansprüche** für die Nicht-Leistung der Gefälligkeit zu. Das bedeutet, dass er für den unmittelbaren Schaden aus der Nichterfüllung keinen Anspruch geltend machen kann, weil dem Nebenunternehmer kein Anspruch auf die Leistung zusteht. Einem Nebenunternehmer, der beispielsweise damit rechnet, den Bagger des Unternehmers, der mit Aushubarbeiten beschäftigt ist, benützen zu können, stehen keine Ansprüche zu, wenn diese Maschine gerade defekt ist, und er sich deshalb mit seiner Werkleistung gegenüber dem Bauherrn verspätet.

---

101 Wichtig ist die Unterscheidung von den Gefälligkeitsverträgen (Leihe Art. 305 OR, unentgeltlicher (einfacher) Auftrag Art. 394 OR; Innominatkontrakte wie unentgeltliche Werkverträge), wo sich der «Gefällige» rechtsverbindlich zu einer Leistung verpflichtet (KRAMER/SCHMIDLIN, N 63 Allgemeine Einleitung in das schweizerische OR; anders DERENDINGER, Nr. 17; KOST, S. 34).

102 Zur Rechtsnatur der Gefälligkeiten vgl. KRAMER/SCHMIDLIN, N 62 ff. Allgemeine Einleitung in das schweizerische OR; SCHMID, Nr. 1141; SCHÖNENBERGER/JÄGGI, N 121 zu Art. 1 OR; FIKENTSCHER, S. 31 f., Nr. 25; *Nr. 232*.

103 BGE 116 II 699; LGVE 1988 I, Nr. 17, S. 28 f. = SJZ 1990, S. 143 f.; KRAMER/SCHMIDLIN, N 63 Allgemeine Einleitung in das schweizerische OR; OR-SCHÄRER, N 11 zu Art. 305 OR; OR-WEBER, N 16 zu Art. 394 OR; KOST, S. 28; FIKENTSCHER, S. 31, Nr. 25.

104 KRAMER/SCHMIDLIN, N 64 Allgemeine Einleitung in das schweizerische OR; FELLMANN, N 203 zu Art. 394 OR; HONSELL, S. 230 f.; LANGE, S. 652 f.

105 BGE 116 II 697 f. E. bb. - Vgl. auch TERCIER, BR 1993, S. 50, Nr. 112.

106 Vgl. LARENZ, Schuldrecht II/1, S. 412.

273 4. Erleidet der Nebenunternehmer **Begleit- und Folgeschäden**[107] im Zusammenhang mit der Gefälligkeitshandlung, ist nicht einzusehen, weshalb er nur auf den ausservertraglichen Weg (Art. 41 OR/Art. 55 OR) verwiesen werden soll. So ist z.B. im Falle, da ein Kranführer des Unternehmers, der aus Gefälligkeit hilft, nebenunternehmerische Baumaterialien anzuheben und dabei das Werk des Nebenunternehmers beschädigt, die Anwendung vertraglicher Regeln nicht von vornherein auszuschliessen. Denn:

274 5. Wiederum handelt es sich um ein einverständliches Leistungsverhältnis, das in seiner Intensität weiter geht als ein Vertragsverhandlungsverhältnis. Vor allem in Deutschland wird deshalb betont, dass zwischen den Leistungspartnern ein vertragsähnliches Verhältnis vorliege, aus dem sich qualifizierte Schutzpflichten ableiten lassen.[108] Die **Verletzung von Schutz- und Sorgfaltspflichten** zieht je nach Wertung eine Haftung nach sich, die sich nach vertraglichen Regeln (Art. 97 OR, Art. 99 OR, Art. 101 OR) beurteilt, weil man nur so der Intensität eines einverständlichen Leistungsverhältnisses gerecht wird. Dies umso mehr, als gerade Schutzpflichten nicht auf einen Leistungserfolg hin gerichtet sind.[109]

275 6. Aus Äquivalenzgründen (Nr. 267) und in Anbetracht des einheitlichen Lebenssachverhaltes sind im Einzelfall auch dem **gefälligen Unternehmer** vertragsähnliche Ansprüche zuzugestehen, sollte ihn der Nebenunternehmer schädigen, während er die Gefälligkeit erbringt.

2. Leistungsverhältnis aus notwendiger Zusammenarbeit

276 1. Das Rechtsverhältnis zwischen Unternehmer und Nebenunternehmer kann also durchaus vertragsähnlicher Natur sein. In diesen Fällen handelt es sich um eine Sonderverbindung[110] oder ein Sonderverhältnis[111],

---

107 *Nr. 245; Nr. 253* und *Nr. 530.*

108 KRAMER/SCHMIDLIN, N 68 Allgemeine Einleitung in das schweizerische OR. Noch weiter geht FIKENTSCHER (S. 32, Nr. 25), der festhält: «Auch bei Gefälligkeiten, deren Hauptleistung nach dem Willen der Beteiligten ohne Rechtsanspruch erbracht wird, können *vertragliche* Schutz- und Sorgfaltspflichten bestehen»; so auch LANGE, S. 653; PALANDT/HEINRICHS, N 2 Einleitung vor § 241 BGB. Anders das Bundesgericht: Erfolgen Leistungen «bloss gefälligkeitshalber», bleibt nicht einmal mehr Raum für eine Haftung aus culpa in contrahendo (BGE 116 II 698 f.).

109 Vgl. KOLLER, AJP 1992, S. 1489.

110 SCHÖNENBERGER/JÄGGI, N 552 zu Art. 1 OR. Zu weiteren Definitionen des Ausdrucks Sonderverbindung vgl. HAWICKHORST, S. 82 ff.

wie im Vergleich mit dem Vertragsverhandlungsverhältnis aufgezeigt. Daran anschliessend stellt sich die Frage, ob das Rechtsverhältnis zwischen Unternehmer und Nebenunternehmer **generell eine Sonderverbindung** (Nr. 266)[112] im Sinne eines faktischen Vertragsverhältnisses darstellt; vor allem angesichts der Tatsache, dass zwischen den Unternehmern eine enges Zusammenarbeitsverhältnis bestehen kann. In gesteigertem Masse sogar, wenn die Bauleistungen der Unternehmer «untrennbar zum Zwecke der ordnungsgemässen Bauherstellung miteinander verbunden sind».[113,114]

277 2. Bereits das Vorliegen eines stillschweigend abgeschlossenen Zusammenarbeitsvertrages ist mit **Zurückhaltung** und nicht schon allein deshalb anzunehmen, weil die Parteien an einem gemeinsamen Projekt arbeiten.[115] Dies gilt auch für die Annahme einer Sonderverbindung. Die nötige Zusammenarbeit zwischen den Unternehmern rechtfertigt es nicht, diesen Baubeteiligten generell gegenseitige Schutz- oder Fürsorgepflichten aufzuerlegen und deren Verletzung nach vertraglichen Regeln zu sanktionieren.[116] Die teilweise nötige Zusammenarbeit allein reicht dafür nicht aus. Ob solche Pflichten bestehen, kann nur aufgrund eines konkret vorliegenden Leistungsverhältnisses beurteilt werden.[117]

---

111 JÄGGI (S. 170) bejaht das Vorliegen eines Sonderverhältnisses, sobald jemand einem anderen Zugang zu seinem Vermögen verschafft oder verschaffen muss, und er diesem dadurch tatsächlich ermöglicht, unerlaubt auf sein Vermögen einzuwirken.

112 Für PICKER (S. 484) stellt die Sonderverbindung einen Tatbestand für eine allfällige Sonderhaftung dar. Die Sonderverbindung nimmt im Vergleich mit dem Deliktsrecht die Rolle ein, die das absolut geschützte Rechtsgut oder das gesetzlich geschützte Interesse für den Deliktstatbestand einnimmt.

113 INGENSTAU/KORBION, N 17 zu § 10 VOB/B.

114 Das Urteil des BGH, vom 27 Juni 1985, in: ZfBR 1985, S. 283, erwähnt eine Art «objektiver Zweckgemeinschaft».

115 *Nr. 232.*

116 Vgl. LOCHER, S. 11, Nr. 20; PICKER, S. 493 f.

117 Nach REY (Sonderverbindungen, S. 239) rechtfertigen Sonderverbindungen mit unmittelbarer (direkter, persönlicher Kontakt) oder mittelbarer (Vertrauensverhältnis zwischen einem Vertragspartner und einem Dritten) Beziehungsnähe die Anwendung des Deliktsrechts. Da eine solche Sonderverbindung aufgrund von Art. 2 Abs. 1 ZGB «ein Vertrauensverhältnis mit entsprechenden Schutz- und Treuepflichten» schafft, «liegt eine Widerrechtlichkeit im Sinne von Art. 41 Abs. 1 OR vor», wenn ein Beteiligter eine «solche Pflicht durch schädigendes Verhalten verletzt».

E. Eigenmächtige Inanspruchnahme einer unternehmerischen Leistung

1. Vorbemerkung

278   Besteht zwischen Unternehmer und Nebenunternehmer ein einverständliches Leistungsverhältnis, können darauf nach einer wertenden Beurteilung durchaus auch dann vertragliche Regeln Anwendung finden, wenn zwischen den Parteien kein Schuldvertrag vorliegt.[118]

279   Wie sieht nun die Rechtslage aus, da der Nebenunternehmer eine Leistung des Unternehmers eigenmächtig in Anspruch nimmt? Hier sind **zwei Fragestellungen** zu unterscheiden: die erste geht nach einer allfälligen Vergütungspflicht (2.), die zweite nach den Schadenersatzansprüchen der Leistungsgegner (3.).

2. Die Vergütung

280   1. Teilweise erledigt sich die Vergütungsfrage bei einer eigenmächtigen Inanspruchnahme von Leistungen nach den Regeln des **Bereicherungsrechts** (Art. 62 ff. OR). So kann eine Eingriffskondiktion[119] entstehen, wenn sich der Nebenunternehmer mit seiner Eigenmächtigkeit eine Auslage erspart.[120] Eine neuere Lehrmeinung vertritt die Auffassung, dass der Bereicherungsanspruch keine Entreicherung des Verletzten voraussetze.[121] Der Nebenunternehmer leistet kein Entgelt, hat aber die ungerechtfertigte Bereicherung herauszugeben.[122]

281   2. Da der Anspruch aus ungerechtfertigter Bereicherung für denjenigen, bei dem eingegriffen wurde, mit verschiedenen Nachteilen verbunden ist (Art. 64 OR)[123], unternimmt ein Teil der Lehre immer wieder den Versuch, einen Vergütungsanspruch nach vertragsähnlichen Grundsät-

---

118   Vgl. Art. 126 Abs. 1 SIA-Norm 118. Gemeint sind alle nachteiligen Auswirkungen, «sei es in zeitlicher, kostenmässiger oder anderer Hinsicht» (GAUCH/SCHUMACHER, Anm. 8, lit.b zu Art. 126 Abs. 1 SIA-Norm 118).

119   GAUCH/SCHLUEP, Nr. 1498; OR-SCHULIN, N 43 zu Art. 62 OR.

120   BECKER, N 20 zu Art. 62 OR; zur Ersparnisbereicherung vgl. GAUCH/SCHLUEP, Nr. 1473; OR-SCHULIN, N 10 zu Art. 62 OR.

121   GAUCH/SCHLUEP, Nr. 1566; OR-SCHULIN, N 55 zu Art. 62 OR.

122   GUHL/MERZ/KOLLER, S. 212.

123   GAUCH/SCHLUEP, Nr. 1518.

zen zu begründen.[124] So zählt diese Meinung den Sachverhalt, da der Nebenunternehmer Leistungen des Unternehmers eigenmächtig in Anspruch nimmt, zu den Erscheinungsformen der **faktischen Vertragsverhältnisse.**[125] Zwar handelt es sich dabei um vertraglose Leistungsverhältnisse, dennoch wenden Lehre und Rechtsprechung darauf in einigen Fällen vertragliche Regeln an, da der Eigenmächtige eine grundsätzlich entgeltliche Leistung in Anspruch nimmt.[126] Derartige Konstellationen finden sich bei Transportleistungen[127], bei Verkaufsautomaten oder bei anderen Dienstleistungen, deren Inanspruchnahme der Anbieter nicht hindern kann oder will.[128] Bei solchen Tatbeständen soll derjenige zu einer Gegenleistung verpflichtet sein, der die Leistung eines anderen beansprucht, die dieser grundsätzlich gegen ein Entgelt zur Verfügung stellt. Häufig bestehen derartige Leistungsverhältnisse aufgrund eines Vertrages, der durch konkludentes Verhalten entsteht, was an dieser Stelle keine weiteren Fragen aufwerfen würde.[129] Nach JÄGGI soll die Rechtslage allein genügend Grund sein, um den Leistungsnehmer zu einer Gegenleistung zu verpflichten.[130] Die Gegenleistung hat nach vertraglichen Grundsätzen zu erfolgen, sofern die Regeln des Bereicherungsrechts nicht anwendbar sind.[131]

282   3. Ein solcher Lösungsansatz zur vermögensrechtlichen Liquidation hat eine gewisse Überzeugungskraft, wenn es um eigenmächtig in Anspruch genommene Leistungen geht, die angeboten sind. In den übrigen Fällen ist allerdings **Zurückhaltung** zu üben, sofern kein wertungsmässiger Widerspruch zu den einverständlichen Leistungsverhältnissen besteht.

---

124   Vgl. nun auch BGE 119 II 44 f.

125   In Deutschland wurden solche Rechtsverhältnisse den faktischen Vertragsverhältnissen zugeordnet, die kraft sozialtypischen Verhaltens entstehen (vgl. statt vieler: SYZ, S. 45). Der Vertragsschluss durch sozialtypisches Verhalten wird heute weitgehend abgelehnt (ESSER/WEYERS, Schuldrecht II, S. 62 f.; LARENZ, AT, S. 534 ff.). Die schweizerische Beurteilung dieses Verhaltens ist «pragmatischer» (WÜRSCH/DALLAFIOR, S. 276). Schliesslich gilt nochmals zu betonen, dass mit der Einreihung der «Inanspruchnahme fremder Leistungen» unter die faktischen Vertragsverhältnisse kein Vertrag konstruiert wird.

126   BUCHER, AT, S. 273; GAUCH/SCHLUEP, Nr. 1190; SCHÖNENBERGER/JÄGGI, N 558 zu Art. 1 OR; SYZ, S. 45.

127   GAUCH/SCHLUEP, Nr. 1190.

128   SCHÖNENBERGER/JÄGGI, N 558 zu Art. 1 OR.

129   WÜRSCH/DALLAFIOR, S. 276 vertreten die Ansicht, dass die Inanspruchnahme grundsätzlich eine Willensbetätigung darstelle, «welche die Rechtsfolge des Vertragsschlusses» auslöse. Zu Recht kritisiert von GAUCH/SCHLUEP, Nr. 1190.

130   SCHÖNENBERGER/JÄGGI, N 560 zu Art. 1 OR; BGE 119 II 44 f.

131   Vgl. SCHÖNENBERGER/JÄGGI, N 561 zu Art. 1 OR.

283 Wenn die gesetzlichen Regeln keine oder eine im Ergebnis unbefriedigende Antwort ergeben, ist das Gesetz lückenhaft.[132] Derartige Lücken müssen primär «auf dem Wege der Analogie» gefüllt werden,[133] womit es nicht allein Billigkeitsgründe sind, die eine Anwendung vertraglicher Regeln gebieten.[134] Eine Ergänzung des Gesetzes hat nach Treu und Glauben zu erfolgen.[135] Nach dem Grundsatz, tatbeständlich Gleichwertiges gleich zu behandeln[136], drängt sich für die Lückenfüllung unter Umständen[137] die analoge Anwendung vertraglicher Regeln auf.

3. Die Haftung

284 1. Für einen allfälligen Schaden, der dem Unternehmer aus der Eigenmächtigkeit des Nebenunternehmers erwächst, haftet der Nebenunternehmer **grundsätzlich nur aus Delikt** (Art. 41 ff. OR). Damit ist der Geschädigte nach der gesetzlichen Haftungsordnung schlechter gestellt als bei einem einverständlichen Leistungsverhältnis. Erleidet der Unternehmer gar einen reinen Vermögensschaden, sind nach Rechtsprechung und herrschender Lehre ausservertragliche Ansprüche ausgeschlossen.[138] Nach klassischer Auffassung stehen dem geschädigten Unternehmer für den Fall, da der Nebenunternehmer (Maler) das unternehmerische Gerüst unerlaubt für seine Malerarbeiten benützt und es durch unsachgemässen Gebrauch beschädigt, nur ausservertragliche Ansprüche zu.

285 2. Im vorausgegangenen Beispiel lässt sich m.E. wertungsmässig eine vertragsähnliche Haftung **ausnahmsweise** rechtfertigen[139]: Wenn der Nebenunternehmer eigenmächtig eine Baustelleneinrichtung (z.B. das

---

132 GAUCH/SCHLUEP, Nr. 1193; MEIER-HAYOZ, N 271 zu Art. 1 ZGB.
133 MEIER-HAYOZ, N 346 zu Art. 1 ZGB.
134 So WÜRSCH/DALLAFIOR, S. 277.
135 SCHMID, S. 589.
136 MEIER-HAYOZ, N 348 zu Art. 1 ZGB.
137 Wie bei einem bereits vorbestehenden Vertragsverhältnis sind beim faktischen Vertragsverhältnis nicht alle Rechtsfragen nach vertraglichen Regeln zu beantworten. In beiden Fällen bleibt beispielsweise immer noch die Anwendung von Deliktsrecht vorbehalten. Denn alle streitigen Lebensverhältnisse müssen im Einzelfall je nach Wertung einerseits nach vertraglichen anderseits auch nach anderen Regeln beurteilt werden (SCHMID, S. 589). Deshalb ist mit SCHMID (S. 589) «ein 'Alles-oder-Nichts'-Dogma vertraglicher Rechtsfolgen» für bestimmte Lebensverhältnisse abzulehnen.
138 *Nr. 330 ff.*
139 Vgl. GAUCH/PRADER, Anm. 1, lit.c zu Art. 126 SIA-Norm 118.

Gerüst des Unternehmers) benützt, so nimmt er eine Sache in Gebrauch, ohne dazu berechtigt zu sein. Die eigenmächtige Inanspruchnahme lässt sich als Leistungsverhältnis dennoch mit den gleichartigen Leistungen eines Vermieters oder Verleihers vergleichen. Der Unternehmer überlässt dem Nebenunternehmer den Gebrauch einer seiner Sachen. Gleiche oder gleichwertige Leistungen schulden Vermieter und Verleiher aus entgeltlichen bzw. unentgeltlichen Gebrauchsüberlassungsverträgen.[140] Dabei treffen die jeweiligen Vertragspartner (Mieter/Entlehner) verschiedene Nebenpflichten. Insbesondere sind sie verpflichtet, die überlassenen Sachen sorgfältig zu gebrauchen[141] und nur in dem Rahmen, der sich aus der «Beschaffenheit oder Zweckbestimmung»[142] der Sache ergibt. Andernfalls sind sie dem Gebrauchsüberlasser zu Schadenersatz aus positiver Vertragsverletzung verpflichtet. Es gibt keinen Grund, weshalb für die vertraglose und eigenmächtige Inanspruchnahme der Gebrauchsüberlassung eine andere Rechtslage eintreten soll, als wenn diese Leistung vertraglich vereinbart worden ist.[143] Denn anerkanntermassen entstehen inhaltlich gleiche Pflichten selbst ohne Vertragsabschluss.[144] Deshalb könnten die Regeln der Gebrauchsüberlassungsverträge auf dem Wege der Lückenfüllung analog auf das hier behandelte Rechtsverhältnis zwischen Unternehmer und Nebenunternehmer Anwendung finden.

286 3. Nach welchen **Grundsätzen** die Haftungsfrage bei einer eigenmächtigen Inanspruchnahme unternehmerischer Leistungen zu behandeln ist, steht offen.[145] Entscheidend ist m.E. das Prinzip, Gleichwertiges gleichwertig zu behandeln. Denn erweitert man die vertragliche Haftung durch Auslegung der Art. 97 ff. OR über die «Fälle der nachträglichen Leistungsunmöglichkeit»[146] hinaus mit den Tatbeständen der positiven Vertragsverletzung, ist nicht einzusehen, weshalb eine eigenmächtige Inanspruchnahme davon verschieden beurteilt werden soll.

---

140 Art. 253 OR und Art. 305 OR.
141 Art. 257 f Abs. 1 OR/Art. 306 Abs. 1 OR.
142 Art. 306 Abs. 1 OR.
143 SCHÖNENBERGER/JÄGGI, N 561 zu Art. 1 OR.
144 MERZ, N 264 zu Art. 2 ZGB. Vgl. auch GAUCH/SCHLUEP, Nr. 1571 zum Abwicklungsverhältnis bei Vertragsrücktritt.
145 GAUCH/SWEET, Deliktshaftung für reinen Vermögensschaden, S. 140.
146 GAUCH/SCHLUEP, Nr. 2604.

F. Zum «funktionellen Zusammenhang»

287   1. Wenn man wertungsmässig grundsätzlich die Möglichkeit einer vertragsähnlichen Haftung bejaht, müssen **Abgrenzungskriterien** ein Ausufern in Sonderfälle verhindern.[147] Dafür bieten Rechtsprechung und Theorie zum funktionellen Zusammenhang zwischen schädigender Handlung und Sonderverhältnis m.E. einen guten Ansatz. Damit lässt sich nämlich beurteilen, ob der Nebenunternehmer den Unternehmer in Abwicklung des zwischen ihnen bestehenden Leistungsverhältnisses schädigt oder ob eine rein ausservertragliche Schädigung vorliegt.

288   2. Verletzt der Unternehmer den Nebenunternehmer aus Anlass einer Leistungsbeziehung, so muss mit JÄGGI der **Zusammenhang zwischen Schädigung und Sonderverhältnis** dargestellt werden.[148] Dabei sind zwei Unterscheidungen zu treffen:

289   a) Schädigt der Nebenunternehmer den Unternehmer, *ohne* dass ein *innerer Zusammenhang*[149] zwischen dem Leistungsverhältnis auf der Baustelle besteht, kommen die allgemeinen Regeln des Deliktsrechts zur Anwendung, wie sie für alle Rechtsgenossen gelten. Denn die Schädigung ereignet sich ausserhalb des Leistungsverhältnisses.[150] Ein Beispiel: Anlässlich eines Kinobesuchs verursacht der Nebenunternehmer einen Parkschaden am Auto des Unternehmers.

290   b) Anders sieht die Rechtslage aus, wenn es zu einer Schädigung während der Leistungsabwicklung kommt und wenn zwischen der schädigenden Handlung und der Leistung ein *Zusammenhang* besteht.[151] Beispiel: Der Kranführer des Unternehmers transportiert Material des Nebenunternehmers und beschädigt dabei dessen Werk. Anders gesagt, müssen die gleichen Voraussetzungen vorliegen, nach denen ein schädigender Vertragspartner aus positiver Vertragsverletzung haftet.[152] Denn bildet das Leistungsverhältnis nur räumlichen oder zeitlichen Anlass zur Schädigung des anderen, beurteilt sich eine Verletzung nach den Regeln der Deliktshaftung.[153] So beispielsweise dann, wenn der Nebenunternehmer den Unternehmer auf der

---

147   Vgl. GAUCH/SCHLUEP, Nr. 2618.
148   JÄGGI, S. 188.
149   JAUERNIG/VOLLKOMMER, N 2, lit. cc zu § 278 BGB; NICKLISCH/WEICK, N 16 zu § 10 VOB/B; SOERGEL/WOLF, N 37 zu § 278 BGB.
150   JÄGGI, S. 188.
151   JÄGGI, S. 188.
152   Vgl. zu den Voraussetzungen GAUCH/SCHLUEP, Nr. 2605 ff.
153   Vgl. HÄUSERMANN-WEBER, S. 89. Dort allerdings zur Vertragsabwicklung.

Baustelle verletzt, weil sie sich nach einer verbalen Auseinandersetzung in die Haare geraten.

291 3. Ein funktioneller Zusammenhang zwischen der schädigenden Handlung und dem konkreten Leistungsverhältnis besteht dann, wenn namentlich die **drei** folgenden **Elemente** vorliegen:

292 Erstens muss dem Schädiger erlaubt sein, auf das Vermögen des anderen einzuwirken. Zweitens muss diese Möglichkeit des Schädigers aufgrund des konkreten Sachverhaltes weiter gehen als bei normalen Rechtsgenossen, die nicht miteinander verbunden sind.[154] Und drittens entsteht ein Schadenersatzanspruch nur dann, wenn die schädigende Handlung innerhalb dieses gemeinsamen Lebensbereichs erfolgt. Über das Vorliegen des funktionellen Zusammenhangs lässt sich nur aufgrund eines konkreten Leistungsverhältnisses entscheiden. Einen funktionellen Zusammenhang zwischen Schädigung und Leistungsverhältnis hat im übrigen diejenige Partei nachzuweisen, die sich darauf beruft.[155]

G. Drittschadensliquidation

1. Begriff und Voraussetzung

293 1. Mit der Rechtsfigur der Drittschadensliquidation erweitern deutsche Lehre und Rechtsprechung den Kreis der Ersatzberechtigten. An die Liquidation eines Drittschadens werden unterschiedliche Anforderungen gestellt[156], weshalb insbesondere die Lehre keinen einheitlichen **Begriff** verwendet.[157] Im Ergebnis soll der Schaden eines Dritten ersetzt werden, der nach den Prinzipien des Schadenersatzrechtes nicht zu ersetzen wäre.[158]

294 In der Schweiz wird die Drittschadensliquidation bisher nur zögernd, etwa bei der indirekten Stellvertretung[159], anerkannt. Zudem muss der Schuldner ein Drittinteresse erkennen können.[160]

---

154 Vgl. GANTEN, S. 176.

155 Vgl. KUMMER, N 147 zu Art. 8 ZGB.

156 Vgl. *Nr. 302*.

157 Vgl. VON CAEMMERER, S. 357. - Strittig ist zudem, ob sich der Drittschadensanspruch nach vertraglichen oder deliktischen Regeln beurteilt.

158 GAUCH/SCHLUEP, Nr. 2686; VON CAEMMERER, S. 344.

159 Vgl. ARMBRÜSTER, S. 87.

160 GVP SG 1978, Nr. 16, S. 47; GAUCH/SCHLUEP, Nr. 2690.

295   2. Zu den **Voraussetzungen** einer Drittschadensliquidation gehört, dass dem materiell Geschädigten kein Anspruch zusteht und der formell Anspruchsberechtigte entweder nicht geschädigt ist[161] oder keinen Schaden mehr hat[162]. In Deutschland wird die Drittschadensliquidation für verschiedene Fallgruppen anerkannt.[163] Dabei kann der formell Anspruchsberechtigte den Schaden des materiell Geschädigten geltend machen, weil der Schädiger nicht davon profitieren soll, dass eine Schadensverlagerung eingetreten ist.[164]

2. Der Unternehmer als «Drittgeschädigter»

296   1. Eine allfällige Anwendung der Drittschadensliquidation auf das Dreiecksverhältnis zwischen Bauherr, Unternehmer und Nebenunternehmer, prüfe ich anhand des folgenden **Beispiels**:

297   Der Schreiner (Unternehmer) hat ein Zimmer getäfert. Der Sanitärinstallateur (Nebenunternehmer), der anschliessend die Zimmerheizkörper montiert, beschädigt einen Teil des Täfers. Daraufhin verlangt der Bauherr, die Täferung sei nachzubessern. Das Werk des Schreiners ist zum Zeitpunkt der Beschädigung noch nicht abgenommen.

298   2. Das Werk des Unternehmers (Schreiners) ist infolge der Beschädigung mangelhaft.[165] Liefert er es mit diesem Mangel ab, so muss er entweder eine Minderung seiner Vergütung hinnehmen oder auf Verlangen des Bauherrn unentgeltlich nachbessern, obwohl ihn kein Verschulden trifft.[166] Die Regeln über die Mängelhaftung (Art. 367-371 OR) orientieren sich im Grundgedanken an der Gefahrentragungsregel

---

161   BGE 117 II 319; BRANDT, S. 15; FIKENTSCHER, Nr. 463; KAISER, S. 344, Nr. 97a; LANGE, S. 478; LARENZ, Schuldrecht I, S. 462; LOCHER, Nr. 20; GAUCH/SCHLUEP, Nr. 2686.

162   DAUB/PIEL/SOERGEL/STEFANI, S. 441, N 91 zu § 10 VOB/B.

163   Die Drittschadensliquidation wird in Deutschland neben einem gesetzlichen Fall (§ 701 Abs. 1 BGB über die Haftung des Gastwirtes) für folgende Fallgruppen diskutiert und teilweise als zulässig erklärt: a) Obhutsfälle, b) mittelbare (indirekte) Stellvertretung, c) schuldrechtliche Schadensverlagerung oder obligatorische Gefahrentlastung. Vgl. die Übersichten bei FIKENTSCHER, S. 297, Nr. 463 ff.; LARENZ, Schuldrecht I, S. 462 f.; KAISER, S. 344 f., Nr. 97a; VON CAEMMERER, S. 356 ff. - GAUCH/SCHLUEP, Nr. 2689.

164   FIKENTSCHER, Nr. 463; LOCHER, Nr. 20.

165   Vgl. GAUCH, Werkvertrag, Nr. 996.

166   Art. 368 Abs. 2 OR.

des Art. 376 OR.[167] Der Unternehmer trägt auch bei einer **Drittein-wirkung** die Gefahr für das Werk, solange dieses noch nicht abgenommen ist, resp. der Bauherr nicht in Annahmeverzug gerät (Nr. 417).

299   3. Bis zur Abnahme bleibt der Unternehmer vertraglich verpflichtet, ein mängelfreies Werk herzustellen und dieses abzuliefern.[168] Nach der Ablieferung eines mangelhaften Werkes verbleibt dem Bauherrn einerseits ein Nachbesserungsanspruch[169], andererseits kann er wandeln oder mindern.[170] Ausgehend vom «klassischen **Schadensbegriff**»[171] erleidet der Bauherr dadurch, dass der Nebenunternehmer das Unternehmerwerk in Mitleidenschaft zieht, keinen Schaden, weil sich bei ihm keine wirtschaftlichen Auswirkungen zeigen.

300   Der Unternehmer hingegen ist geschädigt, hat aber keinen direkten Anspruch gegen seinen Nebenunternehmer, wenn man die Widerrechtlichkeit einer Schädigung nach Art. 41 Abs. 1 OR verneint, weil das unternehmerische Werk durch Einbau (Art. 671 Abs. 1 ZGB) ins Eigentum des Grundstückeigentümers übergeht.[172] «Um dieses unerträgliche Ergebnis zu vermeiden», soll der Unternehmer einen Anspruch auf dem Umweg über die Drittschadensliquidation geltend machen können:[173]

301   4. Der schädigende Nebenunternehmer soll aus dieser Sachlage keine Vorteile ziehen und für die Folgen seiner Handlungen einstehen.[174] Denn der Schaden entsteht nur deshalb in der Person des Unternehmers, weil er nach einer schuldrechtlichen Regel (Art. 376 OR; § 644

---

167   GAUCH, Werkvertrag, Nr. 1755.

168   Vgl. *Nr. 26 ff.*

169   Der Nachbesserungsanspruch ist ein modifizierter Erfüllungsanspruch (GAUCH, Werkvertrag, Nr. 1215).

170   Sofern der Bauherr seine Gestaltungsrechte (Wandelungs-, Minderungserklärung, Nachbesserungsrecht) geltend macht (GAUCH, Werkvertrag, Nr. 1206).

171   GAUCH/SCHLUEP, Nr. 2630 f. und Nr. 2635 zum normativen Schadensbegriff; *Nr. 304.*

172   Vgl. *Nr. 354* zum Besitzesschutz.

173   DAUB/PIEL/SOERGEL/STEFANI, S. 442, N 91 zu § 10 VOB/B; GAUCH, ZBJV 1982, S. 79, FN 30.

174   DAUB/PIEL/SOERGEL/STEFANI, N 91 zu § 10 VOB/B; LOCHER, S. 11, Nr. 20. - Das Argument, der Werkvertrag zwischen Bauherr und Nebenunternehmer sei nicht zugunsten des Unternehmers abgeschlossen, weshalb eine Drittschadensliquidation in Betracht komme (ZfBR 1985, S. 284; WALZEL, in: BauR 1984, S. 572; WEBER, S. 225), zielt am Problem vorbei. Bei der Drittschadensliquidation geht es nicht darum, den Werkvertrag mit einer Schutzwirkung zugunsten Dritter auszustatten. Vielmehr betreffen die zu lösenden Fragen zum Drittschaden sowohl die deliktische als auch die vertragliche Haftung (vgl. VON CAEMMERER, S. 354).

BGB) die Vergütungs- und/oder die Leistungsgefahr trägt.[175] Aufgrund dieser «**obligatorischen Gefahrentlastung**»[176] tritt der Schaden beim Unternehmer ein und nicht beim allgemein in seinen Rechten verletzten Bauherrn.[177] Mit anderen Worten führt die Gefahrentragungsregel im Werkvertrag zu einer Schadensverlagerung.[178]

302   5. Auf welche Art und Weise der Drittschaden schliesslich geltend zu machen ist, ist umstritten: Der Unternehmer hat einen eigenen direkten Anspruch gegen den Nebenunternehmer[179]; der Bauherr macht den Schaden im Namen des Unternehmers geltend, wobei der Schadenersatz an den Geschädigten direkt entrichtet wird[180]; der Unternehmer kann die Abtretung des Anspruchs oder Herausgabe des Erlangten verlangen[181].

3. Fazit

303   1. Die Anwendung der Drittschadensliquidation kann insbesondere dann zu einem richtigen Ergebnis führen, wenn nicht der Grundeigentümer die Werkleistung bestellt, sondern ein von ihm verschiedener Bauherr oder ein Hauptunternehmer als General- oder Totalunternehmer. Für das in Nr. 297 aufgezeigte Beispiel ist jedoch folgendes zu beachten:

304   Meines Erachtens bleibt zu überlegen, ob der Nebenunternehmer dem Bauherrn (als Grundeigentümer) nicht ebenfalls deliktisch oder vertraglich haftet. Der Nebenunternehmer verletzt zum einen das Ei-

---

175   Vgl. INGENSTAU/KORBION, N 8 zu § 7 VOB/B; LARENZ, Schuldrecht I, S. 463; NICKLISCH/WEICK, N 62 zu § 13 VOB/B; GAUCH/SCHLUEP, Nr. 2689.

176   KAISER, S. 345, Nr. 97a; GAUCH/SCHLUEP, Nr. 2689. Vgl. auch ARMBRÜSTER, S. 86 ff., jedoch lediglich zum Kaufvertrag.

177   Vgl. LANGE, S. 480.

178   A.M. KAISER, S. 345: Hat der Bauherr als Werkeigentümer «durch die Eigentumsverletzung einen eigenen Substanzschaden erlitten», so kommt es auf den vom BGH angenommenen Drittschadenersatz nicht mehr an. - Zur «schuldrechtlichen Schadensverlagerung» beim Werkvertrag (§ 644 BGB) vgl. LARENZ, Schuldrecht I, S. 463; beim Versendungskauf (§ 447 BGB) vgl. FIKENTSCHER, Nr. 465 und für die Schweiz (Art. 185 Abs. 2 OR) GAUCH/SCHLUEP, Nr. 2687; TERCIER, préjudice réfléchi, S. 245.

179   So wohl DAUB/PIEL/SOERGEL/STEFANI, S. 442, N 91 zu § 10 VOB/B.

180   VON TUHR/ESCHER, AT II, S. 112; vgl. ZWR 1988, S. 353 f.

181   LANGE, S. 478; GAUCH, ZBJV 1982, S. 79, FN 30; GAUCH/SWEET, Delikts-haftung für reinen Vermögensschaden, S. 126. LARENZ (Schuldrecht I, S. 463) sieht keine Begründung für einen Abtretungsanspruch seitens des Unternehmers, da die Regel von § 281 BGB offensichtlich nicht passe.

gentum des Bauherrn[182], zum anderen liegt unter Umständen auch eine Vertragsverletzung vor.[183] Dies setzt aber voraus, dass der Bauherr überhaupt geschädigt ist. Aufgrund der in der Schweiz vorherrschenden Differenztheorie, wonach ein Schaden «als ungewollte Verminderung des Reinvermögens ... in einer Verminderung der Aktiven, einer Vermehrung der Passiven oder in entgangenem Gewinn bestehen kann»[184], fällt dies schwer. Denn dem Bauherrn verbleibt auf der Aktivseite weiterhin der Erfüllungsanspruch. Die Beschädigung durch den Nebenunternehmer zeitigt bei ihm keine wirtschaftlichen Auswirkungen.

305   2. Fasste man den Schadensbegriff (Nr. 304) weiter, könnte der Bauherr sowohl den Unternehmer als auch den Nebenunternehmer belangen, da ihm «mehrere Personen aus verschiedenen Rechtsgründen» haften.[185] Die Konstruktion einer Drittschadensliquidation wäre folglich unnötig, da dem Unternehmer ein Regressanspruch nach Art. 51 OR zustünde.[186]

H. Vertrag mit Schutzwirkung zugunsten Dritter[187]

306   1. Deutsche Lehre und Rechtsprechung behaupten eine Drittschutzwirkung gewisser Verträge in dem Sinne, als sich zwischen den Vertragsparteien bestehende Schutzpflichten auch auf Dritte ausdehnen.[188] Ergebnismässig soll ein vertragsfremder Dritter[189], der durch das Verhalten einer Vertragspartei geschädigt wird, einen eigenen vertraglichen Schadenersatzanspruch gegen den Schädiger geltend machen können.[190] Eine solche **Ausdehnung der Schutzberechtigten** durchbricht einerseits

---

182   Denn durch den Einbau ist der Bauherr bereits Eigentümer des Werkes.
183   Eine Drittschadensliquidation nur in den Fällen zu gestatten, wo eine Vertragspartei durch *vertragswidriges Verhalten* einen Dritten schädigt (vgl. GAUCH/SWEET, Deliktshaftung für reinen Vermögensschaden, S. 126), lässt sich m.E. nicht rechtfertigen (Vgl. GIOVANNONI, Le dommage par ricochet en droit suisse, S. 239 f.).
184   BGE 116 II 444; GAUCH/SCHLUEP, Nr. 2624; *Nr. 299.*
185   Art. 51 Abs. 1 OR.
186   *Nr. 401 ff.*; in diesem Sinne auch BGE 119 II 131.
187   BGE 117 II 319: «contrat comportant un effet de protection envers le tiers».
188   Ablehnend JÄGGI/GAUCH, N 537 zu Art. 18 OR.
189   Z.B. die Mitglieder einer Studentenverbindung in einem Saalmietvertrag (BGH, in: NJW 1965, S. 1757); die Ehefrau des Mieters.
190   Statt vieler: GAUCH/SCHLUEP, Nr. 4043 mit Beispielen in Nr. 4044.

die Grenze zwischen deliktischer und vertraglicher Haftung, andererseits vermag sie bestehende Haftungslücken zu schliessen.[191]

307 2. Die **Abgrenzung der Schutzberechtigten**[192] bietet einige Schwie-
rigkeiten.[193] Die Lehre behilft sich mit drei Kriterien, die kumulativ
erfüllt den Dritten in den Schutzbereich eines Vetrages einbeziehen[194]
und ein Ausufern dieser Haftungsart verhindern sollen.[195] Der Schuldner haftet nach den (ungeschriebenen) Regeln der positiven Vertragsverletzung[196] nicht nur seinem Gläubiger, sondern auch einem
vertragsfremden Dritten, dem der Gläubiger seinerseits zu Schutz und
Fürsorge verpflichtet ist.[197] Dabei versteht sich, dass der Dritte (nur
aber immerhin) denselben Schutz erhält, der dem Gläubiger geschuldet
ist.[198]

308 3. Der **Werkvertrag** entfaltet für Angehörige[199] und Mieter des Bauherrn sowie gegebenenfalls für Angestellte des Unternehmers eine
Drittschutzwirkung.[200] Nämlich dann, wenn die andere Vertragspartei
dem Dritten Schutz und Fürsorge schuldet und dies für den potentiellen
Schädiger erkennbar ist.[201] Die Schutz- und Fürsorgepflichten müssen
eine gewisse Intensität aufweisen und über ein allgemeines Schädi-

---

191 FELLMANN, Produzentenhaftung, S. 299; GAUCH, Vertrag und Parteiwille, S.
     346, FN 13.
192 Keineswegs geht es darum, den Dritten mit einem Erfüllungsanspruch auszu-
     statten (LARENZ, Schuldrecht I, S. 225).
193 BUCHER, AT, S. 484; FIKENTSCHER, Nr. 261. - Vgl. FELLMANN, N 617 ff. zu
     Art. 398 OR.
194 1. Der Dritte muss im Gefahrenbereich der Leistung (Leistungsnähe) stehen. 2.
     Der Gläubiger muss ein Interesse am Schutz des Dritten haben. 3. Das
     Interesse des Gläubigers und die Leistungsnähe muss für den Schuldner
     erkennbar sein (BUCHER, AT, S. 484; FIKENTSCHER, Nr. 261;
     GAUCH/SCHLUEP, Nr. 4046; KAISER, S. 346; LARENZ, Schuldrecht I, S. 227;
     WEBER-HÄUSERMANN, S. 29 f.).
195 Für eine Ausdehnung des Schutzbereichs insbesondere für den Werkvertrag:
     SCHWENZER, S. 525 und 531.
196 BUCHER, AT, S. 485; KAISER, S. 347; WERNER/PASTOR, Nr. 1525.
197 INGENSTAU/KORBION, N 22 zu § 10 VOB/B; GAUCH, Werkvertrag, Nr. 601;
     GAUCH/SCHLUEP, Nr. 4050.
198 DAUB/PIEL/SOERGEL/STEFANI, S. 450, N 114 zu § 10 VOB/B.
199 Vgl. BGE 117 II 319.
200 HEIERMANN/RIEDL/RUSAM, N 6d zu § 10 VOB/B; INGENSTAU/KORBION, N 24
     zu § 10 VOB/B; LOCHER, S. 11, Nr. 21; SOERGEL/HADDING, N 40 zu Anh. §
     328 BGB; WERNER/PASTOR, Nr. 1527 und Nr. 1531. - Vgl. die weit ausufernde
     Tendenz in Österreich: RUMMEL/REICHSCHAUER, N 32 zu § 1295 ABGB.
201 GAUCH, Werkvertrag, Nr. 601; HEIERMANN/RIEDL/RUSAM, N 6d zu § 10
     VOB/B.

gungsverbot hinausgehen. Ob die Schutzwirkung dabei auf reine Personenschäden beschränkt bleibt, ist umstritten.[202]

309 Klar erkennbar ist nach KNIFFKA die «Tendenz des [deutschen] Bundesgerichtshofs, den Anwendungsbereich der Verträge mit Schutzwirkung zugunsten Dritter zurückzudrängen».[203]

310 4. Für die Schweiz ist die Frage, ob ein Werkvertrag eine Drittschutzwirkung auf den **Nebenunternehmer** entfalte, aus zwei Gründen zu verneinen. Erstens besteht zwischen Bauherr und Nebenunternehmer als Dritten kein intensives Fürsorge- und Schutzverhältnis.[204] Zweitens: Wenn für den Unternehmer im konkreten Einzelfall eine Schutzpflicht gegenüber dem Nebenunternehmer besteht, so besteht diese entweder infolge einer entsprechenden Nebenunternehmerklausel[205], oder sie rechtfertigt sich wertungsmässig aufgrund der konkreten Leistungsbeziehung zwischen den Unternehmern.[206] Eine Konstruktion eines Vertrages mit Schutzwirkung zugunsten des Nebenunternehmers (oder eines anderen Dritten) erübrigt sich, da dem Geschädigten mindestens vertragsähnliche Ansprüche zustehen.[207]

311 5. Wie gesagt, können die Parteien in einem Werkvertrag **vereinbaren**, dass ein vertragsfremder Dritter gewisse Schutz- und Fürsorgepflichten geniessen soll. Das Bestehen einer solchen Schutzpflicht zugunsten des Nebenunternehmers lässt sich im Einzelfall oft erst durch Auslegung des konkreten Werkvertrages ermitteln.[208] Wie weit dem begünstigten

---

202   Ausschliesslich körperliches (keine Ausdehnung auf vermögensrechtliches) Integritätsinteresse: BRANDT, S. 14; LOCHER, Nr. 21 - A.M. DAUB/PIEL/SOERGEL/STEFANI, N 117 zu § 10 VOB/B; INGENSTAU/KORBION, N 22 zu § 10 VOB/B. - Nach KNIFFKA (ZfBR, S. 2) ist diese Frage mittels Vertragsauslegung zu beantworten.

203   KNIFFKA, ZfBR 1991, S. 2 (mit Hinweisen auf Literatur und Rechtsprechung). Im Gegenzug werden Verkehrssicherungspflichten eingeführt, deren Verletzung eine ausservertragliche Haftung begründet (vgl. *Nr. 340 ff.*). - Vgl. ARMBRÜSTER, S. 90.

204   Vgl. KAISER, S. 347; WERNER/PASTOR, Nr. 1532. - GAUCH (Werkvertrag, Nr. 601) verneint das Vorliegen eines Schutz- und Fürsorgeverhältnisses im Hauptvertrag (Bauherr - Unternehmer). Deshalb entfaltet auch der Subunternehmervertrag (Unternehmer - Subunternehmer) keine Drittschutzwirkung (dort für den Bauherrn).

205   Zur Nebenunternehmerklausel mit Schutzwirkung zugunsten des Nebenunternehmers (*Nr. 528*).

206   Vgl. OLG Hamm, Urteil vom 2. 7. 1992 = IBR 1993, S. 20.

207   Vgl. KOLLER, AJP 1992, S. 1493.

208   BGE 117 II 320; Vgl. Art. 30 Abs. 3 SIA-Norm 118: «*Der Unternehmer nimmt auf Nebenunternehmer gebührend Rücksicht und befolgt die entsprechenden Weisungen der Bauleitung.*» oder Art. 103 SIA-Norm 118: «*Bis zur Abnahme trifft der Unternehmer zum Schutze von Personen und deren Gesundheit*

Nebenunternehmer ein selbständiger Schadenersatzanspruch zusteht, beurteilt sich m.E. nach den Grundsätzen der Verträge zugunsten Dritter (Art. 112 OR).[209]

III. Deliktisches Haftungsverhältnis

A. Vorbemerkungen

312 Die ausservertragliche Haftung von Unternehmer und Nebenunternehmer gründet in bestimmten Fällen auf einem Verschulden, bei anderen Konstellationen auf einem kausalen Einstehenmüssen für von ihnen oder von ihren Hilfspersonen verursachten Schädigungen. Die folgenden Ausführungen gelten zuerst den grundsätzlichen Möglichkeiten (B.), dann werden zwei Sonderfragen (C.) und schliesslich das besondere Problem der vorausgesetzten Widerrechtlichkeit (D.) behandelt. Dieser letzte Abschnitt zeigt mögliche Erweiterungen des deliktsrechtlichen Schutzes.[210] Damit beschreibe ich, nach der «vertraglichen» Haftungserweiterung (Nr. 236 ff.), einen zweiten, nunmehr klassischen Weg, die Anspruchsgrundlagen zwischen den Unternehmern auszudehnen.

B. Grundsätze

313 1. Damit der Nebenunternehmer einen erlittenen Schaden nach den ausservertraglichen Haftungsregeln (Art. 41 ff. OR) beim Unternehmer geltend machen kann, sind bis zu vier **Voraussetzungen** nötig: Erstens muss ein Schaden im Rechtssinne (Nr. 299 und Nr. 304) vorliegen, dessen Verursachung, zweitens, dem Nebenunternehmer zuzurechnen ist. Drittens muss der Unternehmer rechtswidrig und viertens schuldhaft gehandelt haben. Die vierte Voraussetzung braucht dann nicht gegeben zu sein, wenn für einen bestimmten Tatbestand eine verschuldensunabhängige Haftung vorgesehen ist.

---

sowie von Eigentum ... Dritter die gesetzlich vorgeschriebenen und erfahrungsgemäss gebotenen Vorkehren.» - Vgl. Nr. 499.

209 Vgl. KOLLER, AJP 1992, S. 1493; ARMBRÜSTER, S. 90 f.
210 Vgl. CERUTTI, S. 142 ff.

314   2. Nach der klassischen Lehre ist eine **Anspruchskonkurrenz** zwischen vertraglicher Haftung und Ansprüchen aus unerlaubter Handlung möglich.[211] Deshalb können die Voraussetzungen für eine Deliktshaftung auch zwischen Parteien vorliegen, die miteinander vertraglich verbunden sind. Eine Konkurrenz mit einer Haftung nach vertragsähnlichen Grundsätzen ergäbe keinen Sinn, da letztere gerade eine Lücke, die die Deliktshaftung offenlässt, schliessen soll.

315   3. Der Unternehmer haftet seinen Nebenunternehmern (oder anderen Dritten) sowohl nach dem allgemeinen Haftungsbestimmungen des Obligationenrechts (insbesondere Art. 41 und Art. 55 OR, möglicherweise auch nach Art. 58 OR) als auch nach der **Spezialgesetzgebung**[212]. Dies versteht sich von selbst und braucht hier in den Grundsätzen nicht mehr weiter erläutert zu werden. Hingegen sind zwei Sonderfragen zu beachten:

C. Sonderfragen

1. Einige Aspekte zur Geschäftsherrenhaftung des Unternehmers (Art. 55 OR)

316   1. In der Praxis bedient sich der Unternehmer für die Erbringung seiner geschuldeten Bauleistung in aller Regel seiner **Arbeitnehmer**. Als Geschäftsherr haftet er, bei gegebenen Voraussetzungen, für ausservertragliche Schädigungen, die diese «in Ausübung ihrer dienstlichen oder geschäftlichen Verrichtungen» (Art. 55 OR) beispielsweise einem Nebenunternehmer zufügen.

317   Der Unternehmer muss für **Hilfspersonen** einstehen, die seinen Weisungen zu gehorchen haben und zu ihm in einem Unterordnungs-

---

211   BGE 113 II 247: «Wenn der Schädiger durch sein Verhalten gleichzeitig eine vertragliche Pflicht verletzt und eine unerlaubte Handlung begeht, kann sich der Geschädigte nebeneinander auf beide Haftungsgründe berufen». - Zur Anspruchskonkurrenz: BIERI, S. 46; BUCHER, AT, S. 337; ENGEL, PS, S. 421 unten; GAUCH, Werkvertrag, Nr. 597 und 1705; GAUCH/SCHLUEP, Nr. 2912; GUHL/MERZ/KOLLER, S. 231. Ablehnend: JÄGGI, S. 181 f.; VON TUHR/ESCHER, S. 108 ff.; VON TUHR/SIEGWART, S. 347, Anm. 5. - Zur «règle du non cumul» in Frankreich vgl. BENABENT, Nr. 384.

212   Z.B. Art. 69 Abs. 1 Gewässerschutzgesetz; Art. 3 Kernenergiehaftpflichtgesetz; Art. 2 Umweltschutzgesetz etc. (SCHMID, Bauprodukte, S. 12). - Zur Werkeigentümerhaftung des Unternehmers vgl. GAUCH, Deliktshaftung, S. 21.

oder Subordinationsverhältnis stehen.[213] Diese Beziehung kann dauer-
haft (Arbeitsvertrag nach Art. 320 ff. OR; Auftrag nach Art. 394 ff.
OR) oder nur vorübergehend sein.[214] Eine vorübergehende Beziehung
liegt z.B. dann vor, wenn der Unternehmer Arbeitskräfte des Nebenunternehmers ausleiht.[215] Wer schliesslich Geschäftsherr ist, wenn ein
Nebenunternehmer einem anderen Unternehmer seine Arbeitnehmer zur
Verfügung stellt, ist aufgrund der Gegebenheiten des Einzelfalles zu
entscheiden.[216] Keinesfalls ist aber der Nebenunternehmer eine Hilfsperson des Unternehmers.

318   2. Die schädigende Handlung der Hilfsperson muss im **funktionellen
Zusammenhang** mit der Geschäfstätigkeit des Unternehmers stehen.[217] Denn Art. 55 OR regelt die Deliktshaftung des Unternehmers
für den Schaden, den seine Hilfsperson verursacht, indem sie in seinem
Interesse seinen Verpflichtungen oder Obliegenheiten nachkommt.[218]

319   3. Wenn der Unternehmer Hilfspersonen beizieht und einsetzt, haftet er
für deren Schädigungen, falls er diese nicht sorgfältig ausgewählt, in-
struiert oder überwacht hat.[219] Ein Verschulden der Hilfsperson ist
nicht vorausgesetzt. Das **Bundesgericht** hat die Geschäftsherrenhaftung
über «Sinn und Zweck des Art. 55 OR hinaus»[220] sogar noch verschärft
und dem Geschäftsherrn weitere Sorgfaltspflichten auferlegt, zu denen
er unabhängig von Beizug und Einsatz seiner Hilfspersonen verpflichtet
sei.[221]

320   4. Die **Beweislast** dafür, dass die nach den «Umständen gebotene Sorgfalt angewendet» (Art. 55 Abs. 1 OR) wurde, trägt der Unternehmer.
Er hat zu beweisen, dass er die bei der Auswahl, der Instruktion und

---

213   BREHM, N 6 zu Art. 55 OR; OFTINGER/STARK, S. 303, Nr. 60: mit weiteren
Literaturhinweisen.
214   OFTINGER/STARK, S. 303, Nr. 60 und S. 311 f. - Beispiele für ein Subordinationsverhältnis: BREHM, N 8 zu Art. 55 OR.
215   Vgl. GAUCH, BR 1991, S. 50, Nr. 82.
216   BREHM, N 18 zu Art. 55 OR; GAUCH, BR 1991, S. 50, Nr. 82. - Geschäftsherr
kann auch eine ARGE sein (MÜLLER, S. 152).
217   BREHM, N 21 zu Art. 55 OR; OFTINGER/STARK, S. 317, Nr. 89; VON
TUHR/PETER, AT I, S. 446.
218   BREHM, N 4 zu Art. 55 OR; GAUCH, BR 1986, S. 68, Nr. 93.
219   OFTINGER/STARK, S. 326, Nr. 109.
220   GAUCH, Deliktshaftung, S. 8.
221   Z.B.: Nachkontrolle von Produkten und Wahl einer sicheren Konstruktion
(BGE 110 II 465); Betriebsorganisation (BGE 110 II 460 f.; BREHM, N 47 zu
Art. 55 OR); Ausrüstung der Hilfspersonen mit Material und Werkzeug (BGE
97 II 221). - Kritisiert von GAUCH, BR 1986, S. 68, Nr. 93; SCHMID, Bauprodukte, S. 11; WERRO, responsabilité, S. 5; WIDMER, recht, S. 53 ff.

der Überwachung seiner Hilfspersonen für ein konkretes Bauvorhaben gebotene Sorgfalt aufgewendet hat.[222]

321 5. Die Geschäftsherrenhaftung ist nach neuerer Rechtsprechung keine Verschuldenshaftung mit umgekehrter Beweislast mehr[223], sondern eine **Kausalhaftung** mit der Möglichkeit zur Entlastung. An den Entlastungsbeweis werden hohe Anforderungen gestellt.[224] Die Geschäftsherrenhaftung zählt zur Gruppe der einfachen oder milden Kausalhaftungen.[225] Kann sich der Unternehmer nicht entlasten, muss er nach der Rechtsprechung des Bundesgerichts unter Umständen allein deswegen haften, weil er eine Handlung nicht selbst ausführt, sondern eine Hilfsperson beizieht. Die Ausweitung des Katalogs von Sorgfaltspflichten über diejenigen hinaus, die den Geschäftsherrn beim Einsatz und Beizug von Hilfspersonen treffen, gehören nicht zur richtig verstandenen Haftung nach Art. 55 OR.[226] Eine andere Tendenz führte insbesondere für den Bauunternehmer zur Einführung einer Kausalhaftung, von der er sich kaum mehr befreien könnte.

2. Besonderheiten der Produktehaftung

322 1. Die einschlägige Richtlinie des Rates «zur Angleichung der Rechts- und Verwaltungsvorschriften der Mitgliedstaaten über die Haftung für fehlerhafte Produkte» vom 25. Juli 1985[227] hätte in der Schweiz eine Umsetzung durch den Bundesbeschluss über die Produktehaftpflicht erfahren[228], wenn Volk und Stände dem EWR-Abkommen zugestimmt hätten.[229] Der **Entwurf** zu einem «Bundesgesetz über die Produktehaftpflicht (PrHG)» übernimmt weitgehend diesen Bundesbeschluss.[230] Da-

---

222   Vgl. GAUCH, Deliktshaftung, S. 9, FN 33; FELLMANN, Produzentenhaftung, S. 303.
223   GUHL/MERZ/KOLLER, S. 190; WEBER-HÄUSERMANN, S. 58. Kritisch: WIDMER, recht, S. 53 f.
224   BREHM, N 50 zu Art. 55 OR; GAUCH, Deliktshaftung, S. 8.
225   BGE 110 II 460; 97 II 223; 97 II 345; 95 II 97; BREHM, N 32 zu Art. 55 OR; OFTINGER/STARK, S. 265, Nr. 2.
226   GAUCH, BR 1986, S. 68, Nr. 93; WIDMER, recht, S. 56 f.
227   85/374/EWG. - Vgl. auch die Verordnung des Rates (93/339 EWG) «über die Kontrolle der Übereinstimmung von aus Drittländern eingeführten Erzeugnissen mit den geltenden Produktsicherheitsvorschriften» vom 8. Februar 1993.
228   Produktehaftpflichtbeschluss (BPH) BBl 1992 V 433.
229   Der Bundesbeschluss wäre bei Annahme des EWR nicht dem Referendum unterstellt worden (EWR-Botschaft, S. 502).
230   Vgl. Botschaft vom 24. Februar 1993, S. 80 (bBl 1993 I 884 ff. und 981 ff.).

nach haftet der Hersteller[231] eines Produkts verschuldensunabhängig für Sach- und Personenschäden, die auf einen Produktefehler zurückzuführen sind.[232] Es handelt sich um eine deliktische Haftung des Produzenten, die den Hersteller (z.b. Unternehmer) sowohl gegenüber seinem Vertragspartner (z.b. Bauherr) als auch gegenüber «unbeteiligten»[233] Dritten treffen kann. Der reine Vermögensschaden[234] sowie Schäden am fehlerhaften Produkt[235] sind aber aufgrund der Produktehaftpflicht nicht zu ersetzen. Ob der Nebenunternehmer anspruchsberechtigt ist, gilt es nachfolgend zu prüfen.

323   2. Der **Anwendungsraum** der Produktehaftung für das Rechtsverhältnis zwischen Unternehmer und Nebenunternehmer ist eng **beschränkt**:

324   - Der Nebenunternehmer ist in der Regel *kein privater Verwender* der vom Unternehmer gelieferten Produkte (Nr. 326), die ihm dieser aufgrund einer Sonderabrede (Nr. 220) liefert. Die Richtlinie findet nämlich keine Anwendung, wenn der Endverbraucher das Produkt für gewerbliche Verrichtungen verwendet.[236]

325   - Verspricht der Unternehmer dem Nebenunternehmer Bauleistungen, ist zu bemerken, dass das Resultat einer *Bauleistung in der Regel kein Produkt* im Sinne der Normierungen darstellt, da das Bauwerk keine bewegliche Sache ist.[237] Je nachdem wie weit man den Begriff «bewegliche Sache» fasst, entfällt bei einer engen Anwendung eine Produktehaftung aufgrund einer fehlerhaften Bauleistung sogar gegenüber dem Bauherrn.[238] Andererseits wird in Deutschland desgleichen jene Sache als Haftungsobjekt betrachtet, die durch Einbau in ein Grundstück, keine bewegliche Sache mehr darstellt. So kann

---

231   Das PrHG verwendet einen weiten Herstellerbegriff: Assembler, Zulieferanten, Quasihersteller, Importeur, Händler (HESS, TR, S. 92).

232   Art. 1 PrHG. - Zum Produktefehler: GANTEN, Baumangelbegriff, S. 44.

233   Im Sinne von am Vertrag nicht Beteiligten.

234   SOERGEL, S. 242; GAUCH, Die Produktehaftungsrichtlinie der EG, in: Eurobau, Kursunterlage Nr. 14, Freiburg 1992, S. 8; TASCHNER/FRIETSCH, N 1, S. 176 zu § 1 Produkthaftungsgesetz; WERRO, responsabilité, S. 8. - Haftungsvoraussetzung ist die Verletzung eines absolut geschützten Rechtsgutes. Mitunter ist also eine objektive Widerrechtlichkeit vonnöten.

235   Art. 1 Abs. 2 PrHG; Art. 9 lit. b der Produktehaftungsrichtlinie (PH-RL).

236   EWR-Botschaft, S. 502; Art. 9 lit. b, i und ii PH-RL. - Vgl. auch KULLMANN, S. 161.

237   Art. 5 PrHG; Art. 2 PH-RL; vgl auch TASCHNER/FRIETSCH, N 75 zu § 1 Produkthaftungsgesetz.

238   GAUCH, Die Produktehaftungsrichtlinie der EG, in: Eurobau, Kursunterlage Nr. 14, Freiburg 1992, S. 7.

eine Heizungsanlage, die in einem Gebäude installiert wird, durchaus «Gegenstand einer Produktehaftung werden».[239]

326 3. Unter einem weitgefassten Produktebegriff aber haftet der Unternehmer als Hersteller unter Umständen sogar als reiner Verwender[240] für ein **fehlerhaftes Produkt**, das in ein Bauwerk eingebaut wird.[241,242] Neben der Haftung gegenüber dem Bauherrn bleiben die Sach- und Personenschäden zu beurteilen, die als Folgeschäden auch beim Nebenunternehmer eintreten können. Liefert der Unternehmer beispielsweise fehlerhaften Frischbeton und beschädigt er damit das Bauwerk des Bauherrn, erleidet verschiedentlich ebenfalls der Unternehmer einen Folgeschaden. Für Sach- wie Personenschäden besteht jedoch kein Ersatzanspruch des Nebenunternehmers aufgrund der Produktehaftung. Ein direkter Anspruch des Nebenunternehmers für den Sachschaden an seinem Bauwerk ist aus zwei Gründen zu verneinen:

327 Erstens erleidet er einen reinen Vermögensschaden (Verspätungsschaden; finanzieller Aufwand für Nachbesserung), der nur ausnahmsweise zu ersetzen ist.[243] Zweitens ist der Unternehmer kein privater Verwender, weshalb eine Drittschutzwirkung der Produktehaftung klar zu verneinen ist.[244] Der letztgenannte Grund verhindert auch einen Ersatzanspruch des Nebenunternehmers für einen erlittenen Personenschaden (Tod, Körperverletzung).

328 4. Ob Unternehmer und Nebenunternehmer dem Bauherrn für ihre Produktefehler gegebenenfalls **gesamtschuldnerisch** haften, ist umstritten und nicht abschliessend geklärt.[245] Denn unter dieser Voraussetzung stünde beispielsweise einem Unternehmer, der sein Werk nachbessern musste, weil es vom Nebenunternehmer beschädigt wurde, ein Re-

---

239 CULEMANN HANS-JOACHIM, Kommentar, Produktehaftpflicht für schweizerische Lieferungen in die EG, in: Meyer-Marsilius/Schluep/Stauffacher, Beziehungen Schweiz-EG, Loseblattsammlung, Zürich 1989/1992, Bd. 5, 10.7, S. 6. - Zu erwarten ist eine gemeinschaftskonforme Auslegung des Begriffs «unbewegliche Sache» auf dem Wege eines Vorabentscheidungsverfahrens durch den EG-Gerichtshof (Art. 177 EWG-Vertrag); vgl. dazu: TASCHNER/FRIETSCH, N 9 und 10 zu § 2 Produkthaftungsgesetz; KULLMANN, S. 160: «Die Produkteigenschaft endet nicht mit dem Einbau... Diese Regelung ist vor allem deshalb getroffen worden, um eine Herstellerhaftung für fehlerhafte Baumaterialien begründen zu können».

240 Importeur, Lieferant. Vgl. Art. 2 f. PrHG.

241 GAUCH, Die Baukoordinierungsrichtlinie der EG, BR 1991, S. 3; SCHMID, Bauprodukte, S. 14.

242 Vgl. BIERI, S. 125; KULLMANN, S. 158.

243 Nr. 329.

244 Vgl. WERRO, responsabilité, S. 10 f.

245 KLEIN, S. 43; SOERGEL, S. 244; WERRO, responsabilité, S. 12.

gressanspruch aufgrund der Bestimmungen über die «Haftung mehrerer» zu.[246] Dagegen spricht, solange der Unternehmer die Gefahr für das Werk trägt[247], dass der Drittschaden, den der Unternehmer erleidet, grundsätzlich nicht ersatzfähig ist.[248]

D. Die vorausgesetzte Widerrechtlichkeit

329 Bei allen ausservertraglichen Haftungsarten stellt im vorliegenden Zusammenhang das Element der Widerrechtlichkeit ein besonderes Problem dar. Fehlt dieses Haftungselement, erleidet der Geschädigte unter Umständen eine Vermögenseinbusse, die in aller Regel keinen Ausgleichsanspruch nach sich zieht.[249] Nachfolgend befasse ich mich mit Vermögensschäden, die dem Nebenunternehmer widerfahren können (1.). Hernach folgt eine Diskussion möglicher Auswege (2.), die im Ergebnis einen deliktischen Anspruch des geschädigten Nebenunternehmers begründen und insbesondere den engen Begriff der objektiven Widerrechtlichkeit ausweiten.

1. Das Problem der reinen Vermögensschäden des Nebenunternehmers

330 1. Das Deliktsrecht gewährt dem Geschädigten in vielen Fällen nicht genügend Schutz, so beispielsweise dann nicht, wenn der Nebenunternehmer einen **reinen Vermögensschaden** erleidet, weil die von ihm eingebauten Sachen bereits ins Eigentum des Bauherrn übergegangen sind[250] oder weil Bauzeitverzögerungen dem Unternehmer Mehrleistungen abverlangen, wodurch ihn ein reiner Verspätungsschaden trifft.

331 2. In beiden geschilderten Situationen fehlt es an der vorausgesetzten Widerrechtlichkeit der Schädigung, wie sie die herrschende Lehre in der Schweiz versteht, da das Vermögen nicht zu den **absolut geschützten Rechtsgütern** zählt. Ausgehend von der sogenannten objektiven Widerrechtlichkeitstheorie ist für die herrschende Lehre eine Schadenszufügung dann widerrechtlich, wenn die Handlung «gegen eine allgemeine gesetzliche Pflicht verstösst, sei es, dass ein absolutes Recht des

---

246 Marginalie zu Art. 50/51 OR.
247 *Nr. 412.*
248 GAUCH/SCHLUEP, Nr. 2686.
249 Vgl. BIERI, S. 21.
250 Vgl. DAUB/PIEL/SOERGEL/STEFANI, N 8 zu § 10 VOB/B.

Geschädigten verletzt (Erfolgsunrecht) oder eine reine Vermögensschädigung durch Verstoss gegen eine einschlägige Schutznorm bewirkt wird (Verhaltensunrecht)».[251]

332   3. Verstösst die Schadenszufügung nicht gegen ein absolut geschütztes Rechtsgut, liegt ein reiner Vermögensschaden vor. Dieser ist nur dann zu ersetzen, wenn der Schädiger eine geschriebene oder ungeschriebene **Schutznorm**[252] verletzt, die den Geschädigten gerade vor solchen Vermögensschäden schützen soll.[253] Eine weitere Ausnahme regelt Art. 41 Abs. 2 OR bei einer sittenwidrigen absichtlichen Schädigung.

333   Bauspezifische objektive Schutznormen bieten für eine ausservertragliche Auseinandersetzung zwischen Unternehmer und Nebenunternehmer bestenfalls in den Bereichen der Stromkabelfälle resp. des Wasserleitungsbruchs einen möglichen (resp. höchstrichterlich anerkannten) Ansatz zur Begründung einer objektiven Widerrechtlichkeit.[254] Laut Bundesgericht «vermag ein reines Gefährdungsdelikt» wie Art. 229 StGB (Verletzung anerkannter Regeln der Baukunde) keine «Widerrechtlichkeit im Sinne von Art. 41 OR zu begründen».[255]

334   4. Will man dem geschädigten Nebenunternehmer aus Billigkeitsüberlegungen dennoch einen direkten Anspruch einräumen, bietet sich einmal die Möglichkeit über die Vertragsähnlichkeit des Rechtsverhältnisses zwischen Unternehmer und Nebenunternehmer an.[256] Im weiteren bestehen **fünf dogmatische Ansätze**, die das Haftungselement der Widerrechtlichkeit ausweiten, um dem Geschädigten einen ausservertraglichen Anspruch zu gewähren:

---

[251] BGE 116 Ib 374; 115 II 18; 112 II 128; 102 II 88. - BREHM, N 33 zu Art. 41 OR; DESCHENAUX/TERCIER, S. 69; GUHL/MERZ/KOLLER, S. 174; KELLER/GABI, S. 37; OFTINGER, S. 128, FN 4; OFTINGER/STARK, S. 17; OSER/SCHÖNENBERGER, N 8 zu Art. 41 OR; RASCHEIN, S. 209 ff.

[252] Vgl. BGE 119 II 127 ff.

[253] BGE 119 II 129; 117 II 317 f.; 116 I 169; 115 II 18; 108 II 311; statt vieler: BREHM, N 36 f. zu Art. 41 OR; GAUCH/SWEET, Deliktshaftung für reinen Vermögensschaden, S. 119 (mit weiteren Literaturhinweisen); LORANDI, S. 23. Beispiele für Schutznormen bei GABRIEL, S. 73 f. - Zur m.E. berechtigten Kritik an der Konstruktion von Schutznormen vgl. GABRIEL, Nr. 708 ff.; GUHL/MERZ/KOLLER, S. 177; KRAMER, recht 1984, S. 133; LORANDI, S. 25: «Das Haftpflichtrecht wird zum Glücksspiel»; TERCIER, préjudice réfléchi, S. 263 f.

[254] Vgl. statt vieler: GABRIEL, Nr. 254; KRAMER, recht 1984, S. 128 ff.; LORANDI, S. 24.

[255] BGE 117 II 270. Zur Verletzung der Regeln der Baukunde nach Art. 229 StGB siehe GABRIEL, Nr. 255.

[256] *Nr. 239 ff.*; vgl. ARMBRÜSTER, S. 85.

2. Mögliche Auswege

a) Verstösse gegen «Treu und Glauben»

335 1. KELLER erweitert den Katalog der absolut geschützten Rechtsgüter um die Kategorie «Treu und Glauben» (Art. 2 ZGB) mit folgender Argumentation: Jede Schädigung, die gegen diese «**haftpflichtrechtliche Grundschutznorm**» verstösst, ist widerrechtlich, sofern zwischen den Kontrahenten eine rechtliche Sonderbindung besteht.[257] Diese Sonderverbindung resultiert aus der Beziehungsnähe zwischen Schädiger und Geschädigtem und beinhaltet ein besonderes Vertrauens- und Treueverhältnis.[258] Das Sonderverhältnis verlangt den Parteien gewisse Verhaltenspflichten ab. Werden solche Pflichten verletzt, liegt ein widerrechtliches Verhalten vor.[259] Laut Bundesgericht könnte eine solche Pflicht beispielsweise dort bestehen, wo ein Bauherr von Anfang an damit rechnen muss, dass ein von ihm engagierter Generalunternehmer die Subunternehmer nicht bezahlen wird oder kann.[260] Dagegen sind zwei Punkte anzuführen:

336 a) *Erstens* wenden vor allem OFTINGER/STARK ein, dass aus der Verletzung von Treu und Glauben keine eigenständige Widerrechtlichkeit abgeleitet werden kann.[261]

---

257 KELLER, Ist eine Treu und Glauben verletzende Schädigung widerrechtlich?, in: recht 1987, S. 136 f. Zustimmend REY, Sonderverbindungen, S. 231. - Vgl. RASCHEIN, recht 1988, S. 90.

258 REY, Sonderverbindungen, S. 239.

259 REY, Sonderverbindungen, S. 239. - Vgl. BGE 112 II 234: Considérée comme illicite «est également ... la violation de principes généraux du droit»; BGE 108 II 305: Das Bundesgericht verneint dort einen Anspruch des Subunternehmers (nach Art. 41 OR) gegenüber dem öffentlichen Bauherrn wegen fehlender Widerrechtlichkeit im Verhalten der Gemeinde. Der Subunternehmer hat wegen der Zahlungsunfähigkeit des Generalunternehmers einen Schaden (keine Vergütung; keine Sicherheit) erlitten. Laut Bundesgericht führte es aber zu weit, dem Bauherrn nach Art. 2 ZGB eine allgemeine Pflicht aufzuerlegen, «geeignete Vorkehren dafür zu treffen», dass die Leistungen der Subunternehmer vom Generalunternehmer vergütet werden (S. 311). Bestätigt in BGE 116 Ib 376. - Für eine Deliktshaftung im vorliegenden Fall aufgrund einer Sorgfaltspflichtverletzung: SCHUMACHER in: BR 1983, S. 31 f.

260 BGE 108 II 311. In BGE 116 II 376 hält das Bundesgericht fest, dass aus dem Grundsatz von Treu und Glauben «höchstens in engen Grenzen» Verhaltenspflichten abgeleitet werden können. Grundsätzlich müsse eine vertragliche oder gesetzliche Verpflichtung zu «einem bestimmten Verhalten vorliegen».

261 OFTINGER/STARK, S. 41. Ähnlich RASCHEIN, recht 1988, S. 90.

337 b) *Zweitens* liegt es m.E näher, statt aus einer vor der Schädigung bestehenden Sonderverbindung[262] zwischen Schädiger und Geschädigtem eine ausservertragliche Haftung abzuleiten, die Frage zu
stellen, ob sich für die Abwicklung dieses Verhältnisses vertragsähnliche Regeln aufdrängen. Denn liegt ein Lebensverhältnis vor,
das verschiedene Verpflichtungen entfaltet, so kann durchaus eine
Vertragsähnlichkeit vorliegen.

338 Ob in der Folge vertragliche oder ausservertragliche Haftungsregeln zur Anwendung kommen, lässt sich nur aufgrund des konkreten Einzelfalles beurteilen.[263] Jedenfalls liegt gerade für aufgrund von Treu und Glauben bestehende Verhaltenspflichten ein
Vergleich mit den vertraglichen Pflichten auf der Hand, da es sich
dabei «um nichts anderes als um 'institutionalisierte' Nebenpflichten
handelt».[264]

339 2. Teilte man die Auffassung, jede Vertragsverletzung begründe eo ipso
eine Widerrechtlichkeit nach Art. 41 Abs. 1 OR, wäre KELLER inso-
weit zuzustimmen, als dann eine widerrechtliche Handlung vorliegt,
wenn der Schädiger seine auf Treu und Glauben gegründete Verhaltenspflicht verletzt. Richtigerweise bestreitet die **herrschende Lehre** die
Auffassung, dass jede Vertragsverletzung auch eine Widerrechtlichkeit
im Sinne der ausservertraglichen Haftung begründe.[265]

b) Verletzung von Verkehrssicherungspflichten

340 1. Im Anschluss an die vorgeschlagene Erweiterung des Katalogs absolut geschützter Rechtsgüter drängt sich eine Auseinandersetzung mit
der namentlich in **Deutschland** vertretenen Theorie[266] über die ausservertraglichen Verkehrssicherungspflichten auf, deren Anwendung auch
in der Schweiz diskutiert wird.[267]

---

262 Sonst könnte sie gar keine Verhaltens oder sogar Leistungspflichten entfalten.
263 Vgl. REY, Sonderverbindungen, S. 242.
264 WIEGAND, recht 1990, S. 136. - Vgl. KOLLER, AJP 1992, S. 1485.
265 GAUCH/SCHLUEP, Nr. 2908; DESCHENAUX/TERCIER, S. 71, Nr. 23. Beachte
aber JÄGGI, S. 193: Auch die Verletzung relativer Pflichten, die zwischen den
«Parteien» des Sonderverhältnisses bestehen, ist unter Missachtung des Schädi-
gungsverbots nach Art. 41 OR widerrechtlich.
266 Anerkannt seit BGH, Urteil vom 16. Februar 1972; NJW 1992, S. 903.
267 Vgl. BOSSHARD, S. 81; FURGLER, passim; GAUCH, Deliktshaftung, S. 7;
GAUCH/SWEET, Deliktshaftung für reinen Vermögensschaden, S. 138; LO-
RANDI, S. 26; OFTINGER/STARK, S. 11 f.

341   Ausgehend vom Gedanken, dass derjenige, der baut, automatisch Gefahrenquellen für Dritte schafft, wird eine allgemeine Pflicht begründet, alle möglichen Vorkehren zu treffen, um andere nicht zu schädigen.[268] Der Unternehmer muss folglich während der gesamten Bauzeit die Baudurchführung sowie die Baustelle «mit zumutbaren Mitteln so sichern, dass objektiv erkennbare Gefahren von Dritten ferngehalten werden können».[269]

342   2. Die Verkehrssicherungspflichten stellen eine konkretisierende **Weiterentwicklung des Gefahrensatzes** dar[270], welche Schäden erfassen sollen, die nicht unmittelbar durch ein rechtswidriges Verhalten verursacht werden, «sondern erst mittelbar, d.h. durch Hinzutreten weiterer Umstände».[271] Der Unternehmer der seinen Nebenunternehmer (oder einen anderen Dritten, resp. den Bauherrn) im Zusammenhang mit seiner Bauleistung schädigt, haftet aus unerlaubter Handlung (§ 823 Abs. 1 BGB), wenn er baustellenbedingte Verkehrssicherungspflichten verletzt.[272]

343   3. Die Einführung von Verkehrssicherungspflichten, deren Verletzung einer widerrechtlichen Handlung gleichkommt[273] - insbesondere auch zur Deckung reiner Vermögensschäden - ist für die Schweiz **aus drei Gründen abzulehnen**:

344   a) *Erstens* werden die Verkehrssicherungspflichten grundsätzlich aus einem allgemeinen Schädigungsverbot abgeleitet.[274] Eine solche allgemeine Pflicht (neminem laedere), deren Verletzung eine Widerrechtlichkeit begründet, ist in der Schweiz für die ausservertragliche

---

268   INGENSTAU/KORBION, N 100 zu § 10 VOB/B. Während sie für INGENSTAU/KORBION neben den Schutznormen (*Nr. 332*) bestehen, konkretisieren die Verkehrspflichten nach HEIERMANN/RIEDL/RUSAM (N 18c zu § 10 VOB/B) nur die Sorgfalt, die angewendet werden muss, um Dritte vor Schäden an den allgemein geschützten Rechtsgütern zu bewahren.

269   NICKLISCH/WEICK, N 26 zu § 10 VOB/B. Zu den verschiedenen Fallgruppen vgl. LOCHER, Nr. 445 ff.

270   BOSSHARD, S. 79. Vgl. auch DESCHENAUX/TERCIER, S. 75 f., Nr. 46; SCHMID, Bauprodukte, S. 9 f.

271   KNIFFKA, ZfBR 1991, S. 2.

272   Vgl. WERNER/PASTOR, Nr. 1598. Zum Umfang der Verkehrssicherungspflichten auf Baustellen siehe KULLMANN, S. 154 f.; MAURER MICHAEL, Beschädigung von Versorgungsleitungen bei Tiefbauarbeiten, in: BauR 1992, S. 439 f.

273   LORANDI, S. 26. Vgl. auch GUHL/MERZ/KOLLER, S. 177: Danach soll die strafrechtlich relevante Verkehrssicherungspflicht der Bergbahn- und Skiliftunternehmen (BGE 115 IV 189) ebenso eine entsprechende zivilrechtliche Pflicht nach sich ziehen.

274   Vgl. KNIFFKA, ZfBR 1991, S. 2.

Verschuldenshaftung nicht anerkannt.[275] Andererseits trifft aber laut Bundesgericht «denjenigen eine Schutzpflicht, der eine Gefahr schafft».[276]

345   b) *Zweitens* gehört der Gefahrensatz in der Schweiz in den Anwendungsbereich des Verschuldensprinzips[277] und begründet weder ein absolut geschütztes Rechtsgut noch eine Schutznorm.[278] Verkehrssicherungspflichten gestalten vielmehr die Sorgfaltspflicht aus, der z.B. ein Unternehmer beim Bauen zu genügen hat. Damit dienen sie als mögliches Kriterium des Deliktsrechts, um das Verschulden eines Unternehmers zu beurteilen.[279]

346   Entscheidet man anders, indem man jede Verletzung der Verkehrssicherungspflichten (z.B. beim Bauen) als widerrechtliche Handlung einstuft[280], schafft man eine weitere Kategorie von einfachen Kausalhaftungen. Ein Entscheid darüber sollte m.E. wegen seiner rechtspolitischen Qualität und Tragweite dem Gesetzgeber vorbehalten bleiben.[281]

347   c) *Drittens* sind solche Verpflichtungen m.E. vielmehr aufgrund eines vertraglichen oder vertragsähnlichen Verhältnisses anzunehmen.[282] Eine Ausdehnung auf «gegenüber jedermann obliegende Verkehrssicherungspflichten»[283] muss dem Gesetzgeber vorbehalten bleiben. Im Einzelfall lässt sich aber unter Umständen eine vertragsähnliche Behandlung eines konkreten Lebensverhältnisses rechtfertigen, womit jede Rechtsfrage, die sich in der Abwicklung dieses Sonderver-

---

275   GAUCH/AEPLI/CASANOVA, OR Allgemeiner Teil, Rechtsprechung des Bundesgerichts, 2. Aufl, S. 81. Vgl. aber LEGLER THOMAS, Die Haftung der Seilbahnunternehmungen bei Mountain Bike (MTB)-Unfällen in ihrem Einzugsgebiet, in: SJZ 1992, S. 289 ff., S. 291.

276   BGE 116 II 376. - LEGLER, SJZ 1992, S. 291 und S. 292.

277   OFTINGER/STARK, S. 11; WIDMER, recht, S. 56; GAUCH, BR 1986, S. 68, Nr. 93; SCHMID, Bauprodukte, S. 9.

278   Vgl. BGE 119 II 129; STARK, Nr. 271; GABRIEL, Nr. 263. KELLER/GABI, S. 43. A.M. FURGLER, passim (mit weiteren Literaturhinweisen); OR-SCHNYDER, N 18 zu Art. 41 OR.

279   GEISSELER, S. 28; GAUCH, Deliktshaftung, S. 7; OFTINGER/STARK, Nr. 26; RASCHEIN, recht 1988, S. 89.

280   Vgl. FURGLER, S. 148 f.

281   Vgl. GABRIEL, S. 47: Die Verschuldenshaftung stellt die Regel, Kausalhaftungen die Ausnahme bei besonderen Konstellationen dar. - Vgl. Bundesbeschluss über die Produktehaftpflicht, EWR-Botschaft, Ziff. 7.3, S. 499 ff.

282   Vgl. LEGLER (SJZ 1992, S. 292) über die Verantwortlichkeit des Transportunternehmers aufgrund einer «allgemeinen Verkehrssicherungspflicht» und aus dem «Transportvertrag».

283   LANGE, S. 456.

hältnisses stellt, nach den Grundsätzen der Vertragsähnlichkeit zu
beurteilen wäre.[284]

c) Subjektive Widerrechtlichkeitstheorie

348 Entgegen herrschender Lehrmeinung vertritt eine **Minderheit** die subjektive Widerrechtlichkeitstheorie. Danach ist jede Schadenszufügung
dann widerrechtlich, wenn sich der Schädiger nicht rechtfertigen
kann.[285] Im Hintergrund dieser Theorie steht ein allgemeines Schädigungsverbot.[286] Obwohl die herrschende Doktrin die subjektive Widerrechtlichkeitstheorie ablehnt, wird sie von GABRIEL mit «beachtlichen
Argumenten»[287] wieder «aufgenommen und vertreten»[288]. Unter anderem entfielen seiner Meinung nach unnötige «Ausweichkonstruktio-
nen»[289] in all jenen Fällen, wo reine Vermögensschäden vorliegen.[290]
Beispielsweise ist die Konstruktion ausservertraglicher Verhaltenspflichten unnötig.[291]

d) Besitz als absolut geschütztes Rechtsgut

349 1. Mindestens für den Fall, da der Unternehmer das Werk des Nebenunternehmers zerstört oder beschädigt, stellt sich die Frage, ob der Besitz allein als absolut geschütztes Rechtsgut im Sinne von Art. 41 OR
zu verstehen ist.[292] Die **Ausgangslage** zeigt sich beim Bauen mit Nebenunternehmern folgendermassen:

350 Erstens trägt jeder Nebenunternehmer die Gefahr für sein Werk
grundsätzlich (Nr. 412) so lange, bis es abgenommen ist (Art. 376
OR). Zweitens wird Material, das der Nebenunternehmer auf fremdem
Boden verwendet, «Bestandteil des Grundstückes» (Art. 671 Abs. 1

---

284   Vgl. *Nr. 306 f.*

285   Vgl. statt vieler: GABRIEL, S. 81 ff.; BOSSHARD, S. 45 f. Zu den Rechtferti-
gungsgründen siehe GABRIEL, S. 88 ff.

286   GABRIEL, Nr. 296.

287   GAUCH/SWEET, Deliktshaftung für reinen Vermögensschaden, S. 121.

288   GAUCH/SCHLUEP, Nr. 2906.

289   Positive Vertragsverletzung, Drittschadensliquidation, culpa in contrahendo,
culpa post contractum perfectum etc. (GABRIEL, Nr. 713, 716, 858).

290   GABRIEL, Nr. 860.

291   Vgl. aber BGE 113 II 247 wonach eine Bergbahnunternehmung sowohl vertraglich als auch ausservertraglich eine Verkehrssicherungspflicht für ihre Pi-
sten trifft (Anspruchskonkurrenz).

292   Zur umstrittenen Frage vgl. KOLLHOSSER, S. 571.

ZGB/Art. 667 ZGB). Der Grundstückseigentümer (z.B. der Bauherr) wird durch den Einbau Eigentümer des Nebenunternehmerwerkes, weil das Eigentum am Grundstück auch alle Bestandteile umfasst (Art. 642 Abs. 1 ZGB).[293] Zerstört oder beschädigt der Unternehmer das eingebaute Nebenunternehmerwerk, kann sich der Nebenunternehmer nicht auf ein Eigentumsrecht berufen. Die schädigende Handlung ist deshalb nach der objektiven Theorie nicht widerrechtlich, weil der Unternehmer kein absolut geschütztes Rechtsgut des Nebenunternehmers verletzt.[294]

351 2. Ein **Ausweg** besteht darin, den Besitz in den Katalog der absolut geschützten Rechtsgüter aufzunehmen. Dahingehend ist abzuklären, ob und für wie lange der Nebenunternehmer sein Werk besitzt:

352 a) Zuerst stellt sich die Frage, ob der Nebenunternehmer überhaupt *Besitzer* seines Werkes bleibt, das durch Einbau in das Eigentum des Bauherrn[295] übergeht: Laut Art. 920 Abs. 2 ZGB kann neben dem Eigentümer als selbständiger, ein anderer als unselbständiger Besitzer der gleichen Sache auftreten. Der unselbständige oder unmittelbare Besitz leitet sich vom selbständigen Besitz des Eigentümers ab[296]; entweder wird ihm die Sache «zu einem beschränkten dinglichen» oder zu «einem persönlichen Recht übertragen» (Art. 920 Abs. 1 ZGB). So besitzt ein Werkunternehmer die Sache aufgrund eines obligatorischen Rechts[297], wenn er z.B. einen Gegenstand zur Reparatur in seine Werkstatt nimmt. Wenn der Unternehmer hingegen auf dem Grundstück des Bauherrn baut, vermischt er z.B. Material, an dem er entweder Eigentümer ist oder das er mindestens unselbständig besitzt, mit dem Eigentum des Grundeigentümers. Grundsätzlich ist Mitbesitz oder getrennter Besitz an einzelnen Bestandteilen einer Sache möglich[298], weshalb wohl auch der Bauunternehmer als Besitzer seines Werkes bezeichnet werden kann.[299]

353 b) Wie lange der Nebenunternehmer Besitzer seines Werkes bleibt, ist unklar: Sicherlich aber so lange, als er im Begriffe ist, seine Baulei-

---

293 Vgl. TUOR/SCHNYDER, S. 639. - Zur ausgeführten Arbeit eines Nebenunternehmers vgl. GAUCH/SCHUMACHER, Anm. 7 zu Art. 103 SIA-Norm 118.
294 Vgl. KOLLER JO, S. 100.
295 Sofern Bauherr und Grundstückeigentümer identisch sind.
296 TUOR/SCHNYDER, S. 559; BGE 119 II 129.
297 TUOR/SCHNYDER, S. 559; vgl. auch HINDERLING, SPR V/1, S. 418.
298 Vgl. STARK, N 71 Einleitung zu Art. 919-941 ZGB (mit Beispiel in N 72: verschiedene Mieter einzelner Räumlichkeiten einer Liegenschaft).
299 Vgl. GAUCH, ZBJV 1982, S. 78 f., FN 30; WEBER FRANZ, S. 129.

stung zu erbringen. Denn in dem *Zeitraum* kann er immer noch tatsächlich auf sein Werk einwirken.[300] Im übrigen ist der Besitzesbegriff relativ: Sein massgeblicher Inhalt ergibt sich aus der Funktion, die er zu erfüllen hat.[301] Die Normen zum Besitzesschutz (Art. 926 ff. ZGB) setzen erstens einen weiten tatbeständlichen Besitzesbegriff voraus[302] und verlangen «eine bewusste Willensrichtung des Besitzes»[303]. Daher könnte zur Bestimmung des Zeitraums das Besitzinteresse herangezogen werden, das beim Nebenunternehmer sicher so lange andauert, als er die Gefahr (Nr. 412) für sein Werk trägt.[304]

354   3. Der Nebenunternehmer als unselbständiger Besitzer kann eine Sache sowohl nur in seinem als auch in beider Interesse besitzen.[305] In jedem Fall stehen ihm alle Rechte aus dem Besitz zu; namentlich auch die **Besitzesschutzklagen**.[306] Zerstört oder beschädigt der Unternehmer das Werk des Nebenunternehmers, stört er dessen Besitz (Art. 928 ZGB).[307] Der Nebenunternehmer kann Schadenersatz verlangen, wie dies Art. 928 Abs. 2 ZGB als Rechtsfolge für eine Besitzesstörung vorsieht. Der Unternehmer muss den Schaden ersetzen, welchen er seinem Nebenunternehmer durch die Störung verursacht hat.[308] Ob darunter alle Kosten fallen, die dadurch entstehen, dass der Nebenunternehmer erneut bauen oder die durch die Beschädigung entstandenen Mängel beseitigen muss[309], ist m.E. fraglich.

---

300   Vgl. BGH, Urteil vom 30.9.1969 = NJW 1970, S. 40. - In casu wurde der unmittelbare Besitz des Nebenunternehmers verneint, dessen auf dem Innenputz verklebte Kupferfolien vom Unternehmer bereits «mit mehreren Schichten aufgeklebter Isolierplatten verdeckt sind» (S. 38 f.).

301   TUOR/SCHNYDER, S. 557; HINDERLING, SPR V/1, S. 413.

302   LGVE 1991 I Nr. 6, S. 9; STARK, N 6 Vorbemerkungen zu Art 926-929 ZGB.

303   TUOR/SCHNYDER, S. 557.

304   Vgl. INGENSTAU/KORBION, N 17 zu § 10 VOB/B; KAISER, S. 671, Nr. 364; WEBER FRANZ, S. 129.

305   STARK, N 12 zu Art. 920 ZGB.

306   STARK, N 31 zu Art. 920 ZGB sowie N 12 und 103 Vorbemerkungen zu Art. 926-929; HINDERLING, SPR V/1, S. 451 (Beispiel: «Dem Mieter werden die Scheiben eingeworfen»); PIOTET, SPR V/1, S. 593; TUOR/SCHNYDER, S. 559; «Zur Besitzesschutzklage ist legitimiert, wer die tatsächliche Herrschaft über ein Grundstück ausübt» (LGVE 1991 I Nr. 6, S. 9 = BR 1993, S. 52, Nr. 123).

307   Auch ein einmaliger, abgeschlossener Vorgang ist als Besitzesstörung zu qualifizieren (STARK, N 25 zu Art. 928 ZGB). - Nach WEBER FRANZ (S. 34) ist eine «vollkommene Zerstörung der Sache» keine Besitzesstörung.

308   HINDERLING, SPR V/1, S. 456.

309   Vgl. STARK, N 47 zu Art. 928 ZGB; KAISER, S. 671, Nr. 364.

355 4. Unklar sind auch **Modalitäten und Voraussetzungen**[310] des Scha-
denersatzanspruches aufgrund einer Besitzesstörung. Denn es ist umstritten, ob die Schadenersatzklage nach Art. 928 Abs. 2 ZGB nur
einen Anwendungsfall von Art. 41 ff. darstellt[311], oder ob es sich um
einen Hinweis auf die ausservertraglichen Haftungsmodalitäten handelt
und die Bestimmungen von Art. 42 ff. OR (analog) anwendbar sind.[312]
Zählt man den Besitz zu den absolut geschützten Rechtsgütern[313], ver-
weist Art. 928 Abs. 2 ZGB lediglich auf die Bestimmungen der ausservertraglichen Haftung. Jedenfalls erhält der Geschädigte nach herrschender Lehre den infolge einer Besitzesstörung entstehenden Vermögensschaden ersetzt.[314]

356 5. In der vorliegenden Ausgangslage, wo dem Nebenunternehmer der
Besitz nur aufgrund einer obligatorischen Berechtigung eingeräumt ist,
erscheint dies m.E. mindestens fraglich. Denn der unselbständige
Besitz des Nebenunternehmers ist darauf ausgerichtet, ihm das blosse
Recht einzuräumen, auf sein entstehendes Werk weiter einzuwirken.[315]
Mitunter steht wohl ein tatsächliches Verhältnis im Vordergrund und
weniger die obligatorische Berechtigung, wie sie beim Mieter oder
Pächter zu finden ist. Ob der so verstandene Besitzesbegriff ein absolut
geschütztes Rechtsgut darstellt, ist m.E. zu bezweifeln. Aufgrund der
Relativität des Besitzesbegriffs ist viel eher zu differenzieren, wozu ein
Geschädigter besitzt, ohne den Besitz allgemein in den Rechtsgüterka-
talog aufzunehmen.[316]

357 6. Die Frage, ob der Besitz zu den absolut geschützten Rechtsgütern
zählt oder nicht, darf nicht allein unter einem formalistischen Gesichtspunkt beantwortet werden. Vielmehr ist sie danach zu beantworten, ob

---

[310] TUOR/SCHNYDER, S. 568, FN 4.
[311] BGE 99 II 33: Entsteht durch eine Störung ein Schaden, so hat der Geschädigte «nach Art. 41 Anspruch auf Schadenersatz.»; WEBER FRANZ, S. 65 f.; HINDER-LING, SPR V/1, S. 456.
[312] Vgl. SCHÖNENBERGER/GAUCH, Schweizerisches Zivilgesetzbuch mit Obligatio-nenrecht, Textausgabe, 39. Auflage, Zürich 1992, [Klammerbemerkung zu Art. 928 Abs. 2 ZGB]; STARK, N 46 zu Art. 928 ZGB.
[313] BOSSHARD, S. 49; KELLER/GABI, S. 37; OFTINGER/STARK, S. 19, Nr. 47; STARK, N 47 zu Art. 928 ZGB; VON TUHR/PETER, S. 409; DAUB/PIEL/SOERGEL/STEFANI, N 8 zu § 10 VOB/B; INGENSTAU/KORBION, N 17 zu § 10 VOB/B. – Unklar: DESCHENAUX/TERCIER, S. 71, Nr. 21. Kritisch: LANGE, S. 456 mit FN 16; LARENZ, Schuldrecht I, S. 463, FN 115.
[314] STARK, N 47 zu Art. 928 ZGB; REY, Nr. 2107.
[315] DAUB/PIEL/SOERGEL/STEFANI, N 8 zu § 10 VOB/B.
[316] Vgl. aber BGH, Urteil vom 9. April 1984 = NJW 1984, S. 2569: In casu wird einem Unternehmer der Ersatz seiner Wiederherstellungskosten zugebilligt, weil ein Dritter seine im Bau befindliche Uferwand beschädigte und dadurch seinen Besitz verletzte.

sich eine Deliktshaftung rechtfertigt, wenn der durch eine Beeinträchtigung erfolgte Schaden darin besteht, dass eine Sache nicht mehr gebraucht werden kann. Gedeckt ist m.E. einzig die durch die Gebrauchsvereitelung entstehende Schädigung des Besitzes. Nicht gedeckt ist die Schädigung, die darin besteht, dass der Besitzer dadurch einen Vermögensnachteil erleidet, dass er gegenüber Dritten (z.B. dem Bauherrn) Beschädigungen zu beheben oder finanziell auszugleichen hat. Meines Erachtens gewähren die Regeln des Besitzesschutzes keinen Schadenersatz für Zerstörung und Verschlechterung des Nebenunternehmerwerkes.

e) Drittschadensliquidation und Reflexschaden

358 1. Eine weitere Ausweitung der deliktischen Haftung bietet sich dann, wenn die Schädigung des Bauherrn, der zugleich Grundstückeigentümer ist, in die Überlegungen einbezogen werden. Zum einen drängt sich die Diskussion über eine allfällige Drittschadensliquidation (Nr. 293 ff.), zum andern eine Auseinandersetzung über den Umgang mit dem Reflexschaden auf. Dabei stellt die erste aufzuzeigende Möglichkeit ein Argument dar, den Besitz des Nebenunternehmers als absolut geschütztes Rechtsgut zu verstehen. Denn:

359 2. Räumte man dem geschädigten Nebenunternehmer einen direkten Anspruch aufgrund der Besitzesstörung ein, könnte die Rechtsfigur der **Drittschadensliquidation**[317] im ausservertraglichen Bereich ausser acht gelassen werden.[318] Die Frage nach der Liquidation des Drittschadens stellt sich im übrigen in folgender Situation: Wenn der Unternehmer das Werk des Nebenunternehmers beschädigt, verletzt er gleichzeitig das Eigentum des Bauherrn. Wie weit sich der geschädigte Nebenunternehmer über die Rechtsfigur der Drittschadensliquidation an den schädigenden Unternehmer halten kann, ist in Nr. 302 bereits ausgeführt.[319]

---

317   Vgl. DAUB/PIEL/SOERGEL/STEFANI, S. 442, N 91 zu § 10 VOB/B; GAUCH, ZBJV 1982, S. 79, FN 30.

318   Vgl. dazu BYDLINSKY FRANZ, Der negatorische Schutz des Mieters gegen Dritte und das Rechtssystem, in: FS Wesener Gunter, Wien 1992, S. 81 ff.: Obwohl der schadenersatzrechtliche Schutz des Besitzes in der Beurteilung unsicher ist (S. 96), soll der geschädigte Mieter seinen Schaden direkt aufgrund der Besitzesverletzung geltend machen können, ohne den «verletzten Eigentümer zur Verfolgung [seines] Drittschadens verhalten [zu] müssen» (S. 97).

319   Ablehnend: BREHM, N 26 zu Art. 41 OR.

360   Fasst man den Schadensbegriff weiter, als ihn die herrschende Lehre mit der Differenztheorie versteht, steht dem Bauherrn (neben vertraglichen Ansprüchen gegenüber beiden Unternehmern) auch ein ausservertraglicher Anspruch gegen den Schädiger zu. Eine Diskussion der Drittschadensliquidation erübrigt sich.[320]

361   3. Aus der Sicht des Bauherrn erleidet der Nebenunternehmer einen **Reflexschaden**. Nach herrschender Lehre und Rechtsprechung hat der Reflexgeschädigte grundsätzlich keinen Schadenersatzanspruch.[321] Da nur das absolute Rechtsgut des Bauherrn (Eigentum) verletzt ist, hat der Nebenunternehmer keinen eigenen Direktschaden erlitten.[322] Ein Reflexschaden wird grundsätzlich[323] nur dann ersetzt, wenn dies eine gesetzliche Vorschrift vorsieht.[324] In diesem Zusammenhang stellt TERCIER die Frage, ob dem Reflexgeschädigten, der aufgrund einer Vertragsverletzung[325] eine Vermögenseinbusse erleidet, nicht selbständig ein ausservertraglicher Anspruch zusteht.[326] Meines Erachtens steht dem Nebenunternehmer dann ein Anspruch zu, wenn im Werkvertrag zwischen Bauherr und Unternehmer eine Drittschutzwirkung vereinbart ist. Das Bundesgericht zieht in BGE 119 127 ff. die Bestimmungen der Art. 50 und 51 OR für einen Regressanspruch des Unternehmers entsprechend heran.

---

320   Vgl. SCHUMACHER, Untergang und Beschädigung des Werkes, S. 64.
321   Statt vieler: BREHM, N 20 zu Art. 41 OR; OFTINGER/STARK, S. 34, Nr. 96.
322   BREHM, N 24 zu Art. 41 OR.
323   Vgl. KRAMER, recht 1984, S. 134, FN 40: Bei den Stromkabelfällen sollte dem Reflexgeschädigten auch dann ein Anspruch zustehen, wenn nur der Direktgeschädigte durch eine Eigentumsverletzung betroffen ist.
324   BREHM, N 19 zu Art. 41 OR.
325   Nach herrschender Lehre (Anspruchskonkurrenz) begeht der Unternehmer, der eine Bauleistung erbringt und das Eigentum des Bauherrn zerstört oder beschädigt ebenso eine positive Vertragsverletzung.
326   TERCIER, préjudice réfléchi, S. 269 f.

4. TEIL: PROBLEME DER ABNAHME, DER MÄNGELHAFTUNG UND DER GEFAHRENTRA-GUNG

I. Die Abnahme von Nebenunternehmerwerken

A. Prinzip der getrennten Abnahme

362   1. Nach Gesetz und namentlich auch nach der SIA-Norm 118 erfolgt die Abnahme[1] eines jeden Unternehmerwerkes **separat** und losgelöst von der Abnahme des Nebenunternehmerwerkes.[2] Demzufolge kann ebenfalls jeder Nebenunternehmer sein Werk unabhängig von der Vollendung des Gesamtwerkes abliefern.[3]

363   Das Bundesgericht und die herrschende Lehre lassen die Abnahme/Ablieferung eines Nebenunternehmerwerkes nach der gesetzlichen Ordnung normalerweise «ohne weiteres» dann eintreten, «wenn andere Unternehmer die vorangehende Arbeit als Grundlage benutzen und an der Erstellung des Gesamtwerkes weiterarbeiten».[4] Da eine Abnahme auch stillschweigend erfolgen kann, genügt das Faktum, dass die Nachunternehmer das Teilwerk zum Weiterbau in Gebrauch nehmen.[5]

364   2. Jeder Unternehmer muss sein Werk vollenden[6] und braucht nicht darauf zu warten, bis alle in den separaten Werkverträgen vorgesehenen Arbeiten für das Gesamt-Bauwerk ausgeführt sind.[7] Zudem spielt es für

---

1   Der Abnahme entspricht vom Unternehmer aus betrachtet die Ablieferung (vgl. eingehend GAUCH, Werkvertrag, Nr. 90 ff.; *Nr. 29*).

2   Vgl. BGE 115 II 456; GAUCH, Anm. 3 zu Art. 157 SIA-Norm 118.

3   BGE 115 II 456.

4   BGE 115 II 459; GAUCH, BR 1990, S. 99; SCHUMACHER, Die Haftung des Architekten, Nr. 572.

5   BGE 113 II 267. Vgl. auch OR-ZINDEL/PULVER, N 27 zu Art. 371 OR.

6   BGE 118 II 149; Die Abnahme des Bauwerkes setzt dessen Vollendung voraus (GAUCH, Werkvertrag, Nr. 94).

7   BGE 115 II 459; GAUCH, Anm. 3 zu Art. 157 SIA-Norm 118; OR-ZINDEL/PULVER, N 27 zu Art. 371 OR; A.M GAUTSCHI, N 23 zu Art. 371 OR. - Zu den vertraglichen Werkleistungen gehören nach der SIA-Norm 118 auch die Aufräumarbeiten und die Demontage der Baustelleneinrichtungen (GAUCH/PRADER, Anm. 17 und 19 zu Art. 118 Abs. 3 SIA-Norm 118).

die Abnahme keine Rolle, ob sein Werk mängelfrei ist.[8] Die Unternehmer müssen die nach Massgabe ihres jeweiligen Werkvertrages geschuldete Werkleistung erbringen[9] und deren Vollendung mitteilen.[10] Nach der gesetzlichen Regel ist die Abnahme die «unmittelbare Folge der Vollendungsanzeige».[11] Da jeder Unternehmer sein Werk unabhängig vom Nebenunternehmerwerk abliefern kann, treten auch die **Abnahmewirkungen** bei jedem Unternehmer **separat** ein.

365 3. Die Abnahme/Ablieferung eines jeden Nebenunternehmerwerkes zeitigt insbesondere **zwei wichtige Rechtsfolgen**:

366 a) Erstens beginnen *Prüfungs- und Verjährungsfrist* für Mängel jedes abgelieferten Nebenunternehmerwerkes separat zu laufen (Art. 367 OR/Art. 371 OR).

367 b) Zweitens geht die *Gefahr* des zufälligen Unterganges auf den Bauherrn über. Der Unternehmer wird von der Vergütungsgefahr (Nr. 411) befreit (Art. 376 Abs. 1 OR). Nach dem Prinzip der getrennten Abnahme kann es durchaus vorkommen, dass für einige Teilwerke eines Gesamt-Bauwerks bereits der Bauherr, für andere die Nebenunternehmer, die noch nicht abgeliefert haben, die Vergütungsgefahr tragen.

B. Abweichende Abreden

368 1. In der Praxis vereinbart der Bauherr mit seinen Unternehmern häufig eine **Gesamtabnahme**. Damit durchbrechen die Parteien das gesetzlich vorgesehene Prinzip, wonach der Bauherr jedes Nebenunternehmerwerk separat abnimmt. Entsprechend schieben der Bauherr und der einzelne Unternehmer in ihrem Werkvertrag die Ablieferung des Unternehmer-

---

8   BGE 115 II 458. - Anders in Deutschland, wo der Bauherr bei wesentlichen Mängeln (§ 12 VOB/B) bzw. bei Mängeln mit «gewisser Relevanz» (§ 242 BGB) die Abnahme verweigern kann (GROSS, S. 54 f.).

9   Vgl. GAUCH, Anm. 3 zu Art. 157 SIA-Norm 118; OR-ZINDEL/PULVER, N 3 zu Art. 367 OR.

10   Die Mitteilung geschieht ausdrücklich (mündlich oder schriftlich) oder auch stillschweigend (GAUCH, Werkvertrag, Nr. 86). Voraussetzung ist also, dass der Unternehmer «alle vereinbarten Arbeiten ausgeführt hat» (BGE 115 II 458; *Nr. 29*). Vgl. auch TRÜMPY, S. 33 und ZELTNER, Nr. 164.

11   GAUCH, Anm. 1, lit.b zu Art. 158 SIA-Norm 118; BGE 115 II 459. - Nach der SIA-Norm 118 ist die Abnahme anders als nach Gesetz nicht die unmittelbare Folge der Vollendungsanzeige (GAUCH, Anm. 1, lit.b zu Art. 158 SIA-Norm 118).

werkes solange hinaus, bis der letzte Nebenunternehmer sein Werk und damit das Gesamt-Bauwerk vollendet.[12] Der Vollendung des letzen Nebenunternehmerwerkes folgt dann die Gesamtabnahme aller Teilwerke.

369   2. Andere Abreden beschlagen nicht den Zeitpunkt der Abnahme/ Ablieferung selbst, sondern die daran anknüpfenden **Wirkungen**. So kann in jedem einzelnen Werkvertrag vorgesehen sein, dass unabhängig vom Abnahmezeitpunkt, die Abnahmewirkungen nicht separat, sondern zeitgleich bei jedem Unternehmer eintreten. Denn grundsätzlich bleibt es den Parteien des Werkvertrages vorbehalten, eine andere Abrede über die Rechtswirkungen der Abnahme des Nebenunternehmerwerkes zu treffen, respektive die gesetzlich vorgesehenen Wirkungen nicht eintreten zu lassen.[13]

370   a) Die erste Modifikation betrifft die *Verjährung*: Es steht im Belieben der Parteien, die Verjährung nicht bereits mit der Ablieferung beginnen zu lassen, sondern deren Beginn z.B. an den Zeitpunkt der Mängelentdeckung oder an den Ablauf einer vertraglich bestimmten Frist zu knüpfen.[14] Dadurch, dass die Parteien die Wirkungen der Abnahme hinausschieben, können sie eine Verlängerung der Verjährungsfrist erreichen. Art. 127 OR setzt dieser Verlängerung eine Höchstgrenze von zehn Jahren.[15] Eine vertragliche Ausdehnung über diese Frist hinaus ist nicht möglich; der Unternehmer kann jedoch nachträglich vertraglich darauf verzichten, die Verjährungseinrede geltend zu machen.[16]

371   b) Mit einer zweiten Modifikation ändern die Rechtswirkungen, welche die gesetzlichen *Gefahrentragungsregeln* mit der Ablieferung verbinden.[17] Abweichungen sind aufgrund der dispositiven Natur von Art. 376 OR grundsätzlich möglich.[18] So verschieben die Vertragsparteien verschiedentlich den Gefahrenübergang zugunsten des

---

12   GAUCH, ZBJV 1982, S. 79; SCHUMACHER, Untergang und Beschädigung des Werkes, S. 73.

13   Vgl. GAUCH, Werkvertrag, Nr. 97; TERCIER, Nr. 2502.

14   GAUCH, Werkvertrag, Nr. 1818.

15   BGE 99 II 189; GAUCH, Werkvertrag, Nr. 1822; GAUTSCHI, N 5b zu Art. 371 OR; PEDRAZZINI, SPR VII/1, S. 530; OR-ZINDEL/PULVER, N 35 zu Art. 371 OR.

16   BGE 115 II 459 f.; eingehend GAUCH, Werkvertrag, Nr. 1651. Vgl. auch OR-ZINDEL/PULVER, N 35 zu Art. 371 OR.

17   *Nr. 412.*

18   GAUCH, Werkvertrag, Nr. 838; GAUTSCHI, N 4b zu Art. 376 OR; KOLLER JO, S. 105; OSER/SCHÖNENBERGER, N 5 zu Art. 376 OR; OR-ZINDEL/PULVER, N 34 zu Art. 376 OR.

Bauherrn. In diesem Sinne wird bestimmt, dass der Nebenunternehmer die Gefahr für sein bereits abgeliefertes Werk noch bis zur Vollendung des Gesamt-Bauwerkes trägt, d.h. so lange, bis das letzte Teilwerk abgeliefert ist.[19]

372   3. Verschieben die Parteien die Abnahme/Ablieferung eines Nebenunternehmerwerkes, muss mittels **Auslegung** ermittelt werden, welchen Sinn die Parteien einer solchen Klausel beimessen. Im Zweifel ist davon auszugehen, dass die Parteien auch den Zeitpunkt verschieben, an dem die Prüfungs- und Verjährungsfrist für Mängel (Art. 367 OR/Art. 371 OR) des Nebenunternehmerwerkes zu laufen beginnt und an den der Gefahrenübergang (Art. 376 Abs. 1 OR) anknüpft.[20]

II. Das Prinzip der getrennten Mängelhaftung

A. Grundsätze

373   1. Nach dem Prinzip der getrennten Mängelhaftung haftet jeder Unternehmer nur für die Mängel des von ihm geschuldeten Werkes und nicht auch für Mängel im Nebenunternehmerwerk. Damit haften der Unternehmer und sein Nebenunternehmer für ihre eigenen Werke je **getrennt und unabhängig** voneinander. Weist ein Werk einen Mangel[21] auf, stehen dem Bauherrn unter der Voraussetzung der rechtzeitigen Rüge die gesetzlichen oder vereinbarten Mängelrechte zu. Diese Ansprüche beziehen sich nur auf die vom Unternehmer übernommene Werkleistung. Dabei haftet dem Bauherrn jeder werkverantwortliche Unternehmer grundsätzlich kausal für die Mangelfreiheit seines Werkes.[22]

374   2. Die geschilderte Rechtslage besteht auch dann, wenn der Mangel im Werk des Unternehmers auf dem **mangelhaften Werk des Nebenunternehmers** beruht. Denn jeder Unternehmer hat dem Bauherrn nach Massgabe der Art. 367 ff. OR verschuldensunabhängig für die Mängel

---

19   Koller Jo, S. 105; *Nr. 368.*

20   Gauch, Probleme von und mit Subunternehmern, S. 168; Koller Jo, S. 105, für den Gefahrenübergang.

21   Zum Begriff: Gauch, Werkvertrag, Nr. 976; Ganten, Baumangelbegriff, S. 35 ff.; Siegburg, Nr. 500.

22   Das Prinzip der Kausalhaftung wird durch die Ersatzpflicht für Mangelfolgeschaden durchbrochen: Eine Haftung für Mangelfolgeschaden besteht nur dann, wenn den Unternehmer ein Verschulden oder eine Hilfspersonenhaftung trifft (Gauch, Werkvertrag, Nr. 1027).

seines Werkes Gewähr zu leisten.[23] Diese Vertragshaftung der Unternehmer setzt jedoch immer voraus, dass der Bauherr den Mangel fristgerecht rügt (Art. 367 Abs. 1 OR).

375   3. Der Umstand, dass der Werkmangel durch einen Mangel im Werk des Unternehmers verursacht wurde, befreit den Nebenunternehmer **grundsätzlich**[24] nicht von seiner Mängelhaftung. Nach dem Prinzip der getrennten Mängelhaftung haftet der Nebenunternehmer für die Mängel seines Werkes aufgrund des Werkvertrages (Art. 367 ff. OR), soweit die Voraussetzungen für eine Mängelhaftung vorliegen. Insbesondere bildet die besondere Ursache des Mangels keinen Entlastungsgrund. Denn die Haftung für das eigene Werk besteht losgelöst vom andern Unternehmer, was namentlich das folgende bedeutet: Für einen Mangel im Werk des Nebenunternehmers besteht keine (echte) Solidarhaftung (Art. 50 OR)[25] des Unternehmers.[26]

B. Besonderheiten

1. Keine Haftung des Nebenunternehmers für eigenen Mangel

376   1. Ein Mangel im (abgelieferten) Werk des Unternehmers kann zu einem Mangel im Werk des Nebenunternehmers führen. Hat der Nebenunternehmer sein Werk im Zeitpunkt der Verursachung noch nicht abgeliefert, kann seine Haftung für den eigenen Werkmangel entfallen. Dazu zwei **Beispiele**: Ein instabiles Fundament verursacht Risse im Mauerwerk des Nebenunternehmers; die Unterkonstruktion eines Flachdaches weist nicht das nötige Gefälle auf, weshalb die erforderlichen Entwässerungswerte für das Gründach des Nebenunternehmers nicht erreicht werden. In solchen Fällen verhält sich die Rechtslage wie folgt:

377   2. Wenn der Unternehmer als Vorunternehmer des Nebenunternehmers handelt[27], muss sich der Bauherr den Mangel im Vorunternehmerwerk unter Umständen als **Selbstverschulden** nach Art. 369 OR anrechnen

---

23   GAUCH, Werkvertrag, Nr. 1025.
24   Ausnahmen: *Nr. 376 ff.*
25   Vgl. DESCHENAUX/TERCIER, S. 280; GAUCH/SCHLUEP, Nr. 3877; TERCIER, résponsabilité civile, S. 35 f.
26   Vgl. JAUERNIG/SCHLECHTRIEM, N 8 vor § 631 BGB.
27   *Nr. 102.*

lassen.[28] Der Nachunternehmer kann sich von seiner Mängelhaftung vollständig befreien, wenn das mangelhafte Werk des Vorunternehmers die ausschliessliche und alleinige Ursache für den Werkmangel darstellt.[29] Das gilt allerdings nur unter der Voraussetzung, dass der Nachunternehmer selbst keine bestehende Anzeigepflicht verletzt hat.[30] Die Beweislast für das Selbstverschulden des Bauherrn liegt beim Nachunternehmer, der seine Haftung bestreitet.[31] Zur Begründung des Selbstverschuldens werden zwei Ansatzpunkte diskutiert:

378 a) Ein erster Ansatzpunkt begründet die Entlastung des Unternehmers mit einer Hilfspersonenhaftung des Bauherrn: Ein Selbstverschulden trifft den Bauherrn dann, wenn seine *Hilfsperson* einen Umstand nach Art. 369 OR setzt.[32] Namentlich in Deutschland vertritt ein Teil der Lehre - entgegen dem Bundesgerichtshof[33] - die Meinung, die Entlastung des Nachunternehmers nach § 645 Abs. 1 BGB gründe auf der Hilfspersonenstellung des Vorunternehmers.[34] Der Bauherr bediene sich zur Erfüllung seiner Mitwirkungspflicht gegenüber dem Nachunternehmer (zur Verfügung stellen einer män-

---

28 Wird das Werk durch die mangelhafte Vorunternehmerarbeit (ganz oder teilweise) **zerstört**, gelten die gleichen Grundsätze wie beim Werkmangel. Diesfalls rechtfertigt sich nämlich eine analoge Anwendung des Art. 376 Abs. 3 OR (GAUCH, ZBJV 1982, S. 79; KOLLER JO, S. 99). Beim Untergang des Nebenunternehmerwerkes ist für den Risikobereich des Bauherrn die Anwendung des Art. 376 Abs. 3 OR zu prüfen (vgl. GAUCH, Werkvertrag, Nr. 825; KOLLER JO, S. 99; SCHUMACHER, Untergang und Beschädigung des Werkes, S. 64). Die Entlastung des Unternehmers erfolgt nach den Regeln der Gefahrentragung (KOLLER JO, S. 99 f.; *Nr. 425*).

29 Im Unterschied zur gesetzlichen Regelung verneint Art. 166 Abs. 4 SIA-Norm 118 bereits schon das Vorliegen eines Mangels, wenn ein vertragswidriger Zustand des Werkes dem alleinigen Selbstverschulden des Bauherrn zuzurechnen ist (GAUCH, Anm. 14 zu Art. 166 SIA-Norm 118).

30 *Nr. 213*. Verletzt er die Anzeigepflicht, liegt allenfalls ein beschränktes Selbstverschulden des Bauherrn vor; zu den Rechtsfolgen vgl. *Nr. 155 ff.*

31 GAUCH, Werkvertrag, Nr. 1353.

32 Die eingesetzte Bauleitung koordiniert beispielsweise die Arbeiten der Nebenunternehmer nicht oder nicht gehörig (*Nr. 133*). - Vgl. GAUCH, Werkvertrag, Nr. 2025; STIERLI, Nr. 252.

33 BGH, Urteil vom 27. Juni 1985 = BauR 1985, S. 561 ff.; ZfBR 1985, S. 282 ff. - Zustimmend KAISER, Nr. 145; WEISE, BauR 1992, S. 686 f.

34 DAUB/PIEL/SOERGEL/STEFANI, N 7 zu § 9 VOB/B; NICKLISCH/WEICK, N 14 zu § 10 VOB/B; VYGEN, Nr. 705; ders., Vorunternehmer, S. 395; - A.M. BADEN, S. 31; BRÜGMANN, S. 388; INGENSTAU/KORBION, N 128 zu § 6 und N 195 zu § 13 VOB/B; SIEGBURG, Nr. 271. - Zum Diskussionsstand in Österreich vgl. RUMMEL, S. 309 f. (mit weiteren Literaturhinweisen).

gelfreien Vorleistung) des Vorunternehmers, weshalb der Bauherr für die mangelhafte Vorleistung einzustehen habe.[35]

379   b) Ein zweiter Ansatzpunkt lehnt eine generelle Hilfspersonenhaftung ab, kommt aber dennoch zum Ergebnis, dass ein Selbstverschulden vorliegt. Namentlich die Rechtsprechung und Lehre in der Schweiz begründen eine Entlastung in Anlehnung an den *Begriff des Selbstverschuldens* (Nr. 126) und verneinen zu Recht die generelle Hilfspersoneneigenschaft des Vorunternehmers.[36] Der Bauherr muss sich die Risiken des mangelhaften Werkes zurechnen lassen, wenn er den Nebenunternehmer mit dessen Werkleistung daran anschliessen lässt.[37] Denn das Vorunternehmerwerk (ob mangelhaft oder nicht) gehört zu den Grundlagen wie der Stoff oder der Baugrund, die vom Bauherrn zur Verfügung gestellt werden.[38] Der Bauherr hat Qualität und Eignung seiner Grundlagen zu vertreten und nicht der bauende Unternehmer.[39] Die Zurechenbarkeit fremder Leistungen oder Produkte (Vorunternehmerarbeit/Baustoffe) folgt dem Grundsatz, dass Werkmängel, die aufgrund ungeeigneter Grundlagen im Unternehmerwerk entstehen, vom Bauherrn selbstverschuldet[40] sind.[41]

380   Indem diese Meinung die Tatsache der fehlerhaften Grundlage für sich allein genügen lässt, um ein unmittelbares Selbstverschulden des Bauherrn zu begründen, entfällt auch eine Diskussion einer analogen Anwendung des Art. 101 OR.[42]

---

35   Neuere kritische Betrachtungen zum zitierten BGH-Urteil vertreten eine analoge Anwendung des § 645 BGB, sofern die Erfüllungsgehilfeneigenschaft weiterhin verneint werden soll: KAPELLMANN, S. 436.

36   GAUCH, Werkvertrag, Nr. 1361. - Vgl. auch BADEN, S. 31.

37   GAUCH, ZBJV 1982, S. 73; ders., Werkvertrag, Nr. 1459. - Vgl. zum gleichen Prinzip in Deutschland (§ 633 ff. BGB § 13 Nr. 3 VOB/B) statt vieler: INGENSTAU/KORBION, N 179 zu § 13 VOB/B; KAISER, ZfBR 1983, S. 209; KOHLER, S. 417 ff.

38   GAUCH, Werkvertrag, Nr. 825; KOLLER JO, S. 99. - Nach SCHUMACHER (Untergang und Beschädigung des Werkes, S. 64) ist das Vorunternehmerwerk Bestandteil des Baugrundes («Akzessionsprinzip»). - Vgl. KAPELLMANN, S. 435.

39   Vgl. KOHLER, S. 417; VYGEN, Nr. 663.

40   «Verschuldet» (Art. 369 OR) ist hier im Sinne von «wenn der Besteller die Mängel auf andere Weise selbst zu *vertreten* hat» zu verstehen (vgl. BADEN, S. 31).

41   GAUCH, Werkvertrag, Nr. 1411; ders., Anm. 14, lit.a zu Art. 166 SIA-Norm 118; SIEGBURG, Nr. 271.

42   Vgl. GAUCH, Werkvertrag, Nr. 1363. - A.M. wohl ZELTNER, Nr. 205: Der Bauherr verletzt mit der Nicht- oder nicht richtigen Mitwirkung eine «echte Vertragspflicht»; vgl. auch STIERLI, Nr. 252.

381   3. Bildet das mangelhafte Vorunternehmerwerk nicht die alleinmassgebliche Ursache für den Werkmangel des Nebenunternehmers, kann ein **beschränktes Selbstverschulden** des Bauherrn vorliegen.[43] Die Regeln des Art. 369 OR finden keine direkte Anwendung.[44] Der Nebenunternehmer erfährt in seiner Mängelhaftung immerhin eine Entlastung nach den Grundsätzen der Art. 99 Abs. 3 OR/Art. 44 Abs. 1 OR.[45] Die gegen den Nebenunternehmer gerichteten Forderungen sind in einer Auseinandersetzung so weit herabzusetzen, als dies dem beschränkten Selbstverschulden des Bauherrn entspricht.[46] Dabei berücksichtigt der Richter alle Umstände und entscheidet nach seinem Ermessen, wie weit der Unternehmer entlastet werden kann.[47]

2. Haftung des Unternehmers für fremden Mangel

a) Mangel hat Ursache im abgelieferten Werk des Unternehmers

382   1. Der Unternehmer haftet seinem Bauherrn, wenn aus dem Mangel seines Werkes ein **Mangelfolgeschaden**[48] im Werk des Nebenunternehmers entsteht. Dies ist deshalb bedeutsam, weil der «Mangel» im Nebenunternehmerwerk als Mangelfolgeschaden erscheinen kann. Der Unternehmer muss dann sowohl für den eigenen Mangel als auch für den «Mangel» im Werke des Nebenunternehmers einstehen. Die Ersatzpflicht für den Mangelfolgeschaden besteht nur bei Verschulden oder einer Hilfspersonenhaftung. Der Mangel im Nebenunternehmerwerk erscheint dann als Mangelfolgeschaden, wenn er aufgrund des Mangels im Vorunternehmerwerk entsteht und den Bauherrn vermögensmässig beeinträchtigt.[49]

383   Für den Mangelfolgeschaden gilt die *besondere Schadenersatzordnung* des Werkvertragsrechts (Art. 368 OR): Voraussetzung dieser

---

43   BGE 116 II 458; GAUCH, Werkvertrag, Nr. 1469.
44   BGE 116 II 458; GAUCH, Werkvertrag, Nr. 1478; *Nr. 155.*
45   GUHL/MERZ/KOLLER, S. 80; zur Anwendung deliktsrechtlicher Regeln auf die Mängelhaftung siehe BRUNNER, Nr. 417; REBER, BR 1981, S. 47.
46   Vgl. BRUNNER, Nr. 425 ff.; KAISER, ZfBR 1985, S. 61; OLG Hamm, Urteil vom 9. 2. 1987 = ZfBR 1988, S. 154.
47   Bei der teilweisen Entlastung ist zu berücksichtigen, dass alle Forderungen Ausfluss der Kausalhaftung des Nebenunternehmers darstellen. Je geringer das «Selbstverschulden» des Bauherrn, desto höher muss deshalb der vom Nebenunternehmer zu tragende Anteil ausfallen, da zusätzlich zur Kausalhaftung das Eigenverschulden berücksichtigt werden muss (*Nr. 158*).
48   Zu den Erscheinungsformen eingehend GAUCH, Werkvertrag, Nr. 1320 ff.
49   GAUCH, Werkvertrag, Nr. 1320.

Haftung des Vorunternehmers ist erstens das Verschulden am eigenen Werkmangel.[50] Zweitens muss der Mangel im Vorunternehmerwerk die adäquate Ursache für den Mangel im Nachunternehmerwerk bilden.[51] Diese Haftung für Mangelfolgeschaden ist jedoch nichts anderes als eine Haftung aus dem eigenen Werk. Selbstverständlich greift sie erst dann ein, wenn das Vorunternehmerwerk abgeliefert ist.

384   2. Diese Konstellation ist möglich, **unabhängig** davon, ob der Neben-unternehmer ein **Vor-, Parallel- oder Nachunternehmer** des Unter-nehmers ist. Der Fall, dass aus dem mangelhaften Anschlusswerk des Nachunternehmers ein Mangel im Vorunternehmerwerk entsteht, ist je-doch selten. Dabei handelt es sich dann um einen Mangelfolgeschaden, wenn der Bauherr vermögensmässig beeinträchtigt ist. Hierzu ist ein Dreifaches zu bemerken: Erstens muss das Nachunternehmerwerk ab-geliefert sein; zweitens muss den Nachunternehmer ein Verschulden (oder eine Hilfspersonenhaftung) treffen; und drittens liegt der Schaden des Bauherrn in der Wertminderung des Werkes, die als Auswirkung des Mangels erscheint. Folglich erstreckt sich die Haftung auf eine Vermögenseinbusse, die mit den Nachbesserungskosten für das Vorun-ternehmerwerk übereinstimmen kann, nicht aber muss.[52]

b) Verursachung durch (sonstige) Vertragsverletzung des Unternehmers

385   1. Ein Mangel im Nebenunternehmerwerk kann sich auch aus einer an-derweitigen Vertragsverletzung des Unternehmers ergeben, indem die-ser leistungsbezogene oder leistungsfremde (Neben)Pflichten[53] verletzt. Bei solchen Konstellationen stellt der Werkmangel im Nebenunterneh-merwerk gerade **kein Mangelfolgeschaden** dar.[54] Der Unternehmer wird gegenüber dem Bauherrn schadenersatzpflichtig[55], weil er (oder seine Hilfsperson) sonst vertragswidrig handelt, ohne selbst ein man-gelhaftes Werk abzuliefern. Dazu die beiden folgenden Tatbestände und deren Rechtsfolgen:

---

50   GAUCH, Werkvertrag, Nr. 1328: Den Vorunternehmer kann z.B. auch dann ein Verschulden treffen, wenn er eine Anzeigepflicht (Art. 365 Abs. 3 OR/Art. 369 OR) verletzt.

51   GAUCH, Werkvertrag, Nr. 1328 und 1327; TERCIER, Nr. 2768.

52   BR 1993, S. 102, Nr. 213.

53   Vgl. GUHL/MERZ/KOLLER, S. 14; *Nr. 141.*

54   GAUCH, Werkvertrag, Nr. 1309.

55   Unter Umständen hat er noch mit weiteren Rechtsnachteilen zu rechnen (vgl. z.B. *Nr. 200 ff.*).

386 a) Ein Mangel im Nebenunternehmerwerk entsteht dadurch, dass der Unternehmer *mangelhaft* arbeitet, sein Werk in diesem Zeitpunkt jedoch noch *nicht abgeliefert* ist.[56] Da es an der Ablieferung/ Abnahme fehlt, liegt kein Mangelfolgeschaden vor.[57] Der Bauherr erleidet einen sogenannten «Begleitschaden».[58] Der Unternehmer haftet dem Bauherrn aus positiver Vertragsverletzung, soweit hiefür die Haftungsvoraussetzungen (Verschulden resp. Hilfspersonenhaftung; adäquater Kausalzusammenhang) gegeben sind.[59] Bei einer mangelhaften Erstellung des Unternehmerwerkes selbst stehen dem Bauherrn die Rechte aus Art. 366 Abs. 2 OR zu.[60]

387 b) Der Unternehmer kann sich auch *sonst vertragswidrig* verhalten und dadurch einen Mangel im Nebenunternehmerwerk verursachen. Die Pflichtverletzung braucht nicht im Zusammenhang mit der eigentlichen Werkherstellung zu bestehen. Verletzt der Unternehmer den Werkvertrag, so haftet er nach den Art. 97 Abs. 1/Art. 364 OR wiederum aus positiver Vertragsverletzung.[61] Die Regeln des Art. 366 Abs. 2 finden jedoch keine Anwendung, da der Begleitschaden (Nr. 252) nicht unter den Tatbestand dieser Norm fällt.[62]

388 Eine solche Vertragsverletzung liegt beispielsweise vor, wenn ein Mangel im Nebenunternehmerwerk darauf beruht, dass der Unternehmer eine ihn treffende Anzeigepflicht (Nr. 205 ff.) verletzt. Dies ist der Fall, wenn der Unternehmer es unterlässt, auf Umstände und Besonderheiten seines eigenen Werkes hinzuweisen, die eine mängelfreie Anschlussarbeit des Nebenunternehmers überhaupt erst ermöglichen.[63]

389 2. Liefert der **betroffene Nebenunternehmer** sein Werk mit dem Mangel ab, haftet er dem Bauherrn nach den Regeln der Mängelhaftung. Der blosse Umstand, dass die Mangelursache im Unternehmerverhalten liegt, bildet grundsätzlich keinen Entlastungsgrund.[64] Nach dem Prinzip der getrennten Mängelhaftung kann der Nebenunternehmer dem

---

[56] Vgl. TERCIER, Nr. 2541.
[57] GAUCH, Werkvertrag, Nr. 1313; TERCIER, Nr. 2541.
[58] GAUCH, Werkvertrag, Nr. 1311; *Nr. 245, Nr. 252 und Nr. 273.*
[59] Art. 97 (Art. 101 OR) und Art. 364 Abs. 1 OR. Zu beachten ist auch die ordentliche Verjährungsfrist nach Art. 127 ff. OR (BGE 113 II 267).
[60] GAUCH, Werkvertrag, Nr. 612; OR-ZINDEL/PULVER, N 32 zu Art. 366 OR.
[61] Vgl. GAUCH, Anm. 26, lit.b zu Art. 188 SIA-Norm 118.
[62] A.M. GAUTSCHI, N 8a zu Art. 366 OR; OR-ZINDEL/PULVER, N 33 zu Art. 366 OR: «jegliche Vertragsverletzung» fällt unter Art. 366 Abs. 2.
[63] Vgl. SOG 1991, Nr. 8, S. 22; LOCHER, S. 86, Nr. 102. - Zur Rechtslage bei einer abgegebenen Systemgarantie *Nr. 548 ff.*
[64] *Nr. 375.*

Bauherrn das Unternehmerverhalten nicht entgegnen, da dieser ihm gegenüber nicht als Hilfsperson des Bauherrn handelt; soweit der Unternehmer nur sein geschuldetes Werk herzustellen und abzuliefern hat. Der Bauherr muss sich das Verhalten des Unternehmers nicht anrechnen lassen, da es nach schweizerischer Rechtsauffassung nicht zum bauseitigen Risikobereich gehört.[65,66] Deshalb liegt grundsätzlich kein Selbstverschulden des Bauherrn vor, wenn das Nebenunternehmerwerk noch vor der Ablieferung verschlechtert und deshalb mangelhaft wird. Der Nebenunternehmer muss sich mit dem schädigenden Unternehmer auseinandersetzen.[67]

390 3. Immerhin gilt das vorhin Gesagte mit **zwei Einschränkungen**:

391 a) Beruht der Mangel im Nebenunternehmerwerk auf der *mangelhaften Arbeit des Vorunternehmers*, so gilt das in Nr. 377 ff. Gesagte sinngemäss. Dass die Vorarbeit im Zeitpunkt der Mängelverursachung noch nicht abgeliefert ist, ändert nichts an der Rechtslage.

392 b) Ausserdem kann sich der Nebenunternehmer entlasten, wenn er dem Bauherrn seine *Bedenken* hinsichtlich der (fachlichen und technischen) Fähigkeiten oder der Zuverlässigkeit eines Unternehmers vorgängig *anzeigt*.[68] Hält der Bauherr trotzdem am Unternehmer fest, muss er sich dessen Handeln gegenüber dem warnenden Nebenunternehmer als (mindestens beschränktes) Selbstverschulden anrechnen lassen. Dies gilt für die Folgen, die der Eintritt des vom Nebenunternehmer befürchteten Ereignisses zeitigt.[69]

393 Beispiel: Weist der Schreiner ausdrücklich auf die mangelnde Befähigung des Malers hin, erfährt der Schreiner (Nebenunternehmer), der eine gestemmte Decke ausführt, die den neusten baubiologischen Grundsätzen genügen soll, eine (vollständige oder teilweise) Entlastung von seiner Mängelhaftung, wenn der Maler (Unternehmer) das Holz mit einem ungeeigneten Öl behandelt. Denn die baubiologischen Erfordernisse werden nicht erfüllt, weil

---

65 Vgl. aber SCHUMACHER, Untergang und Beschädigung des Werkes, S. 65: Wenn der Bauherr sich bereits das Vorunternehmerwerk anrechnen lassen muss, könnte man einen Schritt weitergehen «und in analoger Anwendung von Art. 37[6] Abs. 3 OR alle Schäden, welche von Nebenunternehmern verursacht werden,..., dem Gefahrenbereich des Bauherrn zuordnen»; *Nr. 423*.

66 Vgl. die Auseinandersetzung in Deutschland: GANTEN, S. 128 ff.; KNIFFKA, ZfBR 1993, S. 102 (insbesondere auch zur Sphärentheorie); *Nr. 424*.

67 Vgl. *Nr. 217 ff.*

68 Vgl. zum vorgeschriebenen Subunternehmer Art. 29 Abs. 5 SIA-Norm 118 und GAUCH, Anm. 3 zu Art. 168 SIA-Norm 118.

69 Vgl. Art. 30 Abs. 5 SIA-Norm 118; *Nr. 210*.

die Fachkenntnisse des Malers den Anforderungen nicht genügen. Dies ergibt sich aus einer teilweise analogen Anwendung des Art. 369 OR.

3. Unternehmer verursacht Verschlechterung des abgelieferten Nebenunternehmerwerkes

394 Von den geschilderten Fällen ist der Sachverhalt zu unterscheiden, da der Unternehmer für eine Verschlechterung des bereits abgelieferten Nebenunternehmerwerkes einzustehen hat. Dabei kommen die **beiden** folgenden **Möglichkeiten** in Betracht:

395 a) Erstens kann ein *Mangel* des Unternehmerwerkes zu einer Verschlechterung des bereits abgelieferten Nebenunternehmerwerkes führen. Resultiert daraus ein Mangelfolgeschaden, so hat der Unternehmer, bei gegebenen Haftungsvoraussetzungen (Art. 367 ff. OR), für diesen Schaden einzustehen. Der Nebenunternehmer hingegen haftet dem Bauherrn nicht für die Verschlechterung seines Werkes, da er nach dem Inhalt seines Werkvertrages in der Regel lediglich verpflichtet ist, ein mängelfreies Werk herzustellen und abzuliefern.[70] Demzufolge liegt kein Werkmangel im Sinne der werkvertraglichen Mängelhaftung vor, wenn eine vereinbarte oder vorausgesetzte Eigenschaft des Nebenunternehmerwerkes nach der Ablieferung entfällt.[71]

396 b) Zweitens kann der Unternehmer den Bauherrn mit einer *sonstigen Vertragsverletzung* (Nr. 385) schädigen, indem er das bereits abgenommene Nebenunternehmerwerk beispielsweise unter Wasser setzt und dadurch eine Verschlechterung verursacht. Oder dadurch, dass der Unternehmer (oder seine Hilfsperson) eine Humusschicht derart unsorgfältig auf ein Flachdach aufträgt, dass das Unterdach beschädigt wird. Der Unternehmer haftet (bei gegebener Voraussetzung) aufgrund seiner positiven Vertragsverletzung (Art. 97 OR/Art. 364 OR).

---

70 Dies ergibt sich bereits aus der Gefahrentragungsregel (vgl. GAUCH, Anm. 12 zu Art. 157 SIA-Norm 118; *Nr. 412*).

71 Ohne gegenteilige Vereinbarung besteht keine Verpflichtung des Nebenunternehmers, das Werk auch nach der Ablieferung in vertragsgemässem Zustand zu erhalten (GAUCH, Werkvertrag, Nr. 983).

C. Haftungskonkurrenz und Regress der Nebenunternehmer

1. Haftungskonkurrenz

397   1. Jeder **Unternehmer** haftet für die Mängel seines Werkes, bei Verschulden auch für den Mangelfolgeschaden, der aus einem solchen Mangel entsteht.[72] Ein derartiger Mangelfolgeschaden kann nun gerade darin bestehen, dass «sein Mangel» zu einem Mangel im Nebenunternehmerwerk führt. Alsdann haftet der Unternehmer bei gegebener Voraussetzung für die dadurch bewirkte Vermögensbeeinträchtigung des Bauherrn.

398   2. Demzufolge hat der Bauherr allenfalls sowohl einen Schadenersatzanspruch gegen den Unternehmer (Anspruch auf Ersatz des Mangelfolgeschadens) als auch die Mängelrechte gegen den **Nebenunternehmer**. Diese Konstellation ist möglich, unabhängig davon, ob der Nebenunternehmer ein Vor-, Parallel- oder Nachunternehmer des Unternehmers ist. Denn grundsätzlich wird die Verantwortlichkeit einer Person nicht dadurch vermindert, dass auch ein anderer noch für den gleichen Schaden haftet.[73] Zu beachten bleibt allerdings, dass ein Mangel im Nebenunternehmerwerk nur so lange entstehen kann, als dieses noch nicht abgeliefert ist. Zur späteren Beeinträchtigung des Nebenunternehmerwerkes vgl. Nr. 394 ff.

399   3. Bei dieser Sachlage haften Unternehmer und Nebenunternehmer nach aussen[74] **(unecht) solidarisch** (Art. 99 Abs. 3 OR/Art. 51 OR).[75] Das Zusammentreffen verschiedener Haftungsarten (Nr. 398) ändert nämlich nichts daran, dass Unternehmer und Nebenunternehmer dem Bauherrn grundsätzlich vollständig, gleichstufig und gemäss ihrer besonderen Rechtslage haften.[76] Obwohl keine echte Solidarität nach Art. 143 ff. OR vorliegt[77], sind die Art. 144 Abs. 2 OR und Art. 147 Abs. 1

---

72   Art. 368 OR.
73   BGE 114 II 344; REBER, BR 1981, S. 47; SCHUMACHER, Die Haftung des Architekten, Nr. 719.
74   D.h. gegenüber dem Bauherrn (eingehend BRUNNER, Nr. 438 ff.).
75   Vgl. KAISER, Nr. 147; SCHAUB, S. 244; WEISE, S. 690.
76   BRUNNER, Nr. 438; WEISE, S. 690.
77   Vgl. GAUCH, Werkvertrag, Nr. 2027; KAISER, Nr. 54k; REBER, BR 1981, S. 44 f. - A.M WEISE, BauR 1992, S. 688 (mit weiteren Hinweisen auf die vorherrschende Meinung in Deutschland).

OR als Grundregel sinngemäss anwendbar[78], um eine Überentschädigung des Bauherrn zu verhindern.[79]

400   4. Ein **Sonderfall** liegt im Tatbestand, da Unternehmer und Nebenunternehmer bewusst zusammenwirken und dem Bauherrn aus gemeinsamem Verschulden einen Schaden verursachen (Art. 50 Abs. 1 OR). Dies ist der Fall, wenn die Schadensursache im Zusammenwirken der Unternehmer liegt. So besteht beispielsweise eine (echte) solidarische Haftung der Unternehmer nach Art. 50 Abs. 1 OR für gemeinsam verursachte Mangelfolgeschäden.[80] Weiterhin unterliegen Unternehmer und Nebenunternehmer aber ihrer situationsgebundenen Haftungsart.[81] Weil ein bewusstes, schuldhaftes Zusammenwirken in der Praxis selten ist, wird die echte Solidarität im Sinne von Art. 50 OR nicht weiter behandelt.[82]

2. Der Regressanspruch des Unternehmers

401   1. Mitunter kann es rein vom Zufall abhängen, welchen Unternehmer ein Bauherr in Anspruch nimmt, um einen «Mangel» zu beseitigen oder einen Schaden auszugleichen.[83] Diesfalls stellt sich die Frage, wie weit und unter welchem Rechtstitel der in Anspruch genommene Unternehmer auf seinen Nebenunternehmer im **Innenverhältnis** zurückgreifen kann.[84]

402   2. Sowohl die kausale Haftung für einen Werkmangel als auch die verschuldensabhängige Schadenersatzhaftung stehen im **Aussenverhältnis** auf gleicher Stufe.[85] Für das Innenverhältnis entscheidet der Richter, indem er quotenmässig festhält, wie weit die Verantwortlichkeit des einzelnen Unternehmers geht.[86] Der Vergleich mit dem nunmehr gegenüber dem Bauherrn bereits Geleisteten ergibt - «in geldwerte Ein-

---

[78]   GAUCH, Werkvertrag, Nr. 2028; BRUNNER, Nr. 441. - Vgl. BGE 115 II 47: «Gegen eine analoge Anwendung der Bestimmungen über die echte Solidarität ist deshalb nichts einzuwenden, wo sie möglich und sachlich gerechtfertigt ist».

[79]   BRUNNER, Nr. 329.

[80]   Voraussetzung ist ein «schuldhaftes Zusammenwirken bei der Schadensverursachung» (BGE 115 II 45). - Vgl. TERCIER, résponsabilité civile, S. 34.

[81]   BRUNNER, Nr. 440; *Nr. 399.*

[82]   Vgl. GAUCH, Werkvertrag, Nr. 2022; SCHUMACHER, Die Haftung des Architekten, Nr. 716.

[83]   Vgl. GAUCH, Werkvertrag, Nr. 2023; LOCHER, S. 86, Nr. 102; WALTER, S. 31.

[84]   Vgl. BRÜGMANN, S. 385 und S. 387.

[85]   BRUNNER, Nr. 439; SCHAUB, S. 248.

[86]   Vgl. SCHAUB, S. 249.

heiten umgerechnet»[87] - den Ausgleichsanspruch zwischen den Unternehmern.

403 Über allfällige **Regressforderungen** zwischen den Unternehmern entscheidet der Richter allerdings nach seinem Ermessen. Dabei hat er nach den Verhältnissen im Einzelfalle zu beurteilen[88], «ob und in welchem Umfange die Beteiligten Rückgriff gegeneinander haben» (Art. 50 Abs. 2 OR/Art. 51 Abs. 1 OR).[89] Kriterien hierzu findet der Richter, der nach «Recht und Billigkeit» (Art. 4 ZGB) zu entscheiden hat, indem er die in der Lehre[90] über die Haftungsverteilung zwischen Architekt und Unternehmer ausgearbeiteten Grundsätze sinngemäss anwendet.[91]

404 3. Für diesen Innenausgleich **speziell** zu beachten ist aber der Sachverhalt, da der Unternehmer bereits im Aussenverhältnis eine Reduktion seiner Haftung infolge eines vom Nebenunternehmer gesetzten Umstandes erfahren hat, der zum Risiko- oder Gefahrenbereich des Bauherrn zählt[92]: Auch wenn sich der Bauherr das Verhalten des Nebenunternehmers anrechnen lassen muss, beschlägt dies keineswegs das Verhältnis zwischen dem Unternehmer und dem Nebenunternehmer, da der Nebenunternehmer in der Regel nicht als Hilfsperson des Bauherrn (Art. 101) handelt.[93]

405 4. **Umstritten** ist die Frage, wie Haftungsprivilegien und Herabsetzungsgründe des Nebenunternehmers (dazu gehören z.B Freizeichnungsklauseln, Einreden oder ein Forderungsverzicht des Bauherrn) beim Ausgleich zu berücksichtigen sind.[94] Denn vorgenannte Konstellationen können beim mithaftenden Unternehmer zu einem unbilligen Ergebnis führen, da dieser dem Bauherrn weiterhin auf den vollen Betrag haftet. Nach BRUNNER schafft eine begrenzte Haftungsquote des nicht privilegierten Unternehmers, die bereits im Aussenverhältnis zum Tragen kommen soll, einen Ausgleich.[95] Dabei soll der Unternehmer

---

[87] BRUNNER, Nr. 446. So werden bereits getätigte Nachbesserungsarbeiten in Geld umgerechnet.

[88] Vgl. BRUNNER, Nr. 323 mit FN 599; GAUCH, Werkvertrag, Nr. 2031; REBER, BR 1981, S. 47.

[89] SOG 1991, Nr. 8, S. 22 = BR 1993, S. 47, Nr. 107.

[90] GAUCH, Werkvertrag, Nr. 2031 ff.; INGENSTAU/KORBION, N 33 ff. zu § 13 VOB/B.

[91] BRUNNER, S. 179, FN 788 mit weiteren Literaturhinweisen.

[92] Vgl. *Nr. 381.*

[93] Vgl. GAUCH, Werkvertrag, Nr. 2033; SCHUMACHER, Die Haftung des Architekten, Nr. 727 f. NICKLISCH/WEICK, N 17 zu § 13 VOB/B.

[94] Vgl. dazu eingehend BRUNNER, Nr. 328 ff.

[95] Mit eingehender Begründung BRUNNER, Nr. 347.

das Haftungsprivileg seines Nebenunternehmers bereits gegenüber dem Bauherrn geltend machen können und nur teilweisen Ersatz leisten.[96]

406 5. Eine **Sonderfrage** stellt sich allenfalls dann, wenn sowohl Unternehmer als auch Nebenunternehmer mangelhafte Werke abliefern. Nach dem Prinzip der getrennten Mängelhaftung muss jeder Unternehmer Gewähr für sein eigenes Werk leisten. Insbesondere für die Nachbesserung heisst dies, dass jeder Unternehmer nur sein Werk nachzubessern hat, nicht auch das mangelhafte Werk eines Nebenunternehmers. Wenn der Unternehmer sein mangelhaftes Werk nur nachbessern kann, indem er auch den Mangel im Nebenunternehmerwerk beseitigt, fragt sich, ob er daraus Ansprüche gegen den Nebenunternehmer ableiten kann. Dazu zwei Ansatzpunkte:

407 a) Erstens: Ein Anspruch des Unternehmers aus *Geschäftsführung ohne Auftrag* (Art. 419 ff. OR) ist für die Schweiz zu verneinen. Denn zur Begründung eines Anspruchs aus echter Geschäftsführung ohne Auftrag fehlt das Tatbestandsmerkmal der Fremdnützigkeit (Art. 422 OR).[97] Anders entschied das OLG Hamm[98]: Ein Vorunternehmer, der ein mangelhaftes Werk abliefert und vom Bauherrn zur Nachbesserung verpflichtet wird, kann vom Nachunternehmer (aus Geschäftsführung ohne Auftrag) Zahlung in Höhe des Betrages verlangen, zu dem der Nachunternehmer zur Mängelbeseitigung verpflichtet war und durch die Nachbesserung des Vorunternehmers befreit wird.[99,100]

408 b) Zweitens besteht auch kein *Bereicherungsanspruch* (Art. 62 ff. OR), da es an der tatbeständlichen Voraussetzung einer unrechtmässigen oder ungerechtfertigten Leistung fehlt.[101]

409 6. Wenn der eine Unternehmer sein mangelhaftes Werk nur nachbessern kann, indem er auch den Mangel im Nebenunternehmerwerk beseitigt, besteht **genüber dem Bauherrn** grundsätzlich **kein** vertraglicher **Anspruch** auf Mehrvergütung. Denn die Mängelbeseitigung im Nebenunternehmerwerk gehört zu den «notwendigen Vorbereitungs- oder Wiederherstellungsarbeiten»; als solche zählen sie zu den Begleitkosten

---

96   GAUCH, Werkvertrag, Nr. 2036; BRUNNER, Nr. 444.
97   SCHMID, Nr. 206 f. Vgl. auch WEISE, S. 688.
98   OLG Hamm, Urteil vom 10. 1. 1992 = BauR 1992, S. 519; IBR 1992, S. 276.
99   JAGENBURG, NJW 1993, S. 107.
100   Vgl. SCHMID, Nr. 203 ff.
101   GAUCH/SCHLUEP, Nr. 1476.

seiner Nachbesserungsschuld.[102] Sollte die Nachbesserung dem Unternehmer «übermässige Kosten»[103] verursachen, kann er sie verweigern, sofern er die Sachumstände dafür nachweist.[104] Liegt der Umstand für die übermässigen Kosten nur im Mangel des Nebenunternehmerwerkes, kann der Bauherr die Nachbesserung verlangen, hat aber den Unternehmer für die Fremdmängelbeseitigung zu entschädigen. Der Bauherr kann für diese Kosten unter Umständen auf den Nebenunternehmer zurückgreifen. Laut Bundesgerichts kann der Unternehmer für die Mehrkosten, die ihm aus der Fremdmängelbeseitigung erwachsen, auf den verursachenden Nebenunternehmer regressieren, da die Regeln der Solidarität (Art. 50/51 OR) sinngemäss anwendbar sind.[105]

III. Probleme der Gefahrentragung

A. Die Regeln der Gefahrentragung

1. Grundsatz

410   1. Der **Gefahrenbegriff** ist im Werkvertragsrecht mehrdeutig. Einerseits betrifft er die «Vergütungsgefahr» und handelt damit von der Frage, wer das Vergütungsrisiko einer zufällig untergegangenen Bauleistung zu tragen hat.

411   Andererseits beschreibt der Ausdruck «Leistungsgefahr»[106] die Fragestellung, ob der Unternehmer sein untergegangenes Werk wiederherstellen muss.[107] Die einschlägigen gesetzlichen Bestimmungen über die Gefahrentragung regeln die Verteilung der Vergütungsgefahr für den Fall, da ein Bauwerk ohne Selbstverschulden[108] einer der Vertragsparteien zufällig untergeht.[109] Der Begriff «Gefahr» fasst demzufolge die

---

102   GAUCH, Werkvertrag, Nr. 1226.
103   Art. 368 Abs. 2 OR.
104   GAUCH, Werkvertrag, Nr. 1242.
105   BGE 119 II 131 f.
106   Dazu eingehend: GAUCH, Werkvertrag, Nr. 828 f.
107   NICKLISCH/WEICK, N 3 zu § 7 VOB/B.
108   «Selbstverschulden» ist in dem Sinne zu verstehen, als keine Partei die Ursache zu vertreten hat (vgl. GAUCH, Werkvertrag, Nr. 816; ders., Anm. 8 zu Art. 188 SIA-Norm 118; GAUTSCHI, N 3a und b zu Art. 376 OR; OSER/SCHÖNENBERGER, N 8 zu Art. 376 OR; PEDRAZZINI, SPR VII/1, S. 543; TERCIER, Nr. 2757; *Nr. 126 f.*; *Nr. 419*).
109   Dies also im Gegensatz zu den Haftungsregeln, welche die Frage beantworten, wer einen Schaden zu vertreten und dementsprechend auszugleichen hat. Vgl. auch KOLLER JO, S. 24 unten.

Risiken zusammen, deren Eintritt zur Zerstörung des Bauwerkes führen können, ohne dass eine Partei den Umstand zu vertreten hat.

412 2. **Art. 376 OR** befasst sich als zentrale Bestimmung mit der Gefahrentragung im Werkvertragsrecht.[110] In seinem Abs. 1 hält er den Grundsatz fest, wonach jeder Unternehmer die Vergütungsgefahr solange trägt, bis er sein Werk abliefert.[111] Die blosse Vollendung des Werkes genügt hiefür nicht.[112]

413 Ein Teil der Lehre vertritt die Ansicht, dass ein Bauwerk bereits dann vollendet sei, wenn nur noch offensichtlich unwesentliche Arbeiten anstünden.[113] SCHUMACHER will nach dem Prinzip der «Gefahrbeherrschung» die Gefahr denjenigen tragen lassen, der die tatsächliche Herrschaft über das Bauwerk ausübt. In diesem Sinne versteht er die Inobhutnahme als «faktische Übergabe» nach Art. 376 Abs. 1 OR.[114]

414 3. **Die Regel in Art. 376 Abs. 2 OR** besagt, dass der Verlust des mituntergehenden Stoffes die Vertragspartei trifft, die ihn geliefert hat.[115] Das ergibt sich bereits aus dem Grundsatz.[116] GAUCH erweitert die Regel über den Wortlaut von Art. 376 Abs. 2 hinaus in zweifacher Hinsicht: Erstens gilt sie auch für noch nicht eingebauten Stoff des Bauherrn, der zufällig untergeht; und zweitens trägt der vom Bauherrn angewiesene Baugrund das gleiche Los wie die von ihm gelieferten Stoffe.[117] Der Bauherr kann vom Unternehmer nämlich keinen Ersatz für den von ihm gelieferten Stoff und den angewiesenen Baugrund verlangen, wenn diese durch Zufall untergehen. Freilich gilt die letzte Erweiterung auch beim zufälligen Untergang des (abgelieferten) Vorunternehmerwerks, das der Bauherr dem Unternehmer als Grundlage für den Weiterbau zur Verfügung stellt, da dieser die Gefahr nur für sein Werk trägt.[118]

---

110 Eingehend KOLLER JO, passim.
111 GAUCH, Werkvertrag, Nr. 813; PEDRAZZINI, SPR VII/1, S. 544. - Art. 376 Abs. 1 OR regelt nur die Vergütungsgefahr und nicht auch die Rechtsfolgen für weitere Schäden, die sich aus dem Werkuntergang ergeben können (TERCIER, BR 1989, S. 69, Anm. zu Nr. 100).
112 GAUCH, Werkvertrag, Nr. 815.
113 KOLLER JO, S. 14: «Bei einem schlüsselfertigen Haus sind nur noch die Fenster zu reinigen».
114 SCHUMACHER, Untergang und Beschädigung des Werkes, S. 74.
115 GAUCH, Werkvertrag, Nr. 817; KOLLER JO, S. 21 f.
116 *Nr. 412.*
117 GAUCH, Werkvertrag, Nr. 817. Zum gleichen Ergebnis gelangt KOLLER JO (S. 22 f.) über eine analoge Anwendung von Art. 376 Abs. 2 OR.
118 *Nr. 412.*

415 4. Die Gefahrentragungsregel des Art. 376 Abs. 1 OR spielt nur dann, wenn der Untergang des Werkes auf einem «Zufall» beruht. Hat eine der Parteien den Untergang zu vertreten, liegt kein Zufall vor.[119] Der Zufallsbegriff des Art. 376 Abs. 1 umfasst deshalb sowohl die «höhere Gewalt»[120] als auch den «gewöhnlichen Zufall»[121] wie die reine Drittverursachung.[122] Was dies namentlich für das Verhalten eines Nebenunternehmers bedeutet, ist in Nr. 420 f. dargestellt.

2. Ausnahmen

416 1. Grundsätzlich führt die Abnahme/Ablieferung des Werkes zum Gefahrübergang. Nachstehend sind **zwei Ausnahmen** zu unterscheiden, welche die Gefahrentragung beeinflussen:

417 2. Erste Ausnahme: Die Vergütungsgefahr geht vorzeitig auf den Bauherrn über, wenn er in **Gläubigerverzug** (Art. 91 OR) gerät.[123,124] Das Risiko des zufälligen Unterganges haftet dem Bauherrn solange an, als er im Verzug verweilt. Damit findet die grundsätzliche Rechtsfolge des Art. 376 Abs. 1 OR gerade keine Anwendung.[125]

418 3. Die zweite Ausnahme umschreibt den bauseitigen **Risikobereich** beim (zufälligen) Werkuntergang.[126] Art. 376 Abs. 3 OR hält den Bauherrn zur Vergütung an, wenn die Ursache für den Werkuntergang seinem Risikobereich entstammt.[127] Eine Vergütungspflicht trifft den Bauherrn insbesondere dann, wenn das Werk des Unternehmers «wegen eines Mangels des vom Besteller gelieferten Stoffes oder des angewiesenen Baugrundes oder infolge der von ihm vorgeschriebenen Art der Ausführung zugrunde»[128] geht. Der Gesetzgeber umschreibt zwar «ex-

---

[119] GAUCH, Werkvertrag, Nr. 816; KOLLER JO, S. 10; TERCIER, Nr. 2757.

[120] GAUCH, Anm. 4 zu Art. 187 SIA-Norm 118: Beruht der Zufall auf höherer Gewalt, findet die besondere Regelung des Art. 187 Abs. 3 Anwendung.

[121] KOLLER JO, S. 10.

[122] Vgl. GAUCH, Anm. 4 zu Art. 187 SIA-Norm 118; SCHUMACHER, Untergang und Beschädigung des Werkes, S. 62. - PEDRAZZINI (SPR VII/1, S. 543) verwendet den Ausdruck «Drittverschulden».

[123] PEDRAZZINI, SPR VII/1, S. 544.

[124] Z.B. weil Vor-, Parallel- oder Nachunternehmer mit ihren Arbeiten im Verzug sind (*Nr. 146*).

[125] OR-ZINDEL/PULVER, N 13 zu Art. 376. - Vgl. *Nr. 146*.

[126] KOLLER JO, S. 28; OR-ZINDEL/PULVER, N 17 zu Art. 376 OR.

[127] OR-ZINDEL/PULVER (N 18 zu Art. 376 OR) sprechen von «Ursachen im Gefahrenbereich des Bestellers».

[128] Art. 376 Abs. 3 OR.

akt» die Fälle, nach denen die beschriebene Rechtsfolge (billigerweise) eintreten soll[129]; dennoch ist der Katalog einer «gewissen Analogie fähig»[130]. Der Unternehmer wird von der Gefahrentragung jedoch nur dann vollständig entlastet, wenn er seine Anzeigepflicht nicht verletzt[131] und der im Risikobereich des Bauherrn eingetretene Zufall alleinige Ursache für den Werkuntergang darstellt.[132]

419   4. Die im letzten Satz des Art. 376 Abs. 3 festgehaltene Regelung schliesslich beinhaltet keine Ausnahme zur Gefahrentragung[133], weil sie eine **Schadenersatzpflicht** des Bauherrn vorsieht, falls diesen ein Verschulden am Werkuntergang trifft. Damit verlässt Art. 376 Abs. 3 OR das Gebiet des (rein) zufälligen Werkunterganges.[134] Der Unternehmer erhält neben der Vergütung einen Anspruch auf Schadenersatz für die vorzeitige Vertragsauflösung, sofern der Bauherr schuldhaft oder eine seiner Hilfspersonen (Art. 101) den Untergang des Werkes verursachen.[135]

B. Das Verhalten des Nebenunternehmers und die Gefahrentragung

420   1. Das Verhalten eines Nebenunternehmers fällt als reine Drittverursachung nach herrschender Lehre unter den für Art. 376 Abs. 1 OR massgeblichen Begriff des Zufalls.[136] Muss sich weder Bauherr noch Unternehmer das Verhalten des Nebenunternehmers anrechnen lassen, gehört die vom Nebenunternehmer verursachte Zerstörung des Werkes zu den **blossen Zufällen.** Die Vergütungsgefahr hat diejenige Partei zu tragen, welche Art. 376 Abs. 1 OR als Gefahrträger bestimmen.[137]

---

129   Gauch, Werkvertrag, Nr. 823.
130   Gauch, Werkvertrag, Nr. 825.
131   *Nr. 190* und *Nr. 200.*
132   Koller Jo, S. 28.
133   A.M. OR-Zindel/Pulver, N 23 zu Art. 376 OR.
134   Gauch, Anm. 21 zu Art. 188 SIA-Norm 118.
135   Gauch, Werkvertrag, Nr. 835; OR-Zindel/Pulver, N 23 zu Art. 376 OR; Pedrazzini, SPR VII/1, S. 545. - Setzt sich der Bauherr über eine erfolgte Abmahnung seitens des Unternehmers hinweg, liegt ein «Verschulden» vor, das zu einer Schadenersatzpflicht für die vorzeitige Auflösung des Werkvertrages führt (*Nr. 151*).
136   Gauch, ZBJV 1982, S. 78; ders., Werkvertrag, Nr. 816; Koller Jo, S. 30, FN 66; OR-Zindel/Pulver, N 11 zu Art. 376 OR; Pedrazzini, SPR VII/1, S. 543.
137   Vgl. § 7 VOB/B.

421   2. Keine reine Drittverursachung und damit auch **kein Zufall** liegen hingegen vor, wenn der Nebenunternehmer als Hilfsperson (Art. 101 OR) von Bauherr oder Unternehmer handelt und eine Zerstörung des fremden Bauwerkes im funktionellen Zusammenhang mit der für den Geschäftsherrn bestehenden Betätigung steht. Der Geschäftsherr hat für das Verhalten seiner Hilfsperson nach der Regel des Art. 376 Abs. 3 (letzter Satz) einzustehen.[138]

422   Im weiteren kann es durchaus sein, dass sich der Bauherr das Verhalten des Nebenunternehmers gegenüber dem Unternehmer anrechnen lassen muss, ohne dass dieser als Hilfsperson handelt.[139] Diesfalls liegen Umstände vor, die zum Risiko- oder Gefahrenbereich des Bauherrn gehören, obwohl sie eigentlich vom Nebenunternehmer verursacht sind. Mit anderen Worten tritt der Zufall im Risikobereich des Bauherrn ein. Darüber, wie weit sich gerade der Bauherr das Verhalten seiner Nebenunternehmer anrechnen lassen muss, bestehen aber unterschiedliche Ansichten:

423   3. Am weitesten geht die Meinung, welche die Tätigkeit der Nebenunternehmer allgemein dem **Gefahrenbereich des Bauherrn** zuordnet. So argumentiert SCHUMACHER, dass der Bauherr die Unternehmer auswähle und demzufolge einzustehen habe, wenn diese ein Bauwerk zerstören oder beschädigen.[140] Nach dieser Meinung gehören Tätigkeiten der Nebenunternehmer in den Risikobereich des Bauherrn. Der Bauherr muss sich das Verhalten seiner Nebenunternehmer gegenüber dem Unternehmer grundsätzlich anrechnen lassen, und zwar lediglich aufgrund der Tatsache, dass er sich von ihnen eine Bauleistung versprechen lässt.

424   4. Laut der «Sphärentheorie»[141] gehören Ereignisse, die im Einflussbereich des Bauherrn eintreten und seinem persönlichen Lebensverhältnis zuzurechnen sind, in den Risiko- oder Gefahrenbereich des Bauherrn. BUCHER vertritt die Ansicht, Art. 376 Abs. 3 lasse sich analog anwenden, wenn sich ein Risiko in der Sphäre des Bauherrn verwirklicht.[142] Dennoch zählen die Vertreter dieser Meinung das Verhalten des Nebenunternehmers nicht explicite zum Risiko und Gefahrenbereich des Bauherrn, wie aus der Definition der Sphärentheorie logisch zu folgern wäre. Eine zweite Ansicht versteht den Art. 378 Abs. 1 OR da-

---

138   GAUCH, Werkvertrag, Nr. 835.
139   *Nr. 126 f.*
140   SCHUMACHER, Untergang und Beschädigung des Werkes, S. 65. - Ablehnend: KOLLER JO, S. 30, FN 66.
141   BUCHER, S. 207; LARENZ, Schuldrecht II/1, S. 368; PEDRAZZINI, SPR VII/1, S. 544 f.; *Nr. 389.*
142   BUCHER, S. 207.

hingehend, dass er die Gefahrentragungsregel des Art. 376 Abs. 1 mildere.[143] Da sich Art. 378 OR nur mit der «Unmöglichkeit der Erfüllung»[144] befasst, findet er aber keine Anwendung auf den Tatbestand des Werkunterganges.[145]

425   5. Nach der hier vertretenen Auffassung nimmt Art. 376 Abs. 3 keine allgemeine Risikozuteilung vor für den Fall, da sich eine konkrete Gefahr verwirklicht.[146] Immerhin konkretisiert er aber den **Einfluss- oder Risikobereich** des Bauherrn und beschreibt Umstände des Werkunterganges, die den Bauherrn zur Vergütung der untergegangenen Unternehmerleistung verpflichten.[147] Insbesondere dann, wenn der Bauherr untaugliche Grundlagen liefert, an oder auf die der Unternehmer mit seiner Bauleistung anschliessen muss, oder wenn falsche Weisungen des Bauherrn (z.B. über die Koordination der Nebenunternehmerarbeiten) zum Werkuntergang führen, muss er dies (verschuldensunabhängig) vertreten und die Arbeit des Unternehmers vergüten. Eine analoge Anwendung des Art. 376 Abs. 3 OR im Zusammenhang mit dem Nebenunternehmereinsatz ist ausgehend von den im Gesetz restriktiv umschriebenen Tatbeständen zu bestimmen. Anerkanntermassen muss sich der Bauherr ein mangelhaftes Vorunternehmerwerk oder mangelhafte Stofflieferungen des Nebenunternehmers im Sinne von Art. 376 Abs. 3 OR anrechnen lassen.[148] Dies ergibt sich aus einer (restriktiven) analogen Anwendung des Art. 376 Abs. 3 OR.[149] Damit sind es nicht die vom Nebenunternehmer verursachten negativen Einflüsse auf das Unternehmerwerk, die eine Gefahrverlagerung eintreten lassen, sondern allein der per analogiam ausgedehnte Zweckgedanke des Art. 376 Abs. 3 OR.[150]

426   6. Wie weit das Verhalten des Nebenunternehmers an sich eine **partielle Verlagerung** der Vergütungsgefahr auf den Bauherrn verlangt, ist eine Frage, die sich nicht mit einer analogen Anwendung des Art. 376 Abs. 3 OR beantworten lässt, weil die restriktive Fassung des Abs. 3

---

143   OSER/SCHÖNENBERGER, N 2 zu Art. 378 OR. Vgl. KOLLER JO, S. 72 f.; OR-ZINDEL/PULVER, N 21 zu Art. 376 OR.

144   Marginalie zu Art. 378.

145   GAUCH, Werkvertrag, Nr. 824; OR-ZINDEL/PULVER, N 21 zu Art. 376 OR.

146   Vgl. KOLLER JO, S. 73.

147   Vgl. VYGEN, Nr. 696.

148   GAUCH, ZBJV 1982, S. 79; *Nr. 377, FN 28.*

149   GAUCH, Werkvertrag, Nr. 825; KOLLER JO, S. 30 f.; OR-ZINDEL/PULVER, N 21 zu Art. 376 OR.

150   Vgl. KOLLER JO, S. 31.

nur «einer gewissen Analogie» tähig ist.[151] Eine weitere Gefahrverlagerung bereits vor der Abnahme könnte sich aber m.E. insbesondere dadurch rechtfertigen, dass der Unternehmer das Risiko «Nebenunternehmer» nicht alleine tragen soll, da der Bauherr mit dem Nebenunternehmer vertraglich verbunden ist.[152] *De lege ferenda* ist eine Modifikation und Erweiterung von Art. 376 Abs. 3 OR zu prüfen, und zwar
in dem Sinne, als der Bauherr beim Eintritt gewisser aufgezählter Risiken im Zusammenhang mit dem Nebenunternehmereinsatz die Vergütungsgefahr bereits zu tragen hat, bevor er das Werk abnimmt. Eine
solche Regelung findet sich z.B in § 7 VOB/B. Eine partielle Gefahrverlagerung wäre vor allem auch dadurch zu rechtfertigen, als der Bauherr sich aufgrund seines Werkvertrages an den schädigenden Nebenunternehmer halten kann. Zudem übt der Bauherr einen beherrschenden
Einfluss auf die Nebenunternehmerleistung aus.

C. Art. 31 SIA-Norm 118

1. Vorbemerkung

427 Die gesetzlichen Regeln über Preis- und Leistungsgefahr sind dispositiver Natur, weshalb vertraglich in die Gefahrentragungsregeln eingegriffen werden kann. Oftmals vereinbaren die Parteien, dass sich der Gefahrübergang nicht nach dem Tatbestand der Ablieferung richtet und
die jeweiligen Nebenunternehmer die Gefahr für ihr Werk solange
tragen, bis das Gesamt-Bauwerk abgenommen ist.[153]

428 Die Art. 187-189 SIA-Norm 118 handeln vom Untergang des Werkes. Während sich die beiden ersten Normen am Art. 376 OR orientieren und diesen weiter ausführen oder teilweise umgestalten, behandelt
Art. 189 der Norm die «Versicherungsleistungen bei Untergang» des
Werkes.[154] Beim Bauen mit Nebenunternehmern ist überdies die SIA-
Bestimmung über die «gemeinsame Schadenersatzpflicht» von beson-
derem Interesse. Dieser Art. 31 SIA-Norm 118, der die Gefahrenord-
nung ergänzt, bildet Gegenstand der folgenden Ausführungen:

---

151 GAUCH, Werkvertrag, Nr. 825; KOLLER, S. 71; OR-ZINDEL/PULVER, N 20 zu
Art. 376 OR.
152 Vgl. NICKLISCH/WEICK, N 5 zu § 7 VOB/B; Abschlussbericht zur Überarbeitung des Schuldrechts, S. 266.
153 KOLLER JO, S. 105; *Nr. 371.*
154 Dazu eingehend GAUCH, Anm. zu Art. 187-189 SIA-Norm 118; KOLLER JO, S.
109 ff.

2. Inhalt und Bedeutung

429 1. Unter dem Titel «Gemeinsame Schadenersatzpflicht»[155] regelt die Nebenunternehmerklausel (Nr. 467, Nr. 509) des Art. 31 SIA-Norm 118 die Verteilung von Schäden auf die Nebenunternehmer. Es handelt sich dabei um eine **Gefahrentragungsregel**[156], weil sie die Stellung eines Gefahrträgers erleichtert und die Regeln der Gefahrentragung (Nr. 411) partiell ändert:

430 *1 Entsteht an einem Bauwerk, an dem mehrere Unternehmer tätig sind, ein Schaden, dessen Verursacher nicht festgestellt werden kann, so haben die zur Zeit des Schadenereignisses am Bau tätigen Unternehmer den Schaden im Verhältnis der Rechnungsbeträge ihrer Arbeiten anteilmässig zu tragen.*

431 *2 Die Bauleitung besorgt für den Geschädigten die Verteilung und die Rechnungstellung. Jedem Unternehmer steht der Beweis offen, dass er und seine Hilfspersonen den Schaden nicht verursacht haben.[157]*

432 2. Diese Nebenunternehmerklausel hat eine **zweifache Bedeutung**: Erstens soll die Bestimmung die Gefahrentragung des Unternehmers zulasten seiner Nebenunternehmer erleichtern. Zweitens soll der Bauherr begünstigt werden, indem die Regelung sogar dann spielt, wenn der Bauherr die Gefahr des zufälligen Unterganges trägt, weil das beschädigte Unternehmerwerk bereits abgenommen ist.[158] Art. 31 SIA-Norm 118 ist in mehrfacher Hinsicht unklar und interpretationsbedürftig.[159] Die Regelung scheint aber in der Praxis einwandfrei zu funktionieren.

---

155 «Obligation commune de réparer un dommage» (Norme SIA 118).

156 Vgl. OR-ZINDEL/PULVER, N 35 zu Art. 376 OR.

157 Art. 31 Norme SIA 118:
     1 Lorsqu'un dommage est causé à un ouvrage auquel travaillent plusieurs entrepreneurs et qu'il n'est pas possible d'établir qui en est l'auteur, tous les entrepreneurs présents sur le chantier au moment où survient le préjudice sont tenus à réparation, chacun proportionnellement à la part correspondant à la facture arrêtée pour son travail.
     2 La direction des travaux se charge d'établir pour l'ayant droit la répartition et les factures. Chaque entrepreneur peut tenter de prouver que le dommage n'a été causé ni par lui ni par ses auxiliaires.

158 GAUCH, ZBJV 1982, S. 78, FN 29.

159 Ausführlich: KOLLER JO, S. 127 ff.

3. Tatbestand

433   1. Art. 31 Abs. 1 regelt die gemeinsame Schadenersatzpflicht für den folgenden **Tatbestand**: An einem «Bauwerk», an dem [erstens] «mehrere Unternehmer tätig sind», entsteht ein «Schaden, dessen Verursacher [zweitens] nicht festgestellt werden kann».[160] «Schaden» im ersten Teilsatz ist dabei tatbeständlich als Beschädigung und nicht im juristischen Sinne zu verstehen. Im zweiten Teilsatz bezeichnet «Schaden» die Vermögensverminderung infolge der Beschädigung. Im einzelnen:

434   2. Eine Voraussetzung besteht darin, dass jemand schädigend auf ein Bauwerk einwirkt, wobei der **Verursacher** nicht feststellbar bleibt. Die Normbestimmung lässt die Fragen offen, «von wem» und in welchem Zeitraum der Verursacher «nicht» festgestellt werden kann. Handelt es sich um die beteiligten Vertragsparteien oder um einen Dritten, der den Verursacher feststellen muss? Aufgrund der allgemeinen Beweisregeln (Art. 8 ZGB) hat der Geschädigte den Verursacher festzustellen.[161] Dafür hat er den Aufwand zu betreiben, der ihm bis zum Zeitpunkt der Ausgleichszahlung objektiv zuzumuten ist.

435   3. Die Beschädigung betrifft ein **Bauwerk** und nicht etwa Baustelleneinrichtungen, noch nicht eingebaute Baustoffe oder Maschinen. Mit «Bauwerk» ist das Gesamt-Bauwerk (Nr. 23) gemeint. Für die Beschädigung sind drei Konstellationen denkbar.

436   a) Erstens kann ein sich im Bau befindliches Werk des Unternehmers betroffen sein, das zur Zeit der Schadensverursachung noch nicht abgeliefert ist. Zweitens kann es sich um ein Unternehmerwerk handeln, das bereits abgeliefert ist. Im ersten Fall ist der Unternehmer, im zweiten der Bauherr geschädigt, da die SIA-Norm 118 die Gefahrentragung, wie das Gesetz, an die Ablieferung des Werkes knüpft.[162]

437   b) Drittens kann auch ein «Stück» betroffen sein, das sich nicht im Bau befindet, trotzdem aber zum Gesamt-Bauwerk des Bauherrn gehört.

---

160   Eine Beschränkung auf «Bagatellschäden kommt im Wortlaut von Art. 31 nicht zum Ausdruck» (SCHUMACHER, Untergang und Beschädigung des Werkes, S. 80).

161   KUMMER, N 39 und N 132 zu Art. 8 ZGB.

162   Zu beachten ist aber, dass sich der Zeitpunkt der Abnahme nach der SIA-Norm 118 anders als nach Gesetz bestimmt und insbesondere später eintritt (GAUCH, Anm. 1, lit.b zu Art. 158 Abs. 1 und Anm. 5 zu Art. 187 Abs. 1 SIA-Norm 118).

So z.B. der erste Stock eines Wohnhauses, wenn auf der zweiten Etage Renovationsarbeiten in Gange sind. Denn es kann nicht darauf ankommen, ob das «Bauwerk» als Vorunternehmerwerk im selben Bauprozess erstellt wurde oder bereits früher; Art. 31 SIA-Norm 118 ist anwendbar.

438   3. Der **Anwendungsraum** von Art. 31 SIA-Norm 118 ist relativ eng, da die Regel nicht spielt, wenn die Ursache des Unterganges feststeht.

439   a) Erstens kommt die Norm nicht zur Anwendung, wenn der Schaden erwiesenermassen durch *höhere Gewalt* verursacht wird, weil es dann überhaupt am «Verursacher» fehlt.[163] «Höhere Gewalt ist ein unvorhersehbares, ausserordentliches Ereignis, das nicht mit dem Betrieb des Unternehmers zusammenhängt und mit unabwendbarer Gewalt von aussen hereinbricht.»[164] Ist die höhere Gewalt aber nicht einzige Ursache, weil die Baustelle beispielsweise ungenügend gegen Witterungseinflüsse geschützt wird und ein herannahendes Gewitter zu Beschädigungen führt, dann findet Art. 31 SIA-Norm 118 Anwendung, sofern nicht klar feststeht, wer die Baustelle ungenügend sicherte.

440   b) Zweitens bleibt bei verschiedenen *«Zufällen»* kein Anwendungsraum, weil die Schadensursache feststeht. So erfolgt keine Verteilung auf die Nebenunternehmer, wenn allein am Bau unbeteiligte Dritte (Passanten, Nachbarn etc.) den Schaden verursachen, weil sich jeder Unternehmer entlasten kann. Desgleichen fallen klar feststellbare Einwirkungen eines bestimmten Nebenunternehmers nicht unter den Tatbestand, weil feststeht, wer die Beschädigung verursachte.[165] Art. 31 ist nicht anwendbar für den Sachverhalt, da ein bestimmter Nebenunternehmer das Unternehmerwerk in dem Zeitraum beschädigt, in dem der Unternehmer die Gefahr für sein Werk trägt. Steht hingegen lediglich fest, dass die Verursacher im Kreise der Nebenunternehmer zu suchen sind, findet die Normbestimmung Anwendung.

441   c) Drittens ist der Begriff *«Verursacher»* weit zu fassen, denn mit verursachen ist nicht «verschulden» gemeint. Das Verhalten eines Baubeteiligten muss diesem nicht zum Vorwurf gereichen, um ihn als

---

163   Vgl. KOLLER JO, S. 129: Er folgert aus Abs. 2 des Art. 31 SIA-Norm 118 (Möglichkeit zum Entlastungsbeweis), dass die Norm keine Anwendung findet, wenn der Schaden «etwa durch höhere Gewalt verursacht wurde».

164   GAUCH, Anm. 20 zu Art. 187 SIA-Norm 118.

165   Vgl. COTTIER, S. 66.

Verursacher nach Art. 31 zu bestimmen. So gilt der Bauherr im Einzelfall bereits dann als Verursacher, wenn die Untergangsgründe «aus seinen Verhältnissen» stammen. Gemeint ist nicht jeder beim Bauherrn eingetretene Zufall[166], sondern die in Art. 376 Abs. 3 OR explizit erwähnten Fälle, die der Art. 188 SIA-Norm 118 unter dem Titel «Vom Bauherrn verursachter Untergang» aufnimmt.

4. Rechtsfolge

442   1. Grundsätzlich tragen die Parteien die Gefahr nach Massgabe der einschlägigen Bestimmungen (Art. 187, Art. 188 SIA-Norm 118). Die Regelung in Art. 31 führt **partiell** zu einer **Änderung der Gefahrentragung** im Verhältnis zwischen Unternehmer und Bauherr.[167] Die Parteien werden bei bestimmten Konstellationen von seiten Dritter (ähnlich einer Versicherung)[168] entlastet.[169]

443   Unbestritten ist, dass die Klausel weder die Mängelhaftung noch eine Verschuldenshaftung der einzelnen Unternehmer berührt.[170] Doch gibt Art. 31 erstens dem Unternehmer gegenüber einem bestimmten Kreis von Nebenunternehmern einen Anspruch darauf, dass sie seinen Schaden anteilmässig mittragen, wenn sein Werk vor der Abnahme beschädigt wird, ohne dass sich der Verursacher feststellen lässt. Zweitens kann der Bauherr unter den Voraussetzungen des Art. 31 auf seine Unternehmer greifen, die zur Zeit des Schadenereignisses am Bau tätig waren, wenn eine Beschädigung nach der Abnahme erfolgt.

444   2. Die Rechtsfolge besteht darin, dass **alle am Bau tätigen Unternehmer ersatzpflichtig** werden. Dabei hat der einzelne Unternehmer den Teil des Schadens im juristischen Sinne (letzter Satzteil) zu tragen, der dem Anteil entspricht, den sein Anspruch an der Bausumme ausmacht, die für die Vergütung der Bauarbeiten eingesetzt ist.[171] Unternehmer, die zur Zeit der Schadensverursachung nicht am Bau tätig waren, tragen keinen Anteil, weshalb sie für die Verteilung und Rechnungstellung nicht zu berücksichtigen sind. Deshalb haben lediglich die am Bau täti-

---

166   GAUCH, Anm. 9 zu Art. 188 SIA-Norm 118.
167   A.M. KOLLER JO, S. 131.
168   Vgl. LOCHER, Nr. 468.
169   KOLLER JO, S. 131.
170   Vgl. GAUCH, Werkvertrag, Nr. 1950; LOCHER, Nr. 464.
171   Diese «Rechnungsbeträge ihrer Arbeiten» und damit die Berechnungsgrundlage sind erst am Schluss der Bauarbeiten ermittelbar (Regiearbeiten).

gen Unternehmer (Nr. 446) eine bestimmte Quote zu übernehmen, die sich aus dem Verhältnis ihrer Rechnungsbeträge bestimmt.

445   3. **Einschränkung:** Ersatzpflichtig sind nur die Unternehmer, die mit dem Bauherrn Art. 31 SIA-Norm 118 vereinbaren. Damit besteht keine Ersatzpflicht für Unternehmer, die keine solche Klausel vereinbaren.[172]

446   Im weiteren hat nur der Unternehmer einen Anteil des Schadens zu tragen, der «*zur Zeit des Schadenereignisses am Bau*» tätig war, wobei der Geschädigte die Tätigkeit nachzuweisen hat.[173] Die Frage, wer die «am Bau tätigen Unternehmer» sind, wird unterschiedlich beantwortet:

447   a) Am restriktivsten ist SCHUMACHER, der eine faktische Tätigkeit voraussetzt. Dies lässt sich daraus schliessen, dass nach seiner Meinung keine Haftung mehr besteht, wenn das Werk (Unternehmerwerk) abgenommen ist oder «wenn der Unternehmer vorübergehend oder endgültig die Baustelle verlässt»[174].

448   b) Nach KOLLER hingegen geht es nicht um die Frage, ob die Unternehmer zum Zeitpunkt des Schadenereignisses tatsächlich Arbeit verrichten oder sich auf dem Baugelände aufhalten.[175] Vielmehr ist für den Kreis der ersatzpflichtigen Unternehmer massgebend, «dass der Schaden in der Zeit zwischen dem Beginn und der Abnahme des vom einzelnen Unternehmer geschuldeten Werkes eintritt»[176].

449   c) Richtigerweise sind alle Unternehmer haftbar, die zur Zeit der Schadensverursachung mit den Arbeiten begonnen und den Arbeitsplatz noch nicht definitiv verlassen haben. Damit kann ein Unternehmer unabhängig davon haften, ob er sein Werk bereits abgeliefert hat oder nicht. Dies ergibt sich erstens aus dem Umstand, dass sich die Unternehmer mit der Übernahme des Art. 31 SIA-Norm 118 zu einer zusätzlichen vertraglichen Haftung verpflichten, die unabhängig von ihrer Bauleistungspflicht besteht. Zweitens ist durchaus denkbar, dass ein Unternehmer auch nach Ablieferung seines Werkes am Gesamt-Bauwerk tätig ist, indem er z.B. Aufräumarbeiten[177] vornimmt oder einen Mangel nachbessert. Drittens steht jedem Unternehmer der Entlastungsbeweis nach Art. 31 Abs. 2 offen.

---

172   KOLLER JO, S. 131.
173   KUMMER, N 146 zu Art. 8 ZGB; *Nr. 452.*
174   SCHUMACHER, Untergang und Beschädigung des Werkes, S. 80.
175   Item COTTIER, S. 66.
176   KOLLER JO, S. 129.
177   Zum Zeitpunkt der Aufräumarbeiten vgl. aber *Nr. 364, FN 7.*

5. *Entlastungsbeweis*

450 Nach dem Gesagten ist zum Entlastungsbeweis folgendes klarzulegen: Art. 31 SIA-Norm 118 geht vom Fall aus, da nicht feststellbar ist, wer die Beschädigung des Bauwerkes verursachte. Diesfalls sind alle am Bau tätigen Unternehmer ersatzpflichtig. Die Bauleitung «besorgt für den Geschädigten die Verteilung» auf diese Unternehmer.

451 Nach SCHWANDER *vermutet* die Normbestimmung den Verursacher im Kreise der Unternehmer.[178] Danach hätte der einzelne Unternehmer lediglich darzutun, dass eine Verursachung seinerseits auszuschliessen sei. Nach dem Wortlaut von Art. 31 Abs. 2 SIA-Norm 118 ist aber ein Entlastungsbeweis nötig. Absatz 2 ist in diesem Sinne als Beweislastabrede zu verstehen.[179]

452 2. Der Entlastungsbeweis steht jedem der am Bau tätigen Unternehmer offen. Darin hat der Unternehmer zu **beweisen**, dass weder er noch seine Hilfspersonen den Schaden verursacht haben. Einmal besteht die Möglichkeit, dass er aufgrund seines vertraglich definierten Aufgabenbereichs eine Verursachung räumlich, sachlich und zeitlich ausschliessen kann. Unter Umständen gelingt ihm der Beweis eines bestimmten Verursachers, was eine Haftung ebenfalls ausschliessen würde. Bestreitet er substantiiert, überhaupt tätig gewesen zu sein, trägt der Geschädigte die Folgen der Beweislosigkeit.[180]

453 3. Die Normbestimmung schweigt sich darüber aus, was mit der **Quote** der Unternehmer passiert, denen der Entlastungsbeweis gelingt oder die Art. 31 SIA-Norm 118 nicht in ihren Werkvertrag mit dem Bauherrn übernommen haben. Für den ersten Fall vertreten SCHUMACHER und KOLLER den Grundsatz, dass ohne anderslautende Abrede die Anteile der entlasteten Unternehmer den übrigen nicht anwachsen.[181] Hingegen hat auch ein geschädigter Unternehmer eine anteilmässige Quote zu tragen. Der Bauherr selbst trägt keine Quote, da dies die Normbestimmung nicht vorsieht.

454 Für den Fall, dass ein Unternehmer die Bestimmung über die «gemeinsame Schadenersatzpflicht» nicht übernimmt, ist ebenfalls davon auszugehen, dass deren Quoten nicht auf die restlichen Unterneh-

---

178 Vgl. SCHWANDER (S. 29), der Art. 31 als eine «Kausalhaftung mit Verursachungsvermutung» bezeichnet.

179 KUMMER, N 374 zu Art. 8 ZGB.

180 *Nr. 446.*

181 KOLLER JO, S. 132; SCHUMACHER, Untergang und Beschädigung des Werkes, S. 80.

mer verteilt werden.[182] Ist aber ein Unternehmer Geschädigter, stellt sich m.E. die Frage, ob nicht unter Umständen der Bauherr in die entstehende Lücke springen muss; vor allem dann, wenn der Bauherr die Bildung einer Risikogemeinschaft verhinderte, weil er die Haftungsbestimmung nicht in alle separaten Werkverträge übernehmen lässt. Eine Rechtfertigung ist darin zu sehen, dass ein Unternehmer, der Art. 31 SIA-Norm 118 übernimmt, darauf baut, dass der Bauherr dieselbe Klausel auch in den Werkverträgen mit den weiteren Unternehmern verwendet. Dahingehend könnte Art. 31 SIA-Norm 118 auch als Garantieabrede des Bauherrn gegenüber seinem Vertragspartner zu verstehen sein.[183]

6. Anspruchsberechtigung

455   1. Bei erfüllten Voraussetzungen ist der Geschädigte - entweder der **Unternehmer oder der Bauherr** - schadenersatzberechtigt. Haben Bauherr und geschädigter Unternehmer Art. 31 SIA-Norm 118 übernommen, bietet sich folgende Rechtslage:

456   a) Dem geschädigten *Bauherrn* stehen Ersatzansprüche gegen alle Unternehmer zu, mit denen er diese zusätzliche Vertragshaftung vereinbarte. Unter den Voraussetzungen des Art. 31 kann der Bauherr auf die Unternehmer greifen, die erstens zur Zeit des Schadenereignisses am Bau tätig waren und denen zweitens der Entlastungsbeweis nicht gelungen ist.[184]

457   b) Der Bauherr hat gegenüber den Nebenunternehmern den vertraglichen Anspruch, dass sie dem geschädigten *Unternehmer* Ersatz leisten. Ob dem Unternehmer ein direkter Anspruch zusteht, beurteilt sich nach Art. 112 OR. Die Formulierung in Art. 31 Abs. 2 SIA-Norm 118, wonach «die Bauleitung für den Geschädigten die Rechnungstellung» besorgt, ist ein starkes Indiz für einen echten Vertrag zugunsten dieses Dritten. Allenfalls besteht eine Pflicht des Bauherrn, dem geschädigten Unternehmer die Ansprüche gegenüber den ersatzpflichtigen Nebenunternehmern abzutreten (Art. 164 OR).[185]

---

182   KOLLER JO, S. 132.
183   Vgl. *Nr. 541 ff.*
184   GAUCH, Werkvertrag, Nr. 1950.
185   Vgl. *Nr. 302.*

458 2. Schadenersatzberechtigt sind nicht nur die Unternehmer, die auch ersatzpflichtig (Nr. 445) werden können.[186] Denn nach Willensmeinung von Unternehmer und Bauherr kann Art. 31 SIA-Norm 118 durchaus als **Abrede zugunsten des Nebenunternehmers** ausgestaltet sein.[187] Wie weit ein Nebenunternehmer aus einer solchen Abrede berechtigt wird, beurteilt sich nach Art. 112 OR und ist in Nr. 476 dargestellt. Die Berechtigung des Nebenunternehmers nach Art. 112 OR hängt nicht davon ab, ob dieser Art. 31 SIA-Norm 118 in den Vertrag mit dem Bauherrn übernommen hat.[188]

7. Abweichungen in der Vertragspraxis

459 In einzelnen Bauwerkverträgen finden sich **Modifikationen** des Art. 31 der SIA-Norm 118 zugunsten einer Partei des Werkvertrages. So bestimmen Bauherren in «eigenen» Allgemeinen Geschäftsbedingungen beispielsweise, dass Unternehmer und Nebenunternehmer «in jedem Fall die von der Bauleitung anteilsmässig verteilten Kosten von Bauschäden zu tragen haben»; ein Entlastungsbeweis also ausgeschlossen ist.[189]

460 Verschiedentlich wird eine gewisse Höchstgrenze der Anteilssumme festgesetzt, indem formuliert wird: «Der Höchstansatz beträgt 0,5% sämtlicher Rechnungen des Unternehmers». Gerade solche Bestimmungen greifen stark in das System der Gefahrentragung (Art. 376 OR/Art. 187 SIA-Norm 118) ein[190] und können dadurch zu verschiedenen Problemen in der Rechtsanwendung führen. Im übrigen fragt sich bei solchen Bestimmungen, ob sie nicht derart ungewöhnlich sind, dass ihnen im Einzelfall die Geltung versagt werden muss.[191]

---

186 A.M. KOLLER JO, S. 131.
187 KOLLER JO, S. 131.
188 A.M. KOLLER JO, S. 130.
189 Vgl. aber KUMMER, N 376 zu Art. 8 ZGB.
190 GAUCH, Praktische Gestaltung der Bauverträge, S. 19.
191 TERCIER, BR 1989, S. 69, Nr. 110. - Vgl. zur Ungewöhnlichkeitsregel GAUCH, recht 1985, S. 31 f. (mit weiteren Literaturhinweisen) und GAUCH/SCHLUEP, Nr. 1141 ff. Zu Art. 31 SIA-Norm 118: *Nr. 468.*

5. TEIL: DIE NEBENUNTERNEHMERKLAUSELN IM BESONDEREN

I. Begriff und Erscheinungsformen

A. Begriff

461 1. Weil das Verhältnis zwischen dem Bauherrn und seinen Unternehmern sehr komplex erscheint, treffen Bauherr und Unternehmer darüber oftmals Abreden in den jeweiligen Werkverträgen. Bei solchen Klauseln handelt es sich demnach um **Vetragsabreden** im Werkvertrag, die sich in irgendeiner Form mit den weiteren Nebenunternehmern befassen. Da sich die Klauseln in den separaten Werkverträgen zwischen den Unternehmern und dem Bauherrn befinden, kann dies schwierige Auslegungsfragen und Probleme in der Rechtsanwendung nach sich ziehen.

462 2. Abreden in den Werkverträgen, die sich auf irgendeine Weise auf das Verhältnis zwischen Unternehmer und Nebenunternehmer beziehen, sind Nebenunternehmerklauseln (clauses de co-entrepreneur; clausola di coimprenditore). Dabei ist zu beachten, dass eine vereinbarte Nebenunternehmerklausel entweder den Bauherrn oder den Unternehmer oder beide verpflichten kann. Durch die Vereinbarung sind immer nur die Vertragsparteien, in deren Abrede die Klausel steht, und **nicht der Nebenunternehmer verpflichtet.**[1] Der Nebenunternehmer kann aus dem Vertrag zwischen Bauherr und Unternehmer nicht belastet werden. Dies ergibt sich aus dem Grundsatz, dass Vereinbarungen zulasten Dritter niemals verpflichtend vereinbart werden können.[2] In den folgenden Ausführungen ist deshalb mit Unternehmer immer derjenige gemeint, in dessen Werkvertrag die einschlägige Klausel steht.

---

[1] Bei einer vermeintlichen Nebenunternehmerklausel kann es sich auch um eine *blosse Floskel* handeln (KOLLER, BR 1989, S. 24 ff.), und zwar vor allem dann, wenn die Parteien vorgeformte Normen global übernehmen (SCHÖNENBERGER/JÄGGI, N 496 zu Art. 1 OR). Eine Vertragsfloskel entfaltet keine Wirkung, sofern feststeht, dass die Parteien sie weder gewollt, noch vorgeschlagen hätten, wenn ihnen der Inhalt bewusst geworden wäre (GAUCH/SCHLUEP, Nr. 1143).

[2] GAUCH/SCHLUEP, Nr. 3994; GAUCH/PRADER, Anm. 19, lit.a zu Art. 126 SIA-Norm 118.

B. Erscheinungsformen

1. Die wichtigsten Erscheinungsformen

463 1. Eine erste Art von Nebenunternehmerklauseln betreffen Leistungen, die vom Unternehmer zum Nebenunternehmer oder umgekehrt fliessen sollen. Als **horizontale Leistungsklauseln** können sie je nach der durch sie beschriebenen Leistungsrichtung folgendermassen eingeteilt werden:

464 a) Entweder verlangen sie eine Leistung des Unternehmers an den Nebenunternehmer. Für den verpflichteten Unternehmer handelt es sich dann um eine Klausel zu seinen Lasten oder um eine *belastende Nebenunternehmerklausel*.

465 b) Oder sie besagen, dass der Unternehmer eine Leistung des Nebenunternehmers erhalten soll. Klauseln, die eine Leistungszusage an den Unternehmer beinhalten, bezeichne ich als *begünstigende Nebenunternehmerklauseln*. Trotz der Bezeichnung muss nochmals betont werden, dass eine derartige Klausel im Werkvertrag zwischen Bauherr und Unternehmer den Nebenunternehmer nie verpflichtet (Nr. 462).

466 2. Vom **Inhalt** her umschreiben horizontale Klauseln nicht nur Leistungen, die auf ein Tun (z.B. eine Schadenersatzleistung), Dulden oder Unterlassen ausgerichtet sind. So kann in einer horizontalen Klausel auch eine Sorgfalts- oder eine Schutzpflicht vereinbart sein.

467 a) Als Beispiel einer *Schadenersatzklausel* dient Art. 31 Abs. 1 SIA-Norm 118. Diese Nebenunternehmerklausel regelt die gemeinsame Schadenersatzpflicht für den Fall, da an einem Bauwerk, an dem mehrere Unternehmer bauen, ein Schaden entsteht, «dessen Verursacher nicht festgestellt werden kann».[3]

468 b) Neben Leistungen können in horizontalen Klauseln auch *Sorgfalts- und Schutzpflichten* festgelegt werden.[4] Zu dieser Gruppe gehören z.B. die vereinbarten Anzeige- und Prüfungspflichten.[5]

---

[3] Vgl. dazu eingehend *Nr. 428 ff.*

[4] Vgl. Art. 30 Abs. 3 SIA-Norm 118 und Art. 103 SIA-Norm 118; *Nr. 526.*

[5] *Nr. 204* und *Nr. 206.*

469 3. Von den horizontalen Klauseln unterscheiden sich diejenigen, in denen sich der **Bauherr** zu einer **Eigenleistung** verpflichtet. Dazu gehören namentlich die Abreden über die Koordinierung der Nebenunternehmerarbeiten (Nr. 171). Beispielsweise präzisieren Bauherr und Unternehmer diese Mitwirkungspflicht des Bauherrn, indem sie vereinbaren, dass der Bauherr in den «einzelnen Werkverträgen dafür» zu sorgen habe, «dass die Arbeiten der verschiedenen Unternehmer zweckmässig miteinander koordiniert sind» (Art. 30 Abs. 2 SIA-Norm 118), oder dass der Bauherr den «Unternehmern in den Verträgen die entsprechenden Verpflichtungen» (Art. 30 Abs. 2 SIA-Norm 118) auferlegt, die eine gehörige Koordination der Arbeiten verlangt.

470 4. Nebenunternehmerklauseln lassen sich auch anhand ihrer **Verwendung** in den jeweiligen Werkverträgen unterscheiden:

471 a) Finden sich identische Nebenunternehmerklauseln sowohl im Vertrag des Unternehmers als auch im Werkvertrag des Nebenunternehmers mit dem Bauherrn, handelt es sich um *synchrone Nebenunternehmerklauseln*.

472 b) Wenn sich eine bestimmte Klausel nur im Vertrag des Unternehmers befindet und zwischen Bauherr und Nebenunternehmer keine entsprechende Klausel vereinbart ist, spreche ich von einer *solitären Nebenunternehmerklausel*.

473 5. Je nachdem wie die Parteien Nebenunternehmerklauseln in den Werkvertrag übernehmen, kann zwischen vorformulierten und individuellen Abreden unterschieden werden.[6] Die Problematik der **Übernahme** bedarf der näheren Auseinandersetzung:

474 a) *Vorformulierte* Klauseln sind entweder vom Verwender selbst oder von einem Dritten ausgestaltet worden und finden sich in sogenannten «Allgemeinen Geschäftsbedingungen».[7] So hat der Schweizerischen Ingenieur- und Architektenverein die Klauseln in der SIA-Norm 118 vorgeformt. Die Vertragsparteien übernehmen Nebenunternehmerklauseln in der Regel nicht individuell (Nr. 476), was insbesondere bei deren Auslegung (Nr. 512) zu berücksichtigen ist.

475 Auch verschiedene «grössere» Bauherren reichern ihre «eigenen» Allgemeinen Geschäftsbedingungen mit unterschiedlichen Nebenunternehmerklauseln an. Diesem Umstand ist bei der Auslegung

---

6 Vgl. GAUCH/SCHLUEP, Nr. 1139.

7 GAUCH/SCHLUEP, Nr. 1152. - Zur Geltung gegenüber Dritten siehe ULMER/BRANDNER/HENSEN, N 69 zu § 2 AGB-Gesetz.

solcher vom Verwender eingebrachter Klauseln ebenfalls Rechnung zu tragen.

476 b) Bauherr und Unternehmer können im Werkvertrag auch besondere Nebenunternehmerklauseln vereinbaren. Als *individuelle* Abreden gehen sie einer vorformulierten Klausel jederzeit vor.[8]

477 Ebenfalls zu den individuellen und damit vorrangigen Abreden gehören solche vorformulierten Vertragsklauseln, die beim Vertragsabschluss individualisiert werden. Eine Individualisierung liegt vor, wenn die Parteien ernsthaft und mit der Bereitschaft auch Abänderungen vorzunehmen, über Bedeutung und Inhalt einer bestimmten Klausel diskutiert haben. Die Individualisierung kann sich in der späteren Formulierung der Klausel zeigen, was aber nicht vorausgesetzt ist.[9] Ist die Individualisierung nachträglich streitig, liegt die Beweislast bei dem Vertragspartner, der sich darauf beruft (Art. 8 ZGB).[10]

478 6. Unbedingte Nebenunternehmerklauseln entfalten ihre **Wirkungen** bereits mit dem Vertragsabschluss.[11] Bedingte Klauseln wirken erst mit dem Bedingungseintritt, z.B. auf Aufforderung hin. Eine Aufforderung liegt beispielsweise vor, wenn die Bauleitung verlangt, dass der Unternehmer seine Baustelleneinrichtungen, die er für eigene Arbeiten benötigt, auch Nebenunternehmern zur Verfügung stellt.[12]

2. Nebenunternehmerklauseln verschiedener Verwender

a) Der Bauherr als Verwender

479 1. In **belastenden Nebenunternehmerklauseln** (Nr. 464) suchen die Bauherren den Unternehmer zu weitergehenden (Neben)Leistungen zu verpflichten, als dies der üblichen (gesetzlichen) Lastenverteilung entspricht. Auf der einen Seite möchte der Bauherr damit seine Mitwir-

---

8 GAUCH/SCHLUEP, Nr. 1139; KRAMER, N 210 zu Art. 1 OR. - Zur Rangordnung, wenn individuelle Abreden und die Übernahme der SIA-Norm 118 zusammentreffen vgl. Art. 21 der Norm und eingehend GAUCH, Werkvertrag, Nr. 262 ff.

9 GAUCH, Werkvertrag, Nr. 162.

10 GAUCH, Werkvertrag, Nr. 162.

11 Z.B. Art. 126 Abs. 3 SIA-Norm 118.

12 Art. 126 Abs. 1 SIA-Norm 118. - Die Pflicht zur Gebrauchsüberlassung ist suspensiv bedingt (GAUCH/PRADER, Anm. 1, lit.a zu Art. 126 SIA-Norm 118).

kungspflichten teilweise dem Unternehmer überbinden; so soll der Unternehmer z.B. Koordinations- und Prüfungsaufgaben übernehmen. Auf der anderen Seite verwendet der Bauherr horizontale Leistungsklauseln (Nr. 463), nach denen der Unternehmer dem Nebenunternehmer Leistungen zu erbringen hat.[13] Dazu die folgenden Beispiele aus verschiedenen «Allgemeinen Geschäftsbedingungen» schweizerischer Verwender:

480   a) Verschiedene Formularbestimmungen sollen den Unternehmer zu einer Überprüfung der Arbeiten der Nebenunternehmer anhalten. Beispielsweise wird verlangt, dass «der Unternehmer auch die Unterlagen der an seine Aufgabenbereiche anschliessenden Unternehmer zu prüfen» habe und «für Vereinbarkeit und Vollständigkeit in den Grenzgebieten (die räumlich wie sachlich zu verstehen sind)» hafte.

481   Zudem habe «der Unternehmer auf vermeintliche Lücken oder Widersprüche oder andere Unzulänglichkeiten in Leistungsverzeichnis oder anderen Unterlagen seiner Nebenunternehmer ausdrücklich, schriftlich und unverzüglich aufmerksam zu machen».

482   b) Weiter müsse der Unternehmer «mindestens zwei Wochen vor der vereinbarten Arbeitsaufnahme am Platz die Arbeiten seiner Nebenunternehmer prüfen und dabei festgestellte Verzögerungen und Mängel, welche Einfluss auf die vertragsgemässe Ausführung der eigenen Arbeit haben könnten, schriftlich sowohl dem Nebenunternehmer als auch der Bauleitung anzeigen».

483   c) Eine horizontale Leistungsklausel handelt von den Zuleitungen, die der Unternehmer seinen Nebenunternehmern, meist «kostenlos», zur Verfügung stellen muss. Dahingehend finden sich Ergänzungen zu Art. 133 SIA-Norm 118: Beispielsweise wird verlangt, der Unternehmer habe die Zuleitungen so zu dimensionieren, «dass die Nebenunternehmer in deren Nutzung nicht eingeschränkt» werden, «oder er müsse die Zuleitungen bis Ende der Bauzeit vorhalten».

484   d) Schliesslich verlangt der Bauherr vom Unternehmer, der einem Nebenunternehmer «seine Baumaschinen (beispielsweise seinen Kran)» zur Verfügung stellt, dass er Manipulationen, die an den Baumaschinen auszuführen sind («beispielsweise die Befestigung der Last am Kran»), durch eigenes Personal vornehmen lässt.

---

13   Z.B. Baustelleneinrichtungen oder Baumaschinen zur Verfügung stellen.

485   2. Laut **begünstigenden Nebenunternehmerklauseln** (Nr. 465) soll der Unternehmer bestimmte Leistungen des Nebenunternehmers oder die Einhaltung verschiedener Unterlassungs-, Sorgfalts- oder Schutzpflichten erwarten können. Dazu zwei Beispiele:

486   a) Einmal wird formuliert, der Nebenunternehmer sei «verpflichtet»[14], dem Unternehmer «eine entsprechende Vergütung für die Benützung von Baustelleneinrichtungen zu leisten».

487   b) Der Bauherr sagt dem Unternehmer in anderen Klauseln zu, dass ihm der Nebenunternehmer jederzeit Auskünfte darüber zu erteilen habe, «wie weit der Stand der eigenen Bauarbeiten» sei. Weiter müsse der Nebenunternehmer alle Massnahmen treffen, «die der Koordination der Arbeiten» dienlich seien.

b) Der Unternehmer als Verwender

488   1. Die von den Unternehmern verwendeten Allgemeinen Geschäftsbedingungen enthalten ebenfalls Nebenunternehmerklauseln, insbesondere über Haftungsfragen. Darin werden haftungsspezifische Rechtsfragen, die sich beim Bauen mit Nebenunternehmern stellen können, meist zugunsten des Unternehmers beantwortet, und zwar im Sinne von Haftungseinschränkungen oder Freizeichnungen:

489   2. Eine solche **Haftungsklausel** findet sich im folgenden Beispiel: «Stellt ein Unternehmer seine Leute einem Nebenunternehmer zu irgendwelchen Beihilfsarbeiten zur Verfügung (z.B. für Spitz-, Versetz-, Montage- oder Transportarbeiten usw.), so ist der Nebenunternehmer für die richtige Ausführung der Arbeit, resp. allfällige Schäden, welche durch die Beihilfe leistenden Leute verursacht werden, allein verantwortlich».

490   3. Ausgehend davon, dass sich der Nebenunternehmer unternehmerische Maschinen borgt, verwendet der ausleihende Unternehmer häufig folgende **Freizeichnungsklausel:**

491   Erstens verlangt er bei einer Gebrauchsüberlassung, dass Manipulationen an seinen Maschinen nur durch seine eigenen Leute vorgenommen werden dürfen, und zweitens erklärt er, falls sich der Nebenunternehmer nicht daran hält: «Führen Leute des Nebenunternehmers Manipulationen an den Maschinen (z.B. an einem Kran) selbst aus, so ist der

---

14   Vgl. aber *Nr. 462.*

Nebenunternehmer für Schäden irgendwelcher Art, welche durch seine Leute verursacht werden, vollumfänglich verantwortlich».

3. Die Nebenunternehmerklauseln in der SIA-Norm 118

a) Einleitung

492 Verschiedene Bestimmungen der SIA-Norm 118 auferlegen dem Unternehmer als horizontale Klauseln (Nr. 465) **Leistungs-, Unterlassungs- und Sorgfaltspflichten** zugunsten seiner Nebenunternehmer. Es handelt sich dabei um Klauseln, die den Nebenunternehmer begünstigen. An dieser Stelle ist zu betonen, dass auch abstrakt vorformulierte Nebenunternehmerklauseln keinen Gesetzescharakter haben. Sie sind deshalb immer individuell auszulegen, was im Ergebnis dazu führen kann, dass derselben Klausel für die Parteien verschiedener Werkverträge jeweils eine andere Bedeutung zukommt.

b) Beispiele

493 1. Zahlreiche Normbestimmungen enthalten Nebenunternehmerklauseln, die sich mit der **Pflicht zur Gebrauchsüberlassung** befassen. Es handelt sich um horizontale Leistungsklauseln. Der Unternehmer verpflichtet sich, dem Nebenunternehmer bestimmte Leistungen zu erbringen:

494 a) Art. 126 Abs. 1 hält fest, dass der Unternehmer seine Baustelleneinrichtungen auf Verlangen der Bauleitung auch seinen Nebenunternehmern zur Verfügung stellt, solange er sie für eigene Arbeiten benötigt. Dies mit der Einschränkung, dass er sie nur solange bereithalten muss, als dadurch die eigenen Arbeiten nicht beeinträchtigt werden.

495 b) Für vorhandene Gerüste des Unternehmers statuiert Art. 126 Abs. 3 das gleiche Prinzip. Im Unterschied zu Art. 126 Abs. 1 entsteht die Pflicht des Unternehmers zur Gebrauchsüberlassung bereits mit dem Vertragsabschluss und nicht erst dann, wenn es der Bauherr (die Bauleitung) verlangt.[15]

---

15 GAUCH/PRADER, Anm. 18, lit.b zu Art. 126 SIA-Norm 118; *Nr. 478.*

496 c) Laut Art. 131 muss der Unternehmer den Nebenunternehmern unentgeltlich den Anschluss an seine Sekundärleitungen gestatten,
«solange er diese für eigene Zwecke benötigt und soweit die vor-
handenen Leitungsquerschnitte es zulassen».

497 d) Nach Art. 133 Abs. 2 gilt das gleiche Prinzip für die «Zuführung
von Trink- und Brauchwasser» sowie die «Ableitung des Abwas-
sers».[16] Der Unternehmer hat den Nebenunternehmern Zuleitungen
und Abwasserleitungen, solange unentgeltlich zur Verfügung zu
stellen, als er sie auch «für eigene Zwecke benötigt und soweit die
Leitungsquerschnitte und die Wassermenge es zulassen».

498 2. Die beiden nachstehenden horizontalen Klauseln haben **Schutz- und
Sorgfaltspflichten** des Unternehmers zum Gegenstand:

499 a) Artikel 30 Abs. 3 verlangt vom Unternehmer, «gebührend Rücksicht» auf den Nebenunternehmer zu nehmen und dahingehend «die
entsprechenden Weisungen der Bauleitung» zu befolgen. Führen die
Parteien weiter aus, was sie unter «Rücksichtnahme» verstehen,
handelt es sich um eine individuelle oder individualisierte Nebenunternehmerklausel.[17]

500 b) Mit der Übernahme des Art. 103 ff. SIA-Norm 118 erklärt sich der
Unternehmer bereit, «bis zur Abnahme» seines Werkes alle
«gesetzlich vorgeschriebenen und erfahrungsgemäss gebotenen Vorkehren»[18] zu treffen, die dem Schutz von Leib, Leben und Eigentum Dritter und damit auch des Nebenunternehmers dienen.[19]

501 3. Weiter finden sich in der SIA-Norm 118 Nebenunternehmerklauseln,
die dem Unternehmer als Klauselpartner verschiedene **Zusagen**
(Nr. 537) hinsichtlich des Nebenunternehmerverhaltens machen. Häufig
ist von einer Vergütungs- oder Leistungs«pflicht»[20] des Nebenunternehmers die Rede, der seinerseits eine Leistung des Unternehmers in
Anspruch nimmt. Dazu die drei ersten Beispiele (a, b, c); im vierten (d)
und fünften (e) zeigen sich Nebenunternehmerklauseln, die den Unternehmer bestimmte Verhaltensweisen des Nebenunternehmers erwarten
lassen:

---

[16] Titel zu Art. 133 SIA-Norm 118.
[17] *Nr. 477.*
[18] Art. 103 SIA-Norm 118.
[19] Vgl. GAUCH/SCHUMACHER, Vorbemerkungen, lit.b zu Art. 103-113 SIA-Norm
118.
[20] Vgl. aber *Nr. 462.*

502 a) In Art. 116 Abs. 3 findet sich eine Regelung für die Situation, da ein Nebenunternehmer Grundstücke und Rechte mitbenutzt, die sich der Unternehmer beschaffte. Die Norm hält fest, dass sich die Nebenunternehmer für die Mitbenutzung an den Kosten zu beteiligen, also eine Vergütung zu leisten haben. Wie weit sich der Unternehmer gegenüber seinem Nebenunternehmer auf diese Klausel berufen kann, ist (als Frage der Vertragsauslegung) Gegenstand der Erläuterungen in den Nr. 533 ff. Mindestens stellt die Norm aber klar, dass der Unternehmer gegenüber seinem Bauherrn nicht verpflichtet ist, dem Nebenunternehmer die «unentgeltliche Mitbenützung zu gestatten».[21]

503 b) Während die Nebenunternehmer unternehmerische Gerüste grundsätzlich unentgeltlich benützen dürfen, trifft sie laut Art. 126 Abs. 3 die «Pflicht», für den Unterhalt des Gerüstes zu sorgen. Damit sind die für die «Sicherheit erforderlichen»[22] Massnahmen gemeint.[23]

504 Gerade wenn der Unternehmer und seine Nebenunternehmer die Gerüste gleichzeitig benützen, erweist sich diese Regel als unpraktikabel.[24] In einem solchen Fall «obliegt es den Benützern», sich über die Zuteilung der Arbeiten und über die Kostentragung vertraglich zu einigen.[25]

505 c) Art. 134 Abs. 2 postuliert eine Vergütungs«pflicht»[26] der Nebenunternehmer, die sich an das Netz des Unternehmers anschliessen. Danach müssten sie sich mit dem Unternehmer darüber verständigen, wie sie ihren Wasser- und Energiekonsum begleichen wollen.

506 d) Nach Art. 126 Abs. 3 muss der Nebenunternehmer, der unternehmerische Baustelleneinrichtungen für seine Arbeiten nutzt, das Einverständnis des Unternehmers und der Bauleitung einholen, um «Abänderungen und Ergänzungen der Gerüste» vorzunehmen. Überdies seien dem Unternehmer die daraus erwachsenden Nachteile auszugleichen.

---

21 GAUCH/PRADER, Anm. 22 zu Art. 116 SIA-Norm 118.
22 GAUCH/PRADER, Anm. 21 zu Art. 126 SIA-Norm 118.
23 Die Benützer haben «insbesondere der Gleit-, Rutsch- und Stolpergefahr, mit geeigneten Massnahmen zu begegnen» (Art. 7.25 SIA-Norm 222, Ausgabe 1990, Gerüste - Leistung und Lieferung).
24 GAUCH/PRADER, Anm. 21, lit.c zu Art. 126 SIA-Norm 118.
25 GAUCH/PRADER, Anm. 21, lit.c zu Art. 126 SIA-Norm 118. Zur «Obliegenheit der Benützer» Nr. 562.
26 Nr. 462.

507   e) Nach Art. 134 Abs. 2 kann der Unternehmer verlangen, dass der Nebenunternehmer eigene, geeichte Zähler anbringt, um die Gebrauchskosten für Energie und Wasser zu ermitteln, die der Nebenunternehmer über die unternehmerischen Anschlüsse bezieht.

508   4. Verschiedene Normbestimmungen statuieren eine «**Schadenersatzpflicht**» des Nebenunternehmers. Beispiele:

509   a) Art. 31 Abs. 1 regelt die gemeinsame Schadenersatzpflicht für den Fall, da an einem Bauwerk, an dem mehrere Unternehmer bauen, ein Schaden entsteht, «dessen Verursacher nicht festgestellt werden kann». Jeder Unternehmer muss den Teil des Schadens tragen, der dem Anteil entspricht, den sein Anspruch an der Bausumme ausmacht, die für die Vergütung der Bauarbeiten eingesetzt ist.[27] Diese Nebenunternehmerklausel ist in mehrfacher Hinsicht unklar und interpretationsbedürftig.[28]

510   b) Nach Art. 126 Abs. 3 haften Nebenunternehmer, die Gerüste des Unternehmers unentgeltlich benützen, für den aus unsachgemässer Benützung entstehenden Schaden. Nach dem Wortlaut stünde dem Unternehmer in der Folge ein Schadenersatzanspruch gegenüber dem betreffenden Nebenunternehmer zu.[29] Bauherr und Unternehmer können in ihrem Werkvertrag zulasten des Nebenunternehmers auch keine Ersatzpflichten vereinbaren.[30] Nachfolgend soll eine vertieftere Betrachtung die Rechtsnatur und die Rechtswirkungen von Nebenunternehmerklauseln erhellen.

II. Rechtslage

A. Vorbemerkungen

511   1. Die durch Nebenunternehmerklauseln geschaffenen Rechtslagen sind vielfältig. Dieselbe Klausel kann Unterschiedliches bedeuten, je nach dem, von welcher Seite des Dreiecksverhältnisses (Bauherr-Unternehmer-Nebenunternehmer) aus sie betrachtet wird. Deshalb soll die durch

---

[27]   Unklar ist die Berechnungsgrundlage dieser «Rechnungsbeträge ihrer Arbeiten», und zwar vor allem bei Regiearbeiten.

[28]   Ausführlich: KOLLER Jo, S. 127 ff.; vgl. auch *Nr. 428 ff.*

[29]   Vgl. aber *Nr. 534.*

[30]   *Nr. 462.*

Nebenunternehmerklauseln geschaffene Rechtslage von jedem dieser Baubeteiligten aus dargestellt werden. Dies geschieht immer unter der Voraussetzung, dass die Klauseln gültig vereinbart sind.

512 2. Wenn Klauseln aus der SIA-Norm 118 ausgelegt werden, ist stets zu berücksichtigen, dass die Parteien einer bestimmten Norm im konkreten Einzelfall eine andere Bedeutung zumessen könnten. Genau diese Bedeutung ist schliesslich massgebend. Was die Parteien mit einer Klausel meinen, ist mit individueller Auslegung zu ermitteln, deren Grundlage das Vertrauensprinzip darstellt.[31] Deshalb können die folgenden Ausführungen nur eine Annäherung an die durch Nebenunternehmerklauseln geschaffene Rechtslage bieten.

513 3. Der folgende Abschnitt handelt zuerst von verschiedenen Möglichkeiten, mit denen Bauherr, Unternehmer und Nebenunternehmer durch Klauseln im Werkvertrag berechtigt werden können (B.). Dann werden einige Sonderfälle (C.) dargestellt, schliesslich folgen Ausführungen zur Nicht- und Schlechterfüllung von Nebenunternehmerklauseln (D.).

B. Die Berechtigung bei Nebenunternehmerklauseln

1. Der Bauherr als Berechtigter

514 1. Vereinbaren Bauherr und Unternehmer horizontale Klauseln (Nr. 463), so kann der Unternehmer als Klauselpartner belastet sein. Der Unternehmer verpflichtet sich vertraglich, die **belastende Nebenunternehmerklausel** (Nr. 464) einzuhalten. Deshalb steht es grundsätzlich allein dem Bauherrn zu, gegenüber seinem Vertragspartner die Erfüllung der entsprechenden Leistungs- oder weiterer Pflichten zu verlangen. Dies gilt unabhängig davon, ob die Erfüllung schliesslich dem Nebenunternehmer zugute kommt oder nicht. Verhält sich der Unternehmer nicht gemäss solchen Nebenunternehmerklauseln, so verletzt er seinen Werkvertrag mit dem Bauherrn (Art. 97 OR/Art. 364 OR). Dies ist eindeutig und braucht nicht weiter hinterfragt zu werden.[32]

---

31 GAUCH, Von der revidierten SIA-Norm 118, in: Gedächtnisschrift Peter Jäggi, Freiburg 1977, S. 2237.

32 *Nr. 565.*

515 2. Finden sich im Werkvertrag **begünstigende Nebenunternehmer-klauseln** (Nr. 465), so ist deren Bedeutung durch Auslegung des Vertrages zu ermitteln. Diese Klauseln sollen nicht den Unternehmer als Klauselpartner, sondern einen Dritten, nämlich den Nebenunternehmer, belasten. Zur Klärung der Rechtslage sind zwei Verwendungsformen solcher Klauseln auseinanderzuhalten:

516 a) Für den Fall, dass es sich um eine *solitäre* Klausel (Nr. 472) handelt, begründet die Bestimmung keine Schuld des Nebenunternehmers, da die Vertragspartner einem Dritten keine Verpflichtungen auferlegen können.[33] In der Folge steht dem Bauherrn auch kein Erfüllungsanspruch zu.

517 b) Anders sieht die Forderungslage aus, wenn der Bauherr die belastende Nebenunternehmerklausel *synchron* (Nr. 471) vereinbart. Dieselbe Klausel steht dann sowohl im Werkvertrag zwischen Unternehmer und Bauherr als auch in der Vereinbarung, die der Bauherr mit dem Nebenunternehmer trifft. Folglich kann der Bauherr auch gegenüber dem Nebenunternehmer die Erfüllung verlangen. Das in Nr. 514 Gesagte findet vollumfänglich Anwendung.

518 In diesem Sinne kann der Bauherr von einem schädigenden Nebenunternehmer z.B. verlangen, dass er dem Unternehmer «den aus unsachgemässer Benützung entstehenden Schaden»[34] an einem Gerüst ersetze, wenn er den einschlägigen Art. 126 Abs. 3 SIA-Norm 118 auch im Werkvertrag mit dem Nebenunternehmer verwendet.[35]

2. Der Nebenunternehmer als Berechtigter

a) Ausgangslage

519 1. Die **Forderungslage** hängt davon ab, ob eine belastende Nebenunternehmerklausel (Nr. 464) eine Drittwirkung zugunsten des Nebenunternehmers entfaltet. Dies beurteilt sich nach den Voraussetzungen des Art. 112 OR. Die Forderungslage hängt davon ab, ob ein echter oder unechter Vertrag zugunsten Dritter vorliegt.[36]

---

33 Vgl. GAUCH/PRADER, Anm. 19, lit.a zu Art. 126 SIA-Norm 118.
34 Art. 126 Abs. 3 SIA-Norm 118.
35 Vgl. GAUCH/PRADER, Anm. 20, lit.c zu Art. 126 SIA-Norm 118.
36 Vgl. GUHL/MERZ/KOLLER, S. 163.

520 2. Eine **echte Abrede zugunsten des Nebenunternehmers** (Nr. 244) gewährt dem Nebenunternehmer einen eigenen Erfüllungsanspruch. Der Nebenunternehmer wird neben dem Bauherrn berechtigt, vom Unternehmer das Versprochene zu erlangen.[37] Er erhält ein direktes Forderungsrecht gegenüber dem Unternehmer.

521 3. Eine **unechte Abrede zugunsten des Nebenunternehmers** berechtigt diesen nicht, die Leistung zu fordern. Der Nebenunternehmer gelangt bestenfalls in den Genuss einer unternehmerischen Leistung.[38] Der Nebenunternehmer ist in dem Sinne begünstigt, als ihm die Leistung des Unternehmers zufällt.[39]

b) Berechtigung bei echten Abreden zugunsten des Nebenunternehmers

522 1. Ob eine belastende Nebenunternehmerklausel eine Drittwirkung zugunsten des Nebenunternehmers entfaltet, beurteilt sich nach **Art. 112 OR.** In diesen Absätzen regelt der Gesetzgeber «die Verträge zugunsten eines Dritten».[40] Dem Nebenunternehmer steht dann ein eigenes, direktes Forderungsrecht gegenüber dem Unternehmer zu, wenn dies dem **Willen** der Vertragsparteien (Bauherr und Unternehmer) **oder** der **Übung** entspricht (Art. 112 Abs. 2 OR).[41] Im einzelnen:

523 a) Bauherr und Unternehmer können die echte Drittwirkung ihrer *Vereinbarung* ausdrücklich oder stillschweigend erklären.[42] Indes trägt der Nebenunternehmer die Folgen der Beweislosigkeit, d.h. es steht ihm kein direkter Anspruch zu, falls er keine dementsprechende Vereinbarung der Parteien nachweisen kann.[43]

524 b) Noch schwieriger erscheint die Aufgabe des Nebenunternehmers, der eine bestimmte *Übung* in der Baubranche nachzuweisen hat, um

---

37 Zur Position des Bauherrn siehe auch Art. 112 Abs. 3 OR.
38 Vgl. KELLER/SCHÖBI, S. 212. - Nach AEPLI (N 24 zu Art. 122 OR) fehlt dem Dritten die «Gläubigereigenschaft».
39 FIKENTSCHER, Nr. 247; BECKER, N 23 zu Art. 112 OR.
40 Marginalie zu Art. 112 OR.
41 Vgl. BUCHER, AT, S. 476 f.
42 GAUCH/SCHLUEP, Nr. 4020.
43 So BGE 88 II 358 ff. - «Die blosse Ermächtigung bildet die Regel» (BECKER, N 14 zu Art. 112 OR); Die blosse Ermächtigung ist zu vermuten (CERUTTI, Nr. 114).

die Drittwirkung einer Klausel zu beweisen.[44] Insbesondere dann, wenn ein Nebenunternehmer den Unternehmer gestützt auf vorformulierte Klauseln der SIA-Norm 118 zur Erfüllung anhalten möchte, bleibt ihm ein Anspruch wahrscheinlich verwehrt. Denn laut Kommentatoren findet sich keine entsprechende Übung, die einem vertragsfremden Nebenunternehmer einen direkten Forderungsanspruch einräumte.[45]

525 c) Bei *horizontalen Leistungsklauseln* (Nr. 463) der SIA-Norm 118, die den Unternehmer verpflichten, dem Nebenunternehmer Baustelleneinrichtungen[46], Gerüste[47], Anschlüsse für Wasser sowie Strom[48] und Ableitungen für Abwässer[49] zum Gebrauch zu überlassen, handelt es sich um unechte oder einfache Vereinbarungen zugunsten des Nebenunternehmers. Weder lässt sich ein direktes Forderungsrecht des Dritten aus diesen Bestimmungen alleine entnehmen[50], noch scheint eine entsprechende Übung in der Baubranche zu bestehen.

c) Berechtigung bei vereinbarter Drittschutzwirkung

526 1. Übernehmen Bauherr und Unternehmer z.B. die Art. 103 ff. SIA-Norm 118 («Schutz- und Fürsorgemassnahmen»[51]), so verpflichtet sich der Unternehmer alles vorzukehren, was «gesetzlich vorgeschrieben und erfahrungsgemäss geboten»[52] ist, um die Rechtsgüter seiner Nebenunternehmer und anderer vertragsfremder Dritter zu schützen. Ob sich der Nebenunternehmer direkt auf diese Klausel berufen kann, um im Falle einer Schädigung einen vertraglichen Schadenersatzanspruch

---

44   Vgl. BECKER, N 17 und 20 zu Art. 112 OR. - KUMMER, N 147 zu Art. 8 ZGB.
45   GAUCH/PRADER, Anm. 1, lit.b zu Art. 126 Abs. 1 SIA-Norm 118; Anm. 18 zu Art. 126 Abs. 3 SIA-Norm 118; Anm. 1, lit. b zu Art. 131 SIA-Norm 118; GAUCH/SCHUMACHER, Anm. 1, lit.b zu Art. 103 SIA-Norm 118; Anm. 8 zu Art. 120 SIA-Norm 118; für den Subunternehmervertrag: GAUCH, Werkvertrag, Nr. 139. - Vgl. aber BGE 88 II 529.
46   Art. 126 Abs. 1 SIA-Norm 118; *Nr. 494* - Diese Klausel entfaltet eine echte oder unechte Drittwirkung erst dann, wenn der Bauherr die Bereitstellung der Baustelleneinrichtungen verlangt.
47   Art. 126 Abs. 3 SIA-Norm 118; *Nr. 495.*
48   Art. 131 SIA-Norm 118; *Nr. 496.*
49   Art. 133 Abs. 2 SIA-Norm 118; *Nr. 497.*
50   Vgl. GAUCH/PRADER, Anm. 1, lit.b zu Art. 126 SIA-Norm 118; Anm. 18 zu Art. 126 Abs. 3 SIA-Norm 118.
51   Überschrift vor Art. 103-113 SIA-Norm 118.
52   Art. 103 SIA-Norm 118.

gegenüber dem fehlbaren Unternehmer durchzusetzen, beurteilt sich danach, ob diese Klausel eine **Schutzwirkung zugunsten Dritter** entfaltet.[53]

527 2. Eine Schutzpflicht **gegenüber dem Nebenunternehmer** besteht für den Unternehmer dann, wenn Bauherr und Unternehmer eine entsprechende Vereinbarung (a) treffen[54], oder wenn es sich aufgrund des Leistungsverhältnisses (b) zwischen Unternehmer und Nebenunternehmer rechtfertigt.[55]

528 a) Bauherr und Unternehmer können in einem Werkvertrag durchaus vereinbaren, dass ein Nebenunternehmer gewisse Schutz- und Fürsorgepflichten geniessen soll.[56] Das Bestehen einer *vertraglich vereinbarten Schutzpflicht* zugunsten des Nebenunternehmers lässt sich im Einzelfall erst durch Auslegung der einschlägigen Nebenunternehmerklauseln ermitteln. Wie weit dem begünstigten Nebenunternehmer ein selbständiger Schadenersatzanspruch zusteht, beurteilt sich wiederum nach den Grundsätzen der Verträge zugunsten Dritter (Art. 112 OR).[57] Nach der hier vertretenen Auffassung handelt es sich bei einer Nebenunternehmerklausel, die eine echte Drittschutzwirkung beinhaltet, um einen Anwendungsfall einer Abrede zugunsten eines Dritten.[58]

529 b) Ein Indiz dafür, dass vertraglose Leistungsverhältnisse zwischen Unternehmer und Nebenunternehmer den Leistungspartnern gewisse Schutzpflichten abverlangen (Nr. 258), zeigt sich dann, wenn dieselben Schutz- und Fürsorgepflichten in *synchronen Nebenunternehmerklauseln* (Nr. 471) verankert werden. Insbesondere dann, wenn die beteiligten Unternehmer Kenntnis von den synchronen Klauseln haben, ist für jeden von ihnen das Schutzinteresse des jeweiligen Nebenunternehmers erkennbar. Die Erkennbarkeit der Ge-

---

53 Vgl. ARMBRÜSTER, S. 84 f.
54 Vgl. LOCHER, S. 11 f., Nr. 21.
55 LOCHER, Gerüstvertrag, S. 352; *Nr. 310.*
56 Vgl. BGE 88 II 529: Dort wird eine Klausel, die die SBB als Bauherr zu einem Warndienst verpflichtet, als Abrede zugunsten Dritter (Arbeitnehmer des Bauherrn) verstanden. Den geschädigten Arbeitnehmern wird eine «azione diretta nei confronti delle FFS» zugestanden (kritisch: MERZ, ZBJV 1965, S. 381).
57 BGE 117 II 320; ENGEL, PG, S. 284; vgl. GAUCH (Werkvertrag, Nr. 600), der dort jedoch allgemein vom Sonderfall des Werkvertrages ausgeht, welcher mit echter Drittwirkung ausgestattet ist. A.M. SOERGEL/HADDING, N 37 zu § 328 BGB: Schutzpflichten als nicht selbständig klagbare Nebenpflichten können nicht Leistungsinhalt eines Vertrages zugunsten Dritter sein. - Vgl. auch KOLLER, AJP 1992, S. 1493; *Nr. 311.*
58 Vgl. aber ARMBRÜSTER, S. 84 f.; *Nr. 310.*

fährdung rechtfertigt keine vertragliche Einbeziehung, unter Umständen aber eine vertragsähnliche Abwicklung des Leistungsverhältnisses.[59]

d) Keine Berechtigung bei unechten Abreden zugunsten des Nebenunternehmers

530 1. Wenn den Parteien einerseits die Absicht fehlt, ihre Abrede mit echter Drittwirkung auszustatten, andererseits auch keine entsprechende Übung besteht[60], verbleibt der Nebenunternehmer lediglich in der Stellung eines **Begünstigten**, ohne dass ihm ein eigener Erfüllungsanspruch zusteht.[61] Der Nebenunternehmer ist wohl zur Entgegennahme der Leistung berechtigt und geniesst die unternehmerische Erfüllung, es bleibt aber allein dem Bauherrn vorbehalten, beim Unternehmer die Leistung, Unterlassung oder die Erbringung weiterer Pflichten zugunsten des Dritten zu verlangen.[62] Solche Nebenunternehmerklauseln sind ihrer Art nach unechte oder gewöhnliche Abreden zugunsten Dritter.[63] Nicht ausgeschlossen ist jedoch ein vertragsähnlicher Haftungsanspruch des Nebenunternehmers, wenn er aufgrund der Verletzung von Sorgfaltspflichten Begleit- oder Folgeschäden[64] erleidet.

531 2. Vereinbaren Bauherr und Unternehmer verschiedenen Prüfungs- und Informationsabreden zugunsten des Nebenunternehmers, gehören diese in der Regel zu dieser Kategorie der Nebenunternehmerklauseln. Dies obwohl z.B. Art. 30 Abs. 4 der SIA-Norm 118 verlangt, dass der Unternehmer die Bauleitung zuhanden eines Nebenunternehmers über Besonderheiten seiner Arbeit unterrichten müsse, wenn dieser an seine Arbeit anschliesse. Der Nebenunternehmer hat **keinen Anspruch auf Erfüllung**, weil Prüfungs-, Informations- oder Anzeigepflichten in der Regel nur blosse Nebenpflichten (Sorgfaltspflichten)[65] des Unterneh-

---

59 Vgl. FIKENTSCHER, Nr. 262, S. 182.

60 Vgl. BECKER, N 16 zu Art. 112 OR.

61 Vgl. GAUCH/SCHLUEP, Nr. 4014. - Laut Bundesgericht wird der Dritte nicht Gläubiger und erlangt kein eigenes Forderungsrecht: BGE 115 III 15 und 115 III 17 f.

62 Vgl. GUHL/MERZ/KOLLER, S. 163.

63 GAUCH/SCHLUEP, Nr. 4011. - BECKER (N 14 und N 17 zu Art. 112 OR) spricht vom «bloss ermächtigenden» Vertrag.

64 Nr. 245, Nr. 252 und Nr. 273.

65 Keine Neben(leistungs)pflichten (Nr. 141, Nr. 192, Nr. 385).

mers sind. Deren Verletzung kann den Nebenunternehmer aber allenfalls zu Schadenersatz berechtigen.[66]

532 3. Werden von Verwendern eingebrachte Klauseln imperativer[67] ausgestaltet als in der SIA-Norm 118, indem z.B. formuliert wird: «Der Unternehmer hat Mängel in der Vorarbeit seines Nebenunternehmers schriftlich sowohl dem Nebenunternehmer als auch der Bauleitung anzuzeigen», kommt es darauf an, wie die Klausel übernommen wird. Stimmt der Unternehmer nur einseitig global zu, ist eine Drittwirkung zugunsten des Nebenunternehmers zu verneinen.[68] Eine Berechtigung des Nebenunternehmers kann sich aber insbesondere dann ergeben, wenn die Parteien eine solche Klausel individuell vereinbaren und sie sich darüber einigen, welche Rechtsfolgen eine nicht gehörige Information beim Nebenunternehmer zeitigen soll.[69]

3. Der Unternehmer als Berechtigter

a) Grundsatz: Berechtigung nur gegenüber dem Bauherrn

533 Der Unternehmer, dem der Bauherr im Werkvertrag Leistungen des Nebenunternehmers zusagt, kann sich nur an seinen Vertragspartner halten (Nr. 537 ff.), da zulasten eines am Vertrage nicht beteiligten Dritten keine Verpflichtung begründet werden kann.[70]

534 Der Unternehmer ist allein aufgrund einer begünstigenden Nebenunternehmerklausel (Nr. 465) in seinem Werkvertrag gegenüber seinem Nebenunternehmer **niemals forderungsberechtigt**. Beispielsweise steht dem Unternehmer aufgrund der Nebenunternehmerklausel in Art. 126 Abs. 3 SIA-Norm 118[71] kein direkter Schadenersatzanspruch gegenüber dem Nebenunternehmer zu, falls dieser das Gerüst unsachgemäss benützt und dadurch einen Schaden verursacht.[72]

---

66 Vgl. *Nr. 248.*
67 Vgl. *Nr. 181.*
68 SCHÖNENBERGER/JÄGGI, N 498 zu Art. 1 OR.
69 Zu denken wäre an eine allfällige Entlastung von der eigenen Haftung.
70 *Nr. 462.*
71 «Sie [die Nebenunternehmer] haften für den aus unsachgemässer Benützung [des Gerüstes] entstehenden Schaden».
72 GAUCH/PRADER, Anm. 20, lit.a zu Art. 126 Abs. 3 SIA-Norm 118.

b) Unechte Ausnahme: Direkte Vereinbarung

535 1. Dem Unternehmer steht immer dann ein Anspruch zu, wenn er direkt mit seinem Nebenunternehmer eine entsprechende **Vereinbarung** trifft oder wenn sich aufgrund eines konkreten Leistungsverhältnisses wertungsmässig vertragsähnliche Schadenersatzansprüche rechtfertigen[73]. Beide Anspruchsgrundlagen durchbrechen den in Nr. 533 f. aufgestellten Grundsatz nicht, da sie sich nicht direkt[74] aus einer vereinbarten Nebenunternehmerklausel ableiten lassen.

536 2. Während ein Unternehmer durch eine belastende Nebenunternehmerklausel (Nr. 464) in seinem Werkvertrag gegenüber dem Nebenunternehmer verpflichtet sein kann, besteht gleichzeitig die Möglichkeit, dass auch sein Nebenunternehmer Klauseln mit dem Bauherrn vereinbart. Diese Konstellation stellt wiederum eine unechte Ausnahme vom Grundsatz dar, da sich eine allfällige Berechtigung des Unternehmers aus einer Klausel im Vertrag zwischen Bauherr und Nebenunternehmer ableiten lässt. Für die Berechtigung des Unternehmers aus dem Vertrag zwischen Bauherr und Nebenunternehmer gilt das in Nr. 519 ff. Gesagte.

4. Die Leistungszusage des Bauherrn

537 Eine Nebenunternehmerklausel kann eine Leistungszusage des Bauherrn enthalten. Welche rechtliche Bedeutung einer solchen Klausel zukommt, ergibt die Auslegung des konkreten Vertrages, in welchem sich die Zusage befindet.[75] Dahingehend bestehen verschiedene Möglichkeiten, wie weit der Unternehmer als Klauselpartner gegenüber dem Bauherrn berechtigt sein soll. Bei einer Leistungszusage an den Unternehmer sind folgenden Konstellationen möglich:

a) Eigenverpflichtung des Bauherrn

538 Nach Meinung der Vertragsparteien kann eine Leistungsklausel bedeuten, dass sich der Bauherr selbst zur vereinbarten Leistung verpflich-

---

[73]   Vgl. *Nr. 266.*
[74]   Vgl. aber *Nr. 529* und *Nr. 551.*
[75]   *Nr. 501.*

tet.[76] Bei der Erwähnung des Nebenunternehmers handelt es sich dann lediglich um eine Klarstellung oder eine Anzeige: Sie besagt, dass anstelle des Bauherrn der Nebenunternehmer als Hilfsperson des Bauherrn leisten werde. In der Folge hat der Unternehmer erstens (nur, aber immerhin) einen Erfüllungsanspruch gegenüber dem Bauherrn, und zweitens handelt der Nebenunternehmer als Erfüllungsgehilfe (Art. 101 OR) des Bauherrn. Der Bauherr haftet für seine Hilfsperson, was zu einer günstigeren Anspruchsposition des Unternehmers führen kann, wenn ihm im funktionellen Zusammenhang mit der Erfüllung seines Anspruches ein Schaden erwächst.

b) Bauherr vermittelt Leistung des Nebenunternehmers

539   1. Die Auslegung einer Leistungsklausel kann ergeben, dass sich der Bauherr nicht selbst zu einer Leistung verpflichtet, sondern die Nebenunternehmerleistung lediglich vermitteln möchte. Der Bauherr handelt nur als Vermittler oder Stellvertreter zwischen Unternehmer und Nebenunternehmer, ohne sich selbst zur Leistung zu verpflichten.[77] Sofern eine Nebenunternehmerklausel aufgrund der Auslegung[78] wirklich eine **Vermittlungspflicht** beinhalten soll, kann dies Haftungsprobleme nach sich ziehen, die nach auftragsrechtlichen Grundsätzen zu lösen sind. Insbesondere für den Verschuldensmassstab sind die in Art. 399 Abs. 2 OR festgelegten Grundsätze heranzuziehen.[79]

540   2. Stärker ist die Verpflichtung eines Bauherrn dann, wenn er mit dem Unternehmer eine Klausel vereinbart, mit der er sich verpflichtet, dafür zu sorgen, dass der Nebenunternehmer leisten werde. Die Leistungspflicht des Bauherrn erschöpft sich wohl in seinem Bemühen für die Leistung des Nebenunternehmers zu sorgen. Dennoch geht sie weiter als die blosse Vermittlungstätigkeit. Eine solche Abrede kann als **garantieähnliche** Verpflichtung bezeichnet werden.[80]

---

76   Z.B. die Bereitstellung der Baustelleneinrichtungen.
77   Vgl. GAUCH, ZSR 1986, S. 567.
78   GAUCH, ZSR 1986, S. 568.
79   Vgl. GIRSBERGER, S 70. - Zum Haftungsprivileg: FELLMANN, N 48 zu Art. 399 Abs. 2 OR.
80   GUHL/MERZ/KOLLER, S. 168.

c) Garantieabrede des Bauherrn

541 1. Einer **begünstigenden Nebenunternehmerklausel** (Nr. 465) im Werkvertrag des Unternehmers kann durchaus die Bedeutung einer Garantieerklärung (Art. 111 OR) zukommen.[81] Zum Beispiel Art. 116 Abs. 3 SIA-Norm 118: «Wenn Nebenunternehmer solche Grundstücke und Rechte[82] mitbenutzen, so beteiligen sie sich an den Kosten», oder die Formulierung in Art. 126 Abs. 3: «Sie [die Nebenunternehmer] haften für den aus unsachgemässer Benützung entstehenden Schaden und sind für den Unterhalt des Gerüstes verantwortlich».

542 2. Losgelöst davon, ob der Bauherr diese Klauseln synchron (Nr. 471) auch im Nebenunternehmervertrag verwendet und damit den Nebenunternehmer zur entsprechenden Leistung verpflichtet, können derartige Vereinbarungen als **Garantieabreden** verstanden werden.[83] Denn werden Leistungen des Nebenunternehmers im Werkvertrag erwähnt, so kann es durchaus der Willensmeinung der Parteien entsprechen, dass der Bauherr damit für die Leistung eines Dritten geradesteht, und zwar in dem Sinne, als der Bauherr dem Unternehmer die Leistung des Nebenunternehmers ausdrücklich oder stillschweigend garantiert.[84] Der Bauherr verspricht, mit einer Ersatzleistung dafür einzustehen, dass der Nebenunternehmer leisten werde.[85] Der Unternehmer kann die Erfüllung nicht vom belasteten Nebenunternehmer verlangen, er kann sich aber an seinen Bauherrn halten.

543 3. Damit können die eingangs erwähnten Nebenunternehmerklauseln als **Garantieklauseln**[86] bedeuten, dass der Bauherr eine Vergütungsleistung (Art. 116 Abs. 3 SIA-Norm 118), resp. Unterhaltsleistungen oder eine Schadenersatzleistung (Art. 126 Abs. 3 SIA-Norm 118) des Nebenunternehmers garantiert.[87] Ein Indiz für den Verpflichtungswillen

---

81 Vgl. GAUCH/SCHUMACHER, Anm. 20, lit.d zu Art. 126 Abs. 3 SIA-Norm 118.
82 Gemeint sind damit die für die Einrichtung einer Baustelle und für die Bauausführung benötigten anderen Grundstücke und Berechtigungen (Zufahrten, Durchleitungen etc.). Vgl. GAUCH/PRADER, Anm. 2 ff. und Anm. 7 zu Art. 116 SIA-Norm 118.
83 Vgl. GAUCH/SCHLUEP, Nr. 4065.
84 GAUCH, ZBJV 1982, S. 77.
85 GAUCH/SCHLUEP, Nr. 4057.
86 SCYBOZ, SPR VII/2, S. 327.
87 So deuten GAUCH/PRADER (Anm. 20, lit.d zu Art. 126 Abs. 3 SIA-Norm 118) die einschlägige Schadenersatzregel für den Fall einer unsachgemässen Benützung des Gerüsts.

des Bauherrn kann dabei sein persönliches Interesse an der Leistung des Dritten sein.[88]

544   4. Liegt ein solche Garantieabrede (Art. 111 OR) vor, gilt folgende **Rechtslage**: Der Bauherr verpflichtet sich nicht, die in der Klausel formulierte Leistung[89] selbst zu erbringen. Wenn der Nebenunternehmer aber nicht erfüllt, muss der Bauherr den «hieraus entstandenen Schaden»[90] ersetzen. Die Schadenersatzleistung bildet damit «Zweck und Gegenstand»[91] der Garantieabrede.[92]

545   5. **Besonderer Beachtung** bedürfen Garantieabreden des Bauherrn insbesondere dann, wenn die Vertragsparteien Allgemeine Geschäftsbedingungen als Bestandteil ihres Werkvertrages übernehmen. Die in den vorformulierten Bedingungen gewählten Unterscheidungen in «Unternehmer» und «Nebenunternehmer» sind nämlich nicht unbedingt auf das konkrete Vertragsverhältnis zugeschnitten. So kann mit der Bezeichnung «Nebenunternehmer» durchaus der Vertrags- und Klauselpartner gemeint sein.[93] Umgekehrt ergibt eine Bestimmung über den «Unternehmer» vielleicht nur dann einen Sinn, wenn damit der Nebenunternehmer gemeint ist.

546   In diesem Sinne kann z.B. die Klausel in Art. 126 Abs. 3 folgendes bedeuten[94]: Der Unternehmer («Nebenunternehmer») darf («dürfen») vorhandene Gerüste des Nebenunternehmers («Unternehmers») unentgeltlich benützen.[95] Die Art. 131 und Art. 133 Abs. 2 bedeuten: Der Nebenunternehmer («Unternehmer») gestattet dem Unternehmer («den Nebenunternehmern») unentgeltlich den Anschluss an seine Sekundärleitungen oder Zuleitungen.[96]

547   Eine solche Interpretation ist jedoch nur dann sinnvoll, wenn feststeht, dass der Nebenunternehmer («Unternehmer») Gerüste verwendet

---

[88]   SCYBOZ, SPR VII/2, S. 328.

[89]   Der Begriff «Leistung» ist weit auszulegen (SCYBOZ, SPR VII/2, S. 328), was sich auch aus der französischen Fassung des Art. 111 OR ergibt: «Celui qui promet à autrui *le fait* d'un tiers,...».

[90]   Art. 111 OR. - Der Schadenersatz umfasst das Erfüllungsinteresse des Unternehmers (BECKER, N 14 zu Art. 111 OR; ENGEL, PG, S. 296 [l'intérêt positif]; GUHL/MERZ/KOLLER, S. 166; OSER/SCHÖNENBERGER, N 10 zu Art. 111 OR; SCYBOZ, SPR VII/2, S. 331).

[91]   GAUCH/SCHLUEP, Nr. 4075.

[92]   BGE 113 II 436; vgl. zum ganzen: SCYBOZ, SPR VII/2, S. 326 f.; GUHL/MERZ/KOLLER, S. 166 f.

[93]   Vgl. GAUCH/PRADER, Anm. 18, lit.d zu Art. 126 Abs. 3 SIA-Norm 118.

[94]   Dabei wird in Anführungszeichen die Fassung der SIA-Norm 118 wiedergegeben.

[95]   Vgl. GAUCH/PRADER, Anm. 18, lit.d zu Art. 126 Abs. 3 SIA-Norm 118.

[96]   Vgl. GAUCH/PRADER, Anm. 1, lit.c zu Art. 131 SIA-Norm 118.

oder Anschlüsse betreibt. Derartige Nebenunternehmerklauseln brauchen ebenfalls *nicht synchron* (Nr. 471) verwendet zu werden, da es für eine Garantieabrede nicht darauf ankommt, ob der Dritte, dessen Leistung garantiert wird, eine solche auch tatsächlich schuldet.[97]

548   6. Von den Garantieabreden des Bauherrn sind die **Garantien der Unternehmer** zu unterscheiden. Denn gerade beim Bauen mit Nebenunternehmern kann es vorkommen, dass ein Unternehmer dem Bauherrn eine «Systemgarantie» abgibt.[98] Die Bedeutung einer derartigen Erklärung ist durch Auslegung des konkreten Werkvertrages zu ermitteln.[99] Eine solche Garantie beim Bauen mit Nebenunternehmern kann aber namentlich ein Zweifaches bedeuten:

549   a) *Erstens* verspricht der Unternehmer damit, dass sich die bauseits geplanten Nachunternehmerleistungen (Nr. 98) problemlos an sein Werk anschliessen lassen. Mit der Systemgarantie kann der Unternehmer dem Bauherrn eine Eigenschaft seines Werkes ausdrücklich zusichern und zugleich die Haftung dafür übernehmen.[100] Je nach ihrer Intensität kann eine solche Systemgarantie aber ein Dreifaches bedeuten: Einmal ist sie blosse deklaratorische Wiederholung der Werkeigenschaften, wobei keine Besonderheiten gelten.[101] Dann kann der Unternehmer damit erklären, verschuldensunabhängig für den Mangelfolgeschaden zu haften.[102] Schliesslich kann er über die Mängelfreiheit seines Werkes hinaus den Erfolg der Anschlussarbeiten garantieren.[103] Sollten die Parteien letzteres meinen, liegt ein selbständiges Erfolgsversprechen vor, dessen Verletzung zu Schadenersatzansprüchen nach Art. 97 oder Art. 111 OR führt.[104]

550   b) Inwieweit sich *zweitens* auch der Nebenunternehmer auf eine abgegebene Systemgarantie berufen kann, ist nach der Grundsätzen der Abreden zugunsten Dritter (Art. 112 OR) zu ermitteln. Gegebenenfalls ist sie bei einer allfälligen Mängelhaftung des Nebenunternehmers als Herabsetzungsgrund zu berücksichtigen.[105]

---

97   GAUCH/SCHLUEP, Nr. 4067; *Nr. 542.*
98   GAUCH, Sanierung, Reparatur und Umbau, S. 24.
99   Vgl. NICKLISCH/WEICK, N 33 vor § 13 VOB/B.
100   GAUCH, Werkvertrag, Nr. 934.
101   SIEGBURG, Nr. 93.
102   GAUCH, Werkvertrag, Nr. 934.
103   Vgl. NICKLISCH/WEICK, N 32 vor § 13 VOB/B.
104   Vgl. NICKLISCH/WEICK, N 32 vor § 13 VOB/B; GAUCH, Sanierung, Reparatur und Umbau, S. 25; ders., Werkvertrag, Nr. 940.
105   *Nr. 390 ff.*

C. Sonderfälle

1. Vertragsähnliches Leistungsverhältnis zwischen Unternehmer und Nebenunternehmer

551   1. Die Nebenunternehmerklauseln können **Indiz** dafür sein, dass zwischen Unternehmer und Nebenunternehmer eine enge Zusammenarbeit und ein damit einhergehendes Vertrauensverhältnis besteht.[106] Unter Umständen rechtfertigt dies im Ergebnis die Anwendung vertraglicher Regeln auf das Rechtsverhältnis erwähnter Baubeteiligter. Vor allem bei den unterschiedlichen Gebrauchsüberlassungssituationen (Nr. 266) ist eine vertragsähnliche Abwicklung nicht von vornherein auszuschliessen.

552   2. So scheint es in der **Baupraxis** üblich, einem Nebenunternehmer die Benützungsrechte an Baustelleneinrichtungen des Unternehmers einzuräumen. Nimmt ein Nebenunternehmer ein solches «Recht»[107] wahr, beansprucht er faktisch eine Leistung des Unternehmers, ohne dass die direkt Beteiligten darüber eine vertragliche Abrede getroffen hätten. Nach welchen Regeln soll dieses Rechtsverhältnis abgewickelt werden?

553   3. In erster Linie sind die gesetzlichen Regeln anwendbar, deren Anwendung einerseits zu einem unbefriedigenden Ergebnis führen kann. Andererseits lassen sich verschiedene Rechtsfragen nicht beantworten, wenn kein Vertrag zugunsten Dritter[108] oder keine Garantieabrede[109] vorliegt. In beiden Fällen handelt es sich um eine Lücke. Derartige Lücken müssen primär «auf dem Wege der Analogie»[110] gefüllt werden. Denn ungeachtet der vertraglosen Situation ist eine **Vergütungspflicht** nach vertragsähnlichen Grundsätzen nicht auszuschliessen. Dies, weil der gutgläubig ermöglichte Gebrauch einer Sache aus Billigkeitsüberlegungen grundsätzlich eine Pflicht zur Gegenleistung begründet.[111] Die Frage wird sich praktisch selten stellen, da der Unternehmer die Bereitstellung der Baustelleneinrichtungen in die Vergütungsansprüche gegenüber dem Bauherrn einbezieht.

---

[106]   Vgl. *Nr. 264.*
[107]   Für die Frage, wie weit ihm ein eigener, selbständiger Anspruch auf die unternehmerische Leistung zusteht, siehe *Nr. 242 ff.*
[108]   Vgl. *Nr. 267.*
[109]   *Nr. 541 ff.*
[110]   Meier-Hayoz, N 346 zu Art. 1 ZGB.
[111]   Schmid, Nr. 1809.

554 4. Bedeutender ist die **Haftungsfrage**: Beschädigt der Nebenunternehmer eine Baustelleneinrichtung des Unternehmers, haftet er dem Unternehmer aus Delikt, sofern die Voraussetzungen für eine ausservertragliche Haftung gegeben sind.[112] In vielen Fällen ist dem Geschädigten ein
deliktischer Anspruch entweder versagt, oder die ausservertragliche
Abwicklung führt zu einem unbilligen Ergebnis. In der Folge lässt sich
eine analoge Anwendung vertraglicher Regelungen aus zwei Gründen
rechtfertigen:[113]

555 a) *Erstens*: Ein Vergleich mit den Rechtsfolgen, die ein Gebrauchs-
überlassungsvertrag zwischen Unternehmer und Nebenunternehmer
entfaltet, zeigt, dass die Vertragspartner (Mieter/Entlehner) verschiedene Nebenpflichten treffen, ohne dass darüber eine ausdrückliche Abrede besteht.[114] Anerkanntermassen aber entstehen inhaltlich gleiche Pflichten auch ohne Vertragsabschluss.[115]

556 b) *Zweitens* sind für die Haftung des Nebenunternehmers vertragliche
Regeln dort sinnvoll, wo der Nebenunternehmer dem Unternehmer
einen reinen Vermögensschaden zufügt, ausservertragliche Ansprüche also ausgeschlossen sind. Bestünde nämlich eine vertragliche
Abrede, beispielsweise über den Gebrauch eines Gerüstes, so würde
der Nebenunternehmer dem Unternehmer aus positiver Vertragsverletzung haften, sofern die notwendigen Voraussetzungen dafür
gegeben sind. Eine ungleiche Beurteilung der beiden Lebensverhältnisse lässt sich m.E. allein mit dem Konsensprinzip nicht rechtfertigen.

2. *Vorvertrag (Art. 22 OR)*

557 1. Meistens besteht «die Verpflichtung zum Abschluss eines künftigen
Vertrages» (Art. 22 Abs. 1 OR) zwischen den Parteien, die nachher
miteinander den Hauptvertrag abschliessen wollen.[116] Es ist aber
durchaus möglich, dass der Unternehmer dem Bauherrn mit einer Nebenunternehmerklausel verspricht, mit dem Nebenunternehmer einen
Vertrag abzuschliessen.[117] Dies wäre beispielsweise der Fall, wenn der

---

112 Nr. 313 ff.
113 Vgl. GAUCH/PRADER, Anm. 1, lit.c zu Art. 126 SIA-Norm 118.
114 Vgl. Nr. 285.
115 MERZ, N 264 zu Art. 2 ZGB.
116 GAUCH/SCHLUEP, Nr. 1078.
117 BUCHER (Vorvertrag, S. 169) spricht vom «einseitigen Vorvertrag». Vgl. KRA-
MER, N 73 zu Art. 22 OR; MERZ, Vertrag, N 290.

Unternehmer mit dem Bauherrn vereinbart, den Nebenunternehmer als Subunternehmer beizuziehen.[118] Inwiefern der Nebenunternehmer aus einem solchen Versprechen ein **Recht auf Vertragsabschluss** erwirbt, beurteilt sich wiederum nach den Grundsätzen der Art. 112 Abs. 1 und Abs. 2 OR.[119]

558 2. Der Unternehmer verpflichtet sich nur bei einem **echten Vorvertrag zugunsten des Nebenunternehmers**, mit ihm zu kontrahieren (Art. 112 Abs. 2 OR).[120] Dieser hat diesfalls das Recht, vom Unternehmer die Abgabe einer Willenserklärung zu verlangen.[121] Im übrigen kann der Nebenunternehmer «Ersatz des Schadens» einfordern, der ihm durch «die Nichterfüllung des Vorvertrages ... entstanden ist (Art. 97 Abs. 1 OR)».[122]

559 3. Beim **unechten Vorvertrag zugunsten des Nebenunternehmers** verspricht der Unternehmer dem Bauherrn, mit dem Nebenunternehmer einen Vertrag abzuschliessen.[123] Der Nebenunternehmer hat keinen eigenen Anspruch gegenüber dem Unternehmer (Art. 112 Abs. 1 OR). Der Unternehmer muss sich jedoch an vorvertragliche Pflichten halten, wenn er mit dem Nebenunternehmer verhandelt. Dahingehend haftet er dem Nebenunternehmer für Begleit- und Folgeschäden (Nr. 252) bei Vertragsverhandlungen. Diese Haftung für culpa in contrahendo ist in Lehre und Rechtsprechung allgemein anerkannt.[124]

560 4. Von den Kontrahierungspflichten sind die **blossen Verhaltensklauseln** zu unterscheiden, die keine Vorverträge zugunsten Dritter darstellen.[125] Solche Nebenunternehmerklauseln beschreiben, wie sich der Nebenunternehmer zu verhalten hat, der Leistungen des Unternehmers beansprucht.[126]

---

118 Der Unternehmer wäre demnach verpflichtet mit dem Nebenunternehmer einen Werkvertrag abzuschliessen (vgl. GAUCH, Werkvertrag, Nr. 306; KRAMER, N 101 zu Art. 22 OR). - Zur Rechtslage beim vom Bauherrn vorgeschriebenen Subunternehmer: GAUCH, Werkvertrag, Nr. 1452 ff.

119 Vgl. KRAMER, N 99 zu Art. 22 OR; Bucher, Vorvertrag, S. 171, FN 6; OR-BUCHER, N 8 zu Art. 22 OR; *Nr. 522.*

120 KRAMER, N 74 zu Art. 22 OR.

121 GAUCH/SCHLUEP, Nr. 1082. - Vgl. BGE 114 II 289 und BGE 113 II 35.

122 BGE 111 II 157. - Der Unternehmer verletzt seine Kontrahierungspflicht.

123 Folglich kann nur der Bauherr die Erfüllung der unternehmerischen Kontrahierungspflicht verlangen. Zur Rechtslage zwischen Bauherr und Unternehmer für den Fall, da der Nebenunternehmer nicht bereit ist zu kontrahieren und damit quasi die «Annahme» der Kontrahierungspflicht verweigert *Nr. 537 ff.*

124 *Nr. 241.*

125 OR-BUCHER, N 13 zu Art. 22 OR.

126 OR-BUCHER (N 13 zu Art. 22 OR) nennt sie Konditionen.

561   Dazu die folgenden Beispiele: «Abänderungen und Ergänzungen der Gerüste dürfen [die Nebenunternehmer] nur im Einvernehmen mit dem Unternehmer und der Bauleitung vornehmen»[127]; «Schliessen Nebenunternehmer an das Netz des Unternehmers an, so verständigen sie sich mit dem Unternehmer über die Vergütung ihres Konsums an Wasser und Energie»[128]; es obliegt den Benützern von Baustelleneinrichtungen, «sich über die Zuteilung der Arbeiten und über die Kostentragung vertraglich» zu einigen.[129]

3. Verhandlungsvertrag

562   Durch die Übernahme einer Nebenunternehmerklausel kann sich der Unternehmer verpflichten, mit seinem Nebenunternehmer zu verhandeln.[130] Mit einer solchen Klausel könnten z.B. die Artikel der SIA-Norm 118 ergänzt werden, die als horizontale Leistungsklauseln eine Gebrauchsüberlassung verlangen. Dazu ein Beispiel aus der Praxis: «Die Benützer von Baustelleneinrichtungen haben sich über die Zuteilung der Unterhaltsarbeiten und über die Kostentragung vertraglich zu einigen».[131]

4. Der Bauherr als Stellvertreter des Nebenunternehmers

563   1. Es ist durchaus möglich, dass zwischen Unternehmer und Nebenunternehmer eine vertragliche Abrede besteht. Sie treffen z.B. Sonderabreden, um sich Leistungen zu versprechen, die sie für den Fortgang der eigenen Bauarbeiten benötigen.[132] Eine solche Abrede kann auch dadurch zustande kommen, dass sich eine der Vertragsparteien (oder sogar beide)[133] für die Abgabe der Willenserklärungen durch den Bauherrn vertreten lässt. Sind die Voraussetzungen einer solchen echten Stellvertretung gegeben[134], schliesst der Bauherr im Namen des Nebenunternehmers mit dem Unternehmer einen Vertrag. In der Folge

---

127   Art. 126 Abs. 3 SIA-Norm 118.
128   Art. 134 Abs. 2 SIA-Norm 118.
129   GAUCH/PRADER, Anm. 21, lit.c zu Art. 126 SIA-Norm 118; *Nr. 235.*
130   GAUCH/SCHLUEP, Nr. 985. Vgl. auch GAUCH, Der aussergerichtliche Vergleich, S. 9.
131   Vgl. *Nr. 504.*
132   Vgl. *Nr. 220.*
133   GAUCH/SCHLUEP, Nr. 1310.
134   GAUCH/SCHLUEP, Nr. 1306 ff.; GUHL/MERZ/KOLLER, S. 149 ff.

wird der Nebenunternehmer und nicht der Bauherr verpflichtet und berechtigt (Art. 32 Abs. 1 OR). Neben dem «Handeln in fremdem Namen» muss als weitere Hauptvoraussetzung die «Vertretungsmacht» des
Bauherrn gegeben sein.[135]

564   2. Der Nebenunternehmer kann dem Bauherrn die Vertretungsmacht
rechtsgeschäftlich einräumen.[136] Er kann dies z.B. als Bestandteil des
Werkvertrags mittels einer Nebenunternehmerklausel tun.[137] Die
Frage, ob und wie weit der Nebenunternehmer dem Bauherrn eine
Vollmacht erteilt, beurteilt sich nach dem Vertrauensprinzip.[138]

D. Die Rechtslage bei Schlecht- oder Nichterfüllung

1. Schlecht- oder Nicht- Erfüllung des Unternehmers

565   1. Verhält sich der Unternehmer nicht gemäss einer ihn belastenden
Nebenunternehmerklausel (Nr. 464), so **verletzt** er seinen **Werkvertrag** mit dem Bauherrn. Denn er hält sich damit nicht an eine
Vertragsbestimmung, die er zusammen mit dem Bauherrn vereinbart
hat. Für den Bauherrn ist die Rechtslage eindeutig und bedarf keiner
weiteren Auseinandersetzung.[139]

566   2. Wie sieht die **Rechtslage** für den **Nebenunternehmer** aus? Die Qualifikation einer Nebenunternehmerklausel als echte bzw. unechte Abrede zugunsten Dritter beschlägt die Rechtsstellung des Nebenunternehmers im Falle der nicht oder nicht gehörig bewirkten Erfüllung der
unternehmerischen Verbindlichkeit (Art. 97 Abs. 1 OR). So kann der
Nebenunternehmer den Unternehmer nur dann auf Erfüllung einklagen,
wenn es der Willensmeinung von Bauherr und Unternehmer oder einer
dahingehenden Übung entspricht (Art. 112 Abs. 2 OR), die Abrede
also eine echte Drittwirkung entfaltet.

567   3. Dem Nebenunternehmer steht bei einer echten Abrede zu seinen
Gunsten (Art. 112 Abs. 2 OR) ein **Schadenersatzanspruch** für den Fall
zu, dass der Unternehmer nicht oder nicht richtig erfüllt und daraus ein

---

135   GAUCH/SCHLUEP, Nr. 1318.
136   GAUCH/SCHLUEP, Nr. 1322.
137   GUHL/MERZ/KOLLER, S. 150; GAUCH/SCHLUEP, Nr. 1346.
138   GAUCH/SCHLUEP, Nr. 1345.
139   GAUCH, ZBJV 1982, S. 75.

Schaden entsteht.[140] Das Leistungsverhältnis zwischen den Unternehmern hat seine Grundlage im Anspruch des Nebenunternehmers, den ihm Bauherr und Unternehmer mit der Nebenunternehmerklausel einräumen. Soll der Nebenunternehmer daraus berechtigt sein, so hat er nicht nur Anspruch auf die entsprechende Leistung, sondern auch auf eine einwandfreie Erfüllung.[141] Damit sind Rechtsfragen aufgrund einer Leistungsstörung, die der Unternehmer zu verantworten hat, nach den Regeln der «Folgen der Nichterfüllung» der Obligation, also nach vertraglichen Grundsätzen, zu beantworten.[142]

568 4. Dem bloss ermächtigten Nebenunternehmer steht gegenüber dem Unternehmer **kein Erfüllungsanspruch** zu. In der Folge kann er auch keine vertraglichen Schadenersatzansprüche geltend machen, wenn der Unternehmer Schäden verursacht, die aufgrund schlichter Nichtleistung entstehen oder sich als Verspätungsschaden sowie als Vermögensnachteile, die in einem schlichten Minderwert der Leistung bestehen, äussern.[143] Nach der hier vertretenen Auffassung haftet der Unternehmer jedoch für Begleit- und Folgeschäden (Nr. 252), die er dem Nebenunternehmer im funktionellen Zusammenhang mit der Leistungserbringung verursacht.[144]

2. Schlechterfüllung des Nebenunternehmers

569 1. Bauherr und Unternehmer können dem Nebenunternehmer in ihrem Werkvertrag **keine Verpflichtungen** auferlegen[145], weshalb sich die Frage nach einem Erfüllungsanspruch aufgrund einer Verpflichtung gegenüber dem Unternehmer nicht stellt.

570 2. Besondere Fragen stellen sich hingegen dann, wenn der Nebenunternehmer Leistungen des Unternehmers entgegennimmt und diesen dabei stört oder gar schädigt. Der Nebenunternehmer hat keine vertraglichen Leistungspflichten gegenüber dem Leistenden. Dennoch treffen ihn -

---

140 Vgl. PAPANIKOLAOU, S. 23. - Gemeint ist das vertragswidrige Verhalten des Unternehmers im Sinne einer positiven Vertragsverletzung (GAUCH/SCHLUEP, Nr. 2606).

141 Vgl. LOCHER, Gerüstvertrag, S. 352; GAUCH, Werkvertrag, Nr. 139.

142 Überschrift des Zweiten Abschnitts im Zweiten Titel über «die Wirkung der Obligation» im Allgemeinen Teil des OR. - Vgl. FIKENTSCHER, Nr. 255, S. 179. - *Nr. 245.*

143 Vgl. JÄGGI, S. 192; NEUENSCHWANDER, S. 77.

144 *Nr. 287 ff.*

145 *Nr. 462.*

mitunter aus **Äquivalenzgründen** - Schutzpflichten, die auch der Gläubiger einer Leistungspflicht einzuhalten hat.[146] Verletzt der Nebenunternehmer derartige Pflichten, lassen sich vertragsähnliche Schadenersatzansprüche durchaus rechtfertigen.[147]

571 3. Im übrigen ist zu beachten, dass dem Unternehmer auch Ansprüche gegenüber dem Bauherrn zustehen können. Insbesondere dann, wenn der Nebenunternehmer als Hilfsperson des Bauherrn handelt und die einschlägigen Haftungsvoraussetzungen gegeben sind (Art. 101 OR). Dies ist immer dann der Fall, wenn der Nebenunternehmer Rechte ausübt, die der Unternehmer dem Bauherrn im Werkvertrag zugesteht.[148]

---

[146] Abschlussbericht zur Überarbeitung des Schuldrechts, S. 115.
[147] Vgl. *Nr. 267* und *Nr. 275.*
[148] Vgl. GAUCH/PRADER, Anm. 1, lit.d zu Art. 126 Abs. 1 SIA-Norm 118.

184

Die am Bauwerk Beteiligten

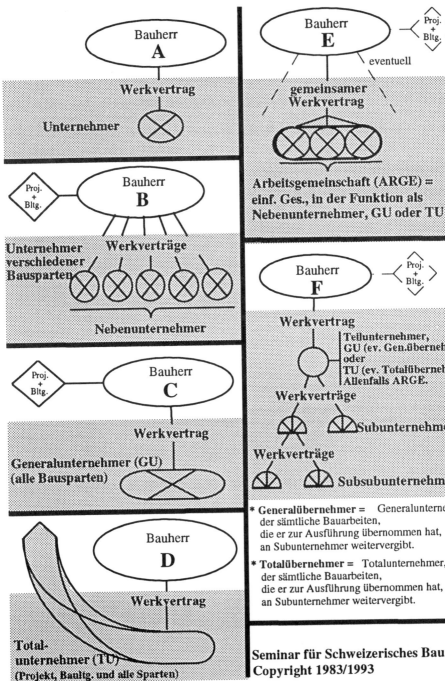

A — Bauherr — Werkvertrag — Unternehmer

B — Proj. + Bltg. — Bauherr — Werkverträge — Unternehmer verschiedener Bausparten — Nebenunternehmer

C — Proj. + Bltg. — Bauherr — Werkvertrag — Generalunternehmer (GU) (alle Bausparten)

D — Bauherr — Werkvertrag — Totalunternehmer (TU) (Projekt, Baultg. und alle Sparten)

E — Bauherr — Proj. + Bltg. — eventuell — gemeinsamer Werkvertrag — Arbeitsgemeinschaft (ARGE) = einf. Ges., in der Funktion als Nebenunternehmer, GU oder TU

F — Bauherr — Proj. + Bltg. — Werkvertrag — Teilunternehmer, GU (ev. Gen.übernehmer*) oder TU (ev. Totalübernehmer*). Allenfalls ARGE. — Werkverträge — Subunternehmer — Werkverträge — Subsubunternehmer

* **Generalübernehmer =** Generalunternehmer, der sämtliche Bauarbeiten, die er zur Ausführung übernommen hat, an Subunternehmer weitervergibt.

* **Totalübernehmer =** Totalunternehmer, der sämtliche Bauarbeiten, die er zur Ausführung übernommen hat, an Subunternehmer weitervergibt.

In der gleichen Reihe
sind in den letzten zehn Jahren erschienen:

Publiés ces dix dernières années
dans la même collection:

63. *Paul Tschümperlin:* Grenze und Grenzstreitigkeiten im Sachenrecht.
XXX–194 S. (1984)

64. *Ralph Dischler:* Die Wahl des geeigneten Vormunds. XXII–178 S. (1984)

65. *Roland Hürlimann:* Teilnichtigkeit von Schuldverträgen nach Art. 20 Abs. 2 OR.
XXII–112 S. (1984)

66. *Markus L. Schmid:* Überschuldung und Sanierung. Konkursaufschub und Nach-
lassvertrag rechtlicher Sanierungshilfen in der Schweiz und der Bundesrepublik
Deutschland. XXXVI–149 S. (1984) 2. Aufl. (1985)

67. *Eduard Brogli:* Das intertemporale Stockwerkseigentumsrecht der Schweiz am
Beispiel des Kantons Wallis. XXII–161 S. (1985)

68. *Ridha Fraoua:* Le trafic illicite des biens culturels et leur restitution. Analyse des
règlementations nationales et internationales. Critiques et propositions
VIII-279 pp. (1985)   épuisé

69. *Gabi Hauser:* Die Verknüpfungsproblematik in der Strafzumessung.
192 S. (1985)

70. *Alfred Koller:* Der gute und der böse Glaube im allgemeinen Schuldrecht.
XXV–260 S. (1985) 2. Aufl. (1989)

71. *Franz Werro:* La capacité de discernement et la faute dans le droit suisse de la
responsabilité. Etude critique et comparative. XXIV–194 pp. 2e édition (1986)

72. *Fabienne Hohl:* Les accessoires et les droits de gage immobiliers
XXII-224 pp. (1986)   épuisé

73. *Martin Arnold:* Die privatrechtlichen Allmendgenossenschaften und ähnlichen
Körperschaften. Art. 59, Abs. 3 ZGB. Nach dem Recht des Bundes und des
Kantons Wallis. 252 S. (1987)

74. *Markus Lustenberger:* Die fürsorgerische Freiheitsentziehung bei Unmündigen
unter elterlicher Gewalt. (Art. 310/314a ZGB) 206 S. (1987)

75. *Pierre-André Jungo:* Die Umweltverträglichkeitsprüfung als neues Institut des
Verwaltungsrechts. 320 S. (1987)

76. *Beat Vonlanthen:* Das Kommunikationsgrundrecht «Radio- und Fernsehfreiheit». 612 S. (1987)

77. *Andres Baumgartner:* Fortführung eines Unternehmens nach Konkurseröffnung. In Hinblick auf den Widerruf des Konkurses zu Veräusserungszwecken. – De lege ferenda. XXXVIII–214 S. (1987)

78. *Markus Berger:* Die Stellung Verheirateter im rechtsgeschäftlichen Verkehr XXIV–240 S. (1987)

79. *Gieri Caviezel:* Das Finanzreferendum im allgemeinen und unter besonderer Berücksichtigung des Kantons Graubünden. XXXII–304 S. (1987)

80. *Franz Schenker:* Die Voraussetzungen und die Folgen des Schuldnerverzugs im schweizerischen Obligationenrecht. XXXVIII–364 S. (1988)   vergriffen

81. *Jean-Philippe Walter:* La protection de la personnalité lors du traitement de données à des fins statistiques. En particulier, la statistique officielle fédérale et la protection des données personnelles. XLIX–480 pp. (1988)

82. *Stefan Mattmann:* Verantwortlichkeit bei der fürsorgerischen Freiheitsentziehung (Art. 429a ZGB). XL–254 S. (1988)

83. *Jörg Schmid:* Die öffentliche Beurkundung von Schuldverträgen. Ausgewählte bundesrechtliche Probleme. XLIII–306 S. (1988) 2. Aufl. (1989)

84. *Peter Hänni:* Die Klage auf Vornahme einer Verwaltungshandlung. Rechtsvergleichende Untersuchung zur Stellung der Judikative und zu ihren Einwirkungsmöglichkeiten auf das Verwaltungshandeln. Dargestellt am Beispiel Frankreichs, Grossbritanniens, der Vereinigten Staaten von Amerika, der Bundesrepublik Deutschland und der Schweiz. XXX–287 S. (1988)

85. *Henri Torrione:* L'influence des conventions de codification sur la coutume en droit international public. XXIV–404 pp. (1989)

86. *Markus Lötscher:* Das Grundstück als Gegenstand von Grundpfandrechten XXII–194 S. (1988)

87. *Peter Derendinger:* Die Nicht- und die nichtrichtige Erfüllung des einfachen Auftrages. XLIV–228 S. (1988) 2. Aufl. (1990)

88. *Bruno Stierli:* Die Architektenvollmacht. XXXII–280 S. (1988)

89. *Jean-Baptiste Zufferey-Werro:* Le contrat contraire aux bonnes mœurs. Etude systématique de la jurisprudence et de la doctrine relatives aux bonnes mœurs en droit suisse des contrats. XXXVI–416 pp. (1988)

90. *Anton Henninger:* Der ausserordentliche Güterstand im neuen Eherecht. LII-384 S. (1989)

91. *Silvan Hutter:* Die Gesetzeslücke im Verwaltungsrecht. XLVIII-364 S. (1989)

92. *Urs Tschümperlin:* Die elterliche Gewalt in bezug auf die Person des Kindes (Art. 301 bis 303 ZGB). L-374 S. (1989)

93. *Nikolaus B. Senn:* Das Gegenrecht in der schweizerischen Bankengesetzgebung. XXVI-142 S. (1989)

94. *Gabi Huber:* Ausserordentliche Beiträge eines Ehegatten (Art. 165 ZGB). Innerhalb der unterhaltsrechtlichen Bestimmungen. XXX-358 S. (1990)

95. L'image de l'homme en droit. Das Menschenbild im Recht. Mélanges publiés par la Faculté de droit à l'occasion du centenaire de l'Université de Fribourg. Festgabe der Rechtswissenschaftlichen Fakultät zur Hundertjahrfeier der Universität Freiburg. XVIII-561 S. (1990)

96. *Thomas Schmuckli:* Die Fairness in der Verwaltungsrechtspflege. VIII-172 S. (1990)

97. *Erwin Dahinden:* Die rechtlichen Aspekte des Satellitenrundfunks. LII-358 S. (1990)

98. *Erich Rüegg:* Leistung des Schuldners an einen Nicht-Gläubiger. XXVII-156 S. (1990)

99. *Romeo Cerutti:* Der Untervertrag. 180 S. (1990)

100. *Nicolas Michel:* La prolifération nucléaire. Le régime international de non-prolifération des armes nucléaires et la Suisse. 320 pp. (1990)

101. *H. Ercüment Erdem:* La livraison des marchandises selon la Convention de Vienne. Convention des Nations Unies sur les contrats de vente internationale de marchandises du 11 avril 1980. XXX-294 pp. (1990)

102. *Heidi Pfister-Ineichen:* Das Vorrecht nach Art. 841 ZGB und die Haftung der Bank als Vorgangsgläubigerin. 288 S. (1991)

103. *Christian Bovet:* La nature juridique des syndicats de prêt et les obligations des banques dirigeantes et gérantes. Aspects de droit des obligations, de droit bancaire et de droit cartellaire. 320 pp. (1991)

104. *Paul Thalmann:* Die Besteuerung von Naturalbezügen und Vergünstigungen als Einkommen aus unselbständigem Erwerb. Mit vergleichenden Hinweisen auf das Einkommenssteuerrecht des United Kingdom. XLIV-232 S. (1991)

105. *Cornelia Stamm:* Der Betrag zur freien Verfügung gemäss Art. 164 ZGB. 212 S. (1991)

106. *Claudia Schaumann:* Die heterologe künstliche Insemination. Verhältnis zwischen Samenspender und Samenvermittler. 384 S. (1991)

107. *André Clerc:* Die Stiefkindadoption. XXXIV–186 S. (1991)

108. *Urs Zenhäusern:* Der internationale Lizenzvertrag. XXVIII–260 S. (1991)

109. *Patrik Ducrey:* Die Kartellrechte der Schweiz und der EWG im grenzüberschreitenden Verkehr. LXII–248 S. (1991)

110. *Hans-Ulrich Brunner:* Die Anwendung deliktsrechtlicher Regeln auf die Vertragshaftung. XXXIV–280 S. (1991)

111. *Mvumbi-di-Ngoma Mavungu:* Le règlement judiciaire des différends interétatiques en Afrique. 492 S. (1992)

112. *Martin Good:* Das Ende des Amtes des Vormundes. XXVII–228 S. (1992)

113. *Sergio Giacomini:* Verwaltungsrechtlicher Vertrag und Verfügung im Subventionsverhältnis «Staat-Privater». XXXIV–216 S. (1992)

114. *Gudrun Sturm:* Vormundschaftliche Hilfen für Betagte in Deutschland und in der Schweiz. XXX–172 S. (1992)

115. *Franco Pedrazzini:* La dissimulation des défauts dans les contrats de vente et d'entreprise. 292 pp. (1992)

116. *Jörg Schmid:* Die Geschäftsführung ohne Auftrag. LXX–616 S. (1992)

117. *Gion-Andri Decurtins:* Die rechtliche Stellung der Behörde im Abstimmungskampf. Information und Beeinflussung der Stimmbürger in einer gewandelten halbdirekten Demokratie. Mit vergleichenden Hinweisen auf das amerikanisch-kalifornische Recht. LXXVI–404 S. (1992)

118. *Thomas Luchsinger:* Die Niederlassungsfreiheit der Kapitalgesellschaften in der EG, den USA und der Schweiz. XXXVI–300 S. (1992)

119. *Lionel Harald Seeberger:* Die richterliche Erbteilung. XXX–334 S. (1992) 2. Aufl. (1993)

120. *Donggen Xu:* Le droit international privé de la responsabilité délictuelle. L'évolution récente internationale et le droit chinois. XXVIII–172 pp. (1992)

121. *Peter Hänni:* Rechte und Pflichten im öffentlichen Dienstrecht. Eine Fallsammlung zur Gerichts- und Verwaltungspraxis in Bund und Kantonen. XXIV–314 S. (1993) 2. Aufl. (1993)

122. *Josette Moullet Auberson:* La division des biens-fonds. Conditions, procédure et effets en droit privé et en droit public. XXXV-373 pp. (1993)

123. *Markus Kick:* Die verbotene juristische Person. Unter besonderer Berücksichtigung der Vermögensverwendung nach Art. 57 Abs. 3 ZGB. XLVI-266 S. (1993)

124. *Alexandra Rumo-Jungo:* Die Leistungskürzung oder -verweigerung gemäss Art. 37-39 UVG. LIX-487 S. (1993)

125. *Gabriel Rumo:* Die Liegenschaftsgewinn- und die Mehrwertsteuer des Kantons Freiburg. L-388 S. (1993)

126. *Hannes Zehnder:* Die Haftung des Architekten für die Überschreitung seines Kostenvoranschlages. XXX-160 S. (1993) 2. Aufl. (1994)

127. *Pierre Tercier/Paul Volken/Nicolas Michel:* Aspect du droit européen/Beiträge zum europäischen Recht. Hommage offert à la Société suisse des juristes à l'occasion de son assemblée générale 1993 par la Faculté de droit de l'Université de Fribourg/Festgabe gewidmet dem Schweizerischen Juristenverein anlässlich des Juristentages 1993, durch die rechtswissenschaftliche Fakultät der Universität Freiburg. XIV-358 S. (1993)

128. *Franz Werro:* Le mandat et ses effets. Une étude sur le contrat d'activité indépendante selon le Code suisse des obligations. Analyse critique et comparative. 432 pp. (1993)

129. *Walter Stoffel:* Wettbewerbsrecht und staatliche Wirtschaftstätigkeit. Die wettbewerbsrechtliche Stellung der öffentlichen Unternehmen im schweizerischen Recht, mit einer Darstellung des Rechtes Deutschlands und Frankreichs sowie des Europäischen Wirtschaftsraums. 380 S. (1994).

130. *Jean-Baptiste Zufferey:* La réglementation des systèmes sur les marchés financiers secondaires. Contribution dogmatique et comparative à l'élaboration d'un droit suisse des marchés financiers. 528 pp. (1994)

131. *Silvio Venturi:* La réduction du prix de vente en cas de défaut ou de non-conformité de la chose. Le Code suisse des obligations et la Convention des Nations Unies sur les contrats de vente internationale de marchandises. LII-400 pp. (1994)

132. *Erwin Scherrer:* Nebenunternehmer beim Bauen. XL-190 S. (1994)

UNIVERSITÄTSVERLAG FREIBURG SCHWEIZ

ÉDITIONS UNIVERSITAIRES FRIBOURG SUISSE